研究阐释党的十九届四中全会精神国家社科基金重大项目
"构建具有全球竞争力的人才制度体系研究"（20ZDA107）
调研分项成果

赵永乐　郭祥林　陈培玲　著

国际创新名城
人才制度与治理研究
——基于南京人才新发展格局的实践探索

西南交通大学出版社
·成　都·

图书在版编目（CIP）数据

国际创新名城人才制度与治理研究：基于南京人才新发展格局的实践探索/赵永乐，郭祥林，陈培玲著. —成都：西南交通大学出版社，2022.12
ISBN 978-7-5643-9158-4

Ⅰ.①国⋯ Ⅱ.①赵⋯ ②郭⋯ ③陈⋯ Ⅲ.①技术人才–人才培养–研究–南京 Ⅳ.①G316

中国版本图书馆 CIP 数据核字（2022）第 255979 号

Guoji Chuangxin Mingcheng Rencai Zhidu yu Zhili Yanjiu
——Jiyu Nanjing Rencai XinFazhan Geju de Shijian Tansuo

国际创新名城人才制度与治理研究
——基于南京人才新发展格局的实践探索

赵永乐　郭祥林　陈培玲　著

责 任 编 辑	赵玉婷
助 理 编 辑	杨　倩
封 面 设 计	吴　兵
出 版 发 行	西南交通大学出版社 （四川省成都市二环路北一段 111 号 西南交通大学创新大厦 21 楼）
发行部电话	028-87600564　028-87600533
邮 政 编 码	610031
网　　　址	http://www.xnjdcbs.com
印　　　刷	成都蜀通印务有限责任公司
成 品 尺 寸	165 mm × 230 mm
印　　　张	18.75
字　　　数	295 千
版　　　次	2022 年 12 月第 1 版
印　　　次	2022 年 12 月第 1 次
书　　　号	ISBN 978-7-5643-9158-4
定　　　价	90.00 元

图书如有印装质量问题　本社负责退换
版权所有　盗版必究　举报电话：028-87600562

序

打造创新名城的人才制度优势

吴 江

加快建设世界重要人才中心和创新高地，这是习近平总书记深刻把握世界发展大势和发展规律，在更高起点、更高层次、更高目标上，对新时代实施人才强国战略作出的顶层设计和战略谋划。对此，南京市委明确提出要争创高水平国家级人才平台，建设全国重要人才高地。根据世界知识产权组织发布的《2021年全球创新指数报告》，在全球"最佳科技集群"排名中，南京市排名第18位，在国内上榜的19个创新集群（城市）中排位第4。《中国独角兽企业研究报告2021》显示，南京独角兽企业数量为11家，居全国第6。可以看出，南京已经在集聚高水平创新人才，建设国际创新名城方面进入了全国第一方阵行列，形成了诸多领域的人才比较优势。河海大学赵永乐教授作为国家社会科学基金重大项目"构建具有全球竞争力的人才制度体系研究"（20ZDA107）的主要成员，带领课题组深入南京高校科研院所、高新技术企业，以及政府人才主管部门，开展了为期两年的调查研究，最终形成了《国际创新名城人才制度与治理研究——基于南京人才新发展格局的实践探索》这本专著，读后的确令人耳目一新、深受启发。本书不仅对新发展格局下南京建设国际创新名城和实施人才强市战略具有重要理论价值和实践意义，而且对国内有关城市实施创新驱动发展战略和人才强市战略具有普适参考价值。

作者站在人才工作新的历史起点上，遵循习近平新时代中国特色社会主义思想和党的十八大以来党中央作出的人才是实现民族振兴、赢得国际竞争主动的战略资源这一重大判断和全方位培养、引进、使用人才的重大部署，从南京人才新发展格局的实践出发，对南京国际创新名城的人才制度和治理提出了比较系统的理论分析和对策研究。

首先，作者立足问题导向，把总结经验、找准问题作为研究的第一步。本书系统归纳出南京人才制度体系建设的五大成绩：组织优势显现、体系不断健全、配套政策逐步完善、竞争力持续提升、成效逐年显现；找出五个方面的重大问题：制度体系不够健全、供给需求严重脱节、政出多门缺少联动、落地效能转化欠佳、自主培养不够重视。由此提出了南京人才制度体系建设的问题源自发展格局上人才双循环的五点不足：市场作用未能充分发挥、内循环"链条"尚需畅通、外循环衔接需要加强、双循环效能发挥有待提升、生态环境建设有待优化。

其次，抓住具有全球竞争力的人才制度体系这个核心命题，对症下药。作者在对南京人才制度建设条件和南京人才双循环进行分析的基础上，凝练出新发展格局下南京人才制度体系建设的指导思想、基本原则、总体思路、建设目标；提出包括以内循环为主体的人才制度、以竞争力为核心的外循环人才制度和双循环相互促进关节点的人才制度三个方面的具体建设思路；提出以推动高质量发展为制度建设主题、以深化供给侧结构性改革为制度建设主线、以改革创新为制度建设根本动力。研究的归宿落在新发展格局下以党中央全方位培养、引进、使用人才重大部署为落脚点的南京人才治理体系上，本书用超过三分之一的篇幅具体阐述了南京人才的供给治理、流通治理、需求治理和人才治理共同体。

再次，对人才制度体系的理论创新也是本书的一大特色。赵永乐教授以其多年从事人才学理论研究的扎实功底，提出了构建我国人才制度体系必须坚持和运用马克思社会再生产一般原理，继承和发展马克思的劳动力再生产理论，创造具有中国特色的人才再生产理论。全书沿着导论、现状、制度和治理的逻辑脉络，将理论创新与实际调研相结合，定性分析与定量分析相结合，对标比较和案例分析相结合，提出了构建具有全球竞争力的人才制度体系治理方案，为大中城市人才管理部门、人才工作者和各类用人主体的人才工作提供了理论指导和实践指南。

最后，本书作为国家社会科学基金重大项目"构建具有全球竞争力的人才制度体系研究"的一项研究成果，是对南京国际创新名城人才制度与治理进行个案实证研究的结果，是落实习近平总书记"构建具有全球竞争力的人才制度体系"重要指示的一种有力尝试。要使南京的人才制度更加巩固、优越性充分展现，真正建成具有全球竞争力的人才制度体系，任重而道远，还需在坚持和完善中国特色人才制度体系、推进人才治理体系和治理能力现代化上下更大功夫，也还需在理论上持续不懈地跟踪研究。

是为序。

2022 年 6 月于北京

目 录

第1章　国际创新名城人才制度与治理导论
1.1　研究背景与意义　/　2
1.2　理论基础　/　6
1.3　核心概念　/　19
1.4　研究思路与框架　/　28

第2章　南京人才制度体系建设条件分析
2.1　南京人才制度体系建设影响因素　/　34
2.2　南京人才制度体系建设的成绩　/　39
2.3　南京人才制度体系建设的问题　/　47
2.4　南京建设人才制度体系的机遇与挑战　/　54

第3章　新发展格局下南京人才双循环分析
3.1　对构建南京人才双循环系统的认知　/　66
3.2　南京人才双循环的现实基础　/　74
3.3　南京人才双循环的不足　/　82

第4章　新发展格局下南京人才制度体系建设思路
4.1　总体建设思路与目标　/　94
4.2　以内循环为主体的人才制度建设思路　/　101

4.3　以竞争力为核心的外循环人才制度建设思路　/　107

4.4　双循环相互促进关节点的人才制度建设思路　/　114

第5章　新发展格局下南京人才制度体系建设的主题、主线与动力

5.1　以高质量发展为主题建设人才制度体系　/　124

5.2　以供给侧结构性改革为主线建设人才制度体系　/　132

5.3　以改革创新为根本动力建设人才制度体系　/　140

第6章　新发展格局下南京的人才供给治理

6.1　南京人才供给治理的背景、意义与主要任务　/　150

6.2　强化人才供给侧结构性改革　/　159

6.3　走好人才自主培养之路　/　166

6.4　坚持全方位精准培养人才　/　175

第7章　新发展格局下南京的人才流通治理

7.1　南京人才流通治理的背景、意义与主要任务　/　184

7.2　完善人才流通领域的宏观治理　/　194

7.3　推动市场在人才流通领域起决定性作用　/　202

7.4　人才流通管理与人才服务产业　/　209

第8章　新发展格局下南京的人才需求治理

8.1　南京人才需求治理的背景、意义与主要任务　/　220

8.2　加强人才需求侧管理　/　229

8.3 以建设引领性国家创新型城市增强人才内需 / 241

8.4 发挥紫金山英才计划的牵引作用 / 251

第9章 新发展格局下南京人才治理共同体

9.1 完善人才宏观治理 / 260

9.2 激活人才微观治理 / 268

9.3 拓展人才社会治理 / 274

参考文献 / 280

后　记 / 287

第 1 章
国际创新名城
人才制度与治理导论

2019年9月，习近平总书记在中央人才工作会议上指出："党的十八大以来，党中央作出人才是实现民族振兴、赢得国际竞争主动的战略资源的重大判断，作出全方位培养、引进、使用人才的重大部署，推动新时代人才工作取得历史性成就、发生历史性变革。"①南京在践行党中央人才工作重大部署的时候，将其融合在国际创新名城建设上，落实在南京人才发展新格局中，践行在南京人才制度与治理体系里。

《国际创新名城人才制度与治理研究——基于南京人才新发展格局的实践探索》是2020年度国家社科基金重大项目（研究阐释党的十九届四中全会精神）"构建具有全球竞争力的人才制度体系研究"（20ZDA107）首席专家吴江教授精心选择安排的调研分项报告，由基金重大项目课题组顾问赵永乐教授团队承担。

1.1 研究背景与意义

创新，已经成为南京城市发展的最重要关键词，建设具有全球影响力的创新名城，也已经成为南京上自市委市政府、下到社会各界的共识。创新驱动要靠人才引领，人才引领的动能来自强大的制度基础和治理效能，研究南京国际创新名城的人才制度与治理具有深刻背景和重大意义。

1.1.1 研究背景

研究南京国际创新名城人才制度与治理的背景可以从国际、国内和南京自身三个方面来归纳。

1. "百年变局"下世界人才竞争愈加激烈

习近平总书记早在2017年就提出关于"百年未有之大变局"的著名论断。世界格局发生深刻变化，中美冲突加剧，世界各国在科技实力和综合国力上的竞争尤为激烈。我国经济的快速发展和综合国力的迅速增强，尤其是在科技领域快速崛起并跻身高科技创新国家之列，动摇了美国的霸主地位尤其是

---

① 习近平. 深入实施新时代人才强国战略 加快建设世界重要人才中心和创新高地[J]. 求是，2021（24）.

高科技霸主地位，因此，美国视我国为主要竞争对手，从各方面对我国实行打压和封锁，尤其在技术和人才方面，手段无所不用其极。"百年变局"使得世界人才竞争白热化，加之新冠肺炎疫情影响，世界进入动荡变革期，为南京的城市发展和人才发展带来了严峻挑战。南京要深刻认识世界形势之变带来的人才发展特点和竞争态势的新变化，以建设国际创新名城为契机，抓住"百年变局"所蕴含的百年未有之大机遇，化解各种风险和危机，构建南京人才新发展格局。

2. 党中央作出重大人才部署的呼唤

党的十八大以来，党中央在人才工作上作出重大部署，这就是"全方位培养、引进、使用人才"。党的十九届五中全会通过了《中共中央关于制定国民经济和社会发展第十四个五年规划和二〇三五年远景目标的建议》，该建议指出，要坚持创新在我国现代化建设全局中的核心地位，把科技自立自强作为国家发展的战略支撑，面向世界科技前沿、面向经济主战场、面向国家重大需求、面向人民生命健康，深入实施科教兴国战略、人才强国战略、创新驱动发展战略，完善国家创新体系，加快建设科技强国。[1]习近平总书记在中央人才工作会议上强调指出，加快建设世界重要人才中心和创新高地，需要进行战略布局。[2]习近平总书记要求，一些高层次人才集中的中心城市也要着力建设吸引和集聚人才的平台，开展人才发展体制机制综合改革试点，集中国家优质资源重点支持建设一批国家实验室和新型研发机构，发起国际大科学计划，为人才提供国际一流的创新平台，加快形成战略支点和雁阵格局。[3]南京作为我国的科技名城之一，坚定不移地落实党中央和习近平总书记重大战略决策和部署，建设国家创新型城市和打造高水平国家级人才平台，是新发展阶段南京落实新发展理念、构建新发展格局义不容辞的责任和使命。

---

[1] 中共中央关于制定国民经济和社会发展第十四个五年规划和二〇三五年远景目标的建议[N].人民日报，2020-11-04（1）.
[2] 习近平.深入实施新时代人才强国战略 加快建设世界重要人才中心和创新高地[J].求是，2021（24）.
[3] 习近平.深入实施新时代人才强国战略 加快建设世界重要人才中心和创新高地[J].求是，2021（24）.

3. 南京打造全球影响力国际创新名城的担当

2018年1月,南京市委发布"一号文"《关于建设具有全球影响力创新名城的若干政策措施》;2019年1月,南京市委发布"一号文"《关于深化创新名城建设提升创新首位度的若干政策措施》;2020年1月,南京市委发布"一号文"《关于进一步深化创新名城建设加快提升产业基础能力和产业链水平的若干政策措施》;2021年1月,南京市委发布"一号文"《关于新发展阶段全面建设创新名城的若干政策措施》;2022年1月,南京市委发布"一号文"《关于深入推进引领性国家创新型城市建设的若干政策意见》。连续五年新年伊始,南京市委都会聚焦"创新名城建设",持续重磅推出年度"一号文"。2022年1月,南京市委不仅推出新的"一号文",而且在元旦过后的第一个工作日隆重召开年度的第一个会议,即"市委人才工作会议暨引领性国家创新型城市建设大会"。南京市委同时发布了《关于加快打造高水平国家级人才平台 推进新时代人才强市建设的意见(征求意见稿)》,确立了争创高水平国家级人才平台、建设全国重要人才高地的战略目标。2022年4月初,南京市委人才工作领导小组召开第一次会议,会议强调,要聚焦服务人才强国、人才强省战略,以高水平人才平台建设为主线,全方位培养、引进、用好人才,进一步推动科教人才优势向创新优势转化,向发展优势转化,向竞争优势转化。要落实党管人才主体责任,各级党委(党组)主要负责同志要扛起抓好"第一资源"的职责,各部门各单位要抓好各项任务落实,加快构建人才发展治理新格局。[①]

1.1.2 重大意义

在上述大背景下,对基于南京人才新发展格局的国际创新名城人才制度与治理开展研究,是深入贯彻习近平新时代中国特色社会主义思想、探索构建创新特色城市人才新发展格局的有益尝试,具有两个方面的重大意义。

1. "构建具有全球竞争力的人才制度体系"的有力践行

当今世界正经历百年未有之大变局,中华民族伟大复兴正处于关键时期。

---

① 市委人才工作领导小组召开第一次会议 让各类人才在南京安业安心各展其能[N]. 南京日报,2022-04-07(A1).

面对前进道路上的各种风险挑战，习近平总书记高瞻远瞩地提出"构建具有全球竞争力的人才制度体系，聚天下英才而用之"[①]的战略构想。党的十九届四中全会进一步明确了"加快人才制度和政策创新，支持各类人才为推进国家治理体系和治理能力现代化贡献智慧和力量"[②]的重大任务。我国要想在全球人才竞争中获得竞争优势，就必须建立健全充满生机活力的人才发展体制机制，构建具有全球竞争力的人才制度体系，为天下英才施展才华提供更多发展机遇和更大发展空间，为聚天下英才而用之奠定重要的制度基础和坚实保障。研究新发展格局下南京国际创新名城人才制度与治理，就是研究南京构建具有全球竞争力的人才制度体系，就是对习近平总书记"构建具有全球竞争力的人才制度体系"战略思想的有力践行。这一践行，对于探索具有全球竞争力的人才制度体系的内涵、中国人才制度体系的特色和优势、人才制度体系全球竞争力的提升和对一个具体城市（南京）构建具有全球竞争力的人才制度体系的具体实践，都有深远的战略意义。

2. 为建设国际创新名城提供人才制度和治理的支撑

自2017年始，南京就酝酿建设具有全球影响力创新名城。2018年元旦过后，南京市委通过年度"一号文"正式宣告"建设具有全球影响力创新名城"。经过四年的努力，南京的国际创新名城建设已经取得阶段性的成果。几乎是同期同步，"南京构建具有全球竞争力的人才制度体系研究"也开始了理论课题研究，经过一年的努力，该课题归纳出南京人才制度建设的表现特征和五大问题、四点需求，提出南京构建人才制度体系的指导思想、基本思路和任务部署，最后推出以"一主攻"方向、"三强"对策和"三新"保障为主要框架的整套对策建议体系。2020年9月，国家社科基金重大项目"构建具有全球竞争力的人才制度体系研究"（20ZDA107）首席专家吴江教授将南京国际创新名城人才制度与治理安排为"构建具有全球竞争力的人才制度体系研究"项目的调查分项，在前期研究的基础上进行深度调研。调查研究选择南京作为样本，围绕新发展格局下南京建设国际创新名城大背景，研究南京的人才

---

① 习近平就深化人才发展体制机制改革作出重要指示强调 加大改革落实工作力度 让人才创新创造活力充分迸发[N]. 人民日报，2016-05-07（1）.
② 本报评论部. 聚天下英才而用之[N]. 人民日报，2019-11-22（5）.

制度与治理体系，在分析南京人才制度体系建设条件和新发展格局下人才双循环的基础上，提出南京人才制度体系的建设思路和主题、主线与动力，并从新发展格局下南京的人才供给、流通、需求和共同体等层面提出治理实施路径。研究新发展格局下南京国际创新名城人才制度与治理，为南京建设有全球影响力的创新名城提供坚实的人才制度支撑，有助于提升南京市人才发展治理能力和治理水平，创新完善既有人才制度体系，提升城市全球竞争力；有助于南京牢固确立人才引领发展的战略地位，提升人才驱动发展的智力效能，推进人才效能的科技转化、产业转化、市场转化；还能够为其他城市推进人才工作及其制度创新提供经验借鉴。因此，本书将为南京建设国际创新名城提供人才制度和治理的支撑，具有重大的应用价值。

1.2 理论基础

南京国际创新名城人才制度与治理研究的理论基础主要来自四个方面：一是习近平总书记对新发展阶段、新发展理念和新发展格局的重要论述；二是党中央作出人才是实现民族振兴、赢得国际竞争主动的战略资源的重大判断和作出全方位培养、引进、使用人才的重大部署；三是马克思的社会再生产原理；四是人才学的人才再生产理论。

1.2.1 习近平总书记论新发展阶段、新发展理念和新发展格局

2021年1月，省部级主要领导干部学习贯彻党的十九届五中全会精神专题研讨班在中央党校（国家行政学院）开班，习近平总书记在开班式上发表重要讲话强调，进入新发展阶段、贯彻新发展理念、构建新发展格局，是由我国经济社会发展的理论逻辑、历史逻辑、现实逻辑决定的。进入新发展阶段明确了我国发展的历史方位，贯彻新发展理念明确了我国现代化建设的指导原则，构建新发展格局明确了我国经济现代化的路径选择。[1]习近平总书记关于新发展阶段、新发展理念和新发展格局的重要论述，是习近平新时代中

---

[1] 习近平在省部级主要领导干部学习贯彻党的十九届五中全会精神专题研讨班开班式上发表重要讲话[EB/OL].（2021-01-11）[2022-04-08]. http://www.cppcc.gov.cn/zxww/2021/01/12/ARTI1610411058267104.shtml.

国特色社会主义思想的重要组成内容，也是开展国际创新名城人才制度与治理研究的重要理论指导和理论遵循。

1. 关于新发展阶段的论述

习近平总书记在省部级主要领导干部学习贯彻党的十九届五中全会精神专题研讨班开班式上指出，正确认识党和人民事业所处的历史方位和发展阶段，是我们党明确阶段性中心任务、制定路线方针政策的根本依据，也是我们党领导革命、建设、改革不断取得胜利的重要经验。①党的十九届五中全会提出，全面建成小康社会、实现第一个百年奋斗目标之后，我们要乘势而上开启全面建设社会主义现代化国家新征程、向第二个百年奋斗目标进军，这标志着我国进入了一个新发展阶段。作出这样的战略判断，有着深刻的依据。新发展阶段是社会主义初级阶段中的一个阶段，同时是其中经过几十年积累、站到了新的起点上的一个阶段。新发展阶段是我们党带领人民迎来从站起来、富起来到强起来历史性跨越的新阶段。②

习近平总书记强调，新发展阶段是我国社会主义发展进程中的一个重要阶段。社会主义初级阶段不是一个静态、一成不变、停滞不前的阶段，也不是一个自发、被动、不用费多大气力自然而然就可以跨过的阶段，而是一个动态、积极有为、始终洋溢着蓬勃生机活力的过程，是一个阶梯式递进、不断发展进步、日益接近质的飞跃的量的积累和发展变化的过程。全面建设社会主义现代化国家、基本实现社会主义现代化，既是社会主义初级阶段我国发展的要求，也是我国社会主义从初级阶段向更高阶段迈进的要求。③

2. 关于新发展理念的论述

习近平总书记在省部级主要领导干部学习贯彻党的十九届五中全会精神

---

① 习近平在省部级主要领导干部学习贯彻党的十九届五中全会精神专题研讨班开班式上发表重要讲话[EB/OL].（2021-01-11）[2022-04-08]. http://www.cppcc.gov.cn/zxww/2021/01/12/ARTI1610411058267104.shtml.

② 习近平在省部级主要领导干部学习贯彻党的十九届五中全会精神专题研讨班开班式上发表重要讲话[EB/OL].（2021-01-11）[2022-04-08]. http://www.cppcc.gov.cn/zxww/2021/01/12/ARTI1610411058267104.shtml.

③ 习近平在省部级主要领导干部学习贯彻党的十九届五中全会精神专题研讨班开班式上发表重要讲话[EB/OL].（2021-01-11）[2022-04-08]. http://www.cppcc.gov.cn/zxww/2021/01/12/ARTI1610411058267104.shtml.

专题研讨班开班式上强调，我们党领导人民治国理政，很重要的一个方面就是要回答好实现什么样的发展、怎样实现发展这个重大问题。理念是行动的先导，一定的发展实践都是由一定的发展理念来引领的。发展理念是否对头，从根本上决定着发展成效乃至成败。党的十八大以来，我们党对经济形势进行科学判断，对经济社会发展提出了许多重大理论和理念，对发展理念和思路作出及时调整，其中新发展理念是最重要、最主要的，引导我国经济发展取得了历史性成就、发生了历史性变革。新发展理念是一个系统的理论体系，回答了关于发展的目的、动力、方式、路径等一系列理论和实践问题，阐明了我们党关于发展的政治立场、价值导向、发展模式、发展道路等重大政治问题。[①]

习近平总书记指出，全党必须完整、准确、全面贯彻新发展理念。一是从根本宗旨把握新发展理念。人民是我们党执政的最深厚基础和最大底气。为人民谋幸福、为民族谋复兴，这既是我们党领导现代化建设的出发点和落脚点，也是新发展理念的"根"和"魂"。只有坚持以人民为中心的发展思想，坚持发展为了人民、发展依靠人民、发展成果由人民共享，才会有正确的发展观、现代化观。实现共同富裕不仅是经济问题，而且是关系党的执政基础的重大政治问题。要统筹考虑需要和可能，按照经济社会发展规律循序渐进，自觉主动解决地区差距、城乡差距、收入差距等问题，不断增强人民群众获得感、幸福感、安全感。二是从问题导向把握新发展理念。我国发展已经站在新的历史起点上，要根据新发展阶段的新要求，坚持问题导向，更加精准地贯彻新发展理念，举措要更加精准务实，切实解决好发展不平衡不充分的问题，真正实现高质量发展。三是从忧患意识把握新发展理念。随着我国社会主要矛盾变化和国际力量对比深刻调整，必须增强忧患意识、坚持底线思维，随时准备应对更加复杂困难的局面。要坚持政治安全、人民安全、国家利益至上有机统一，既要敢于斗争，也要善于斗争，全面做强自己。[②]

---

① 习近平在省部级主要领导干部学习贯彻党的十九届五中全会精神专题研讨班开班式上发表重要讲话[EB/OL].（2021-01-11）[2022-04-08]. http://www.cppcc.gov.cn/zxww/2021/01/12/ARTI1610411058267104.shtml.

② 习近平在省部级主要领导干部学习贯彻党的十九届五中全会精神专题研讨班开班式上发表重要讲话[EB/OL].（2021-01-11）[2022-04-08]. http://www.cppcc.gov.cn/zxww/2021/01/12/ARTI1610411058267104.shtml.

3. 关于新发展格局的论述

习近平总书记在省部级主要领导干部学习贯彻党的十九届五中全会精神专题研讨班开班式上强调，加快构建以国内大循环为主体、国内国际双循环相互促进的新发展格局，是"十四五"规划《建议》提出的一项关系我国发展全局的重大战略任务，需要从全局高度准确把握和积极推进。只有立足自身，把国内大循环畅通起来，才能任由国际风云变幻，始终充满朝气生存和发展下去。要在各种可以预见和难以预见的狂风暴雨、惊涛骇浪中，增强我们的生存力、竞争力、发展力、持续力。[①]

习近平总书记指出，构建新发展格局的关键在于经济循环的畅通无阻。必须坚持深化供给侧结构性改革这条主线，继续完成"三去一降一补"的重要任务，全面优化升级产业结构，提升创新能力、竞争力和综合实力，增强供给体系的韧性，形成更高效率和更高质量的投入产出关系，实现经济在高水平上的动态平衡。构建新发展格局最本质的特征是实现高水平的自立自强，必须更强调自主创新，全面加强对科技创新的部署，集合优势资源，有力有序推进创新攻关的"揭榜挂帅"体制机制，加强创新链和产业链对接。要建立起扩大内需的有效制度，释放内需潜力，加快培育完整内需体系，加强需求侧管理，扩大居民消费，提升消费层次，使建设超大规模的国内市场成为一个可持续的历史过程。构建新发展格局，实行高水平对外开放，必须具备强大的国内经济循环体系和稳固的基本盘。要塑造我国参与国际合作和竞争新优势，重视以国际循环提升国内大循环效率和水平，改善我国生产要素质量和配置水平，推动我国产业转型升级。[②]

正如李克强总理在主持省部级主要领导干部学习贯彻党的十九届五中全会精神专题研讨班开班式时所指出的那样：习近平总书记的重要讲话，从理论和实际、历史和现实、国内和国际相结合的高度，分析了进入新发展阶段的理论依据、历史依据、现实依据，阐述了深入贯彻新发展理念的新要求，

---

① 习近平在省部级主要领导干部学习贯彻党的十九届五中全会精神专题研讨班开班式上发表重要讲话[EB/OL].（2021-01-11）[2022-04-08]. http://www.cppcc.gov.cn/zxww/2021/01/12/ARTI1610411058267104.shtml.
② 习近平在省部级主要领导干部学习贯彻党的十九届五中全会精神专题研讨班开班式上发表重要讲话[EB/OL].（2021-01-11）[2022-04-08]. http://www.cppcc.gov.cn/zxww/2021/01/12/ARTI1610411058267104.shtml.

阐明了加快构建新发展格局的主攻方向，对于全党特别是高级干部进一步统一思想、提高站位、开阔视野，全面贯彻党的十九大和十九届二中、三中、四中、五中全会精神，确保全面建设社会主义现代化国家开好局、起好步，具有重大而深远的指导意义。①

习近平总书记关于新发展阶段、新发展理念和新发展格局的重要论述，对于开展基于南京人才新发展格局实践探索的国际创新名城人才制度与治理研究来说，是非常重要的理论指导和理论遵循。南京国际创新名城人才制度与治理研究，要准确把握新发展阶段，深入贯彻新发展理念，加快构建人才新发展格局，落实党中央作出的全方位培养、引进、使用人才的重大部署，营造公正平等、竞争择优的制度环境，并把制度优势转化为人才优势，推动南京人才高质量发展，深入推进引领性国家创新型城市建设。

1.2.2　党中央人才工作的重大判断和重大部署

党的十八大以来，党中央作出人才是实现民族振兴、赢得国际竞争主动的战略资源的重大判断，作出全方位培养、引进、使用人才的重大部署。党中央作出的人才是实现民族振兴、赢得国际竞争主动的战略资源的重大判断是历史性的判断，作出的全方位培养、引进、使用人才的重大部署是历史性的部署，党中央对人才工作作出的重大判断和重大部署具有历史性意义。

1. 重大判断：人才是实现民族振兴、赢得国际竞争主动的战略资源

人才是一种资源，但不是普通的资源，而是在各种资源中位列第一的能动性资源。对于中国来讲，人才是实现民族振兴、赢得国际竞争主动的战略资源。党中央的重大判断从战略的高度为我国人才工作提供了根本遵循，并从三个方面赋予了人才资源以战略新意。

第一，党中央的重大判断界定了人才这种资源具有战略功能。早在2017年10月，习近平总书记就在党的十九大报告中代表党中央作出重大判断：人

---

① 习近平在省部级主要领导干部学习贯彻党的十九届五中全会精神专题研讨班开班式上发表重要讲话[EB/OL].（2021-01-11）[2022-04-08]. http://www.cppcc.gov.cn/zxww/2021/01/12/ARTI1610411058267104.shtml.

才是实现民族振兴、赢得国际竞争主动的战略资源。①人才的战略性功能不是别的,就是实现民族振兴、赢得国际竞争主动。人才是创新的第一资源,是我国在激烈的国际竞争中的重要力量和显著优势。面对着一场异常激烈的全球性人才竞争,我们必须增强忧患意识,更加重视人才自主培养,加快建立人才资源竞争优势。②

第二,党中央的重大判断确立了人才这种资源具有战略地位。人才的战略性地位不是别的,就是引领发展的战略性地位。党的十八大以来,习近平总书记在多个场合强调,牢固确立人才引领发展的战略地位。在中央人才工作会议上,他用"八个坚持"概括了党中央提出的一系列人才工作的新理念、新战略、新举措,其中的第二个"坚持"就是"坚持人才引领发展的战略地位"。他指出,人才是创新的第一资源,人才资源是我国在激烈的国际竞争中的重要力量和显著优势。③我们必须牢固确立人才引领发展的战略地位,把人才资源开发放在最优先位置,着力夯实创新发展的人才基础,不断开拓人才引领发展的战略局面。

第三,党中央的重大判断明确了人才这种资源的核心是战略力量。战略人才力量不是先天具有的,只有国家加快建设才能形成。习近平总书记在中央人才工作会议上强调:"加快建设国家战略人才力量。"他指出,战略人才站在国际科技前沿、引领科技自主创新、承担国家战略科技任务,是支撑我国高水平科技自立自强的重要力量,要把建设战略人才力量作为重中之重来抓。④要从四个方面加快建设国家战略人才力量,一是大力培养使用战略科学家,二是打造大批一流科技领军人才和创新团队,三是造就规模宏大的青年科技人才队伍,四是培养大批卓越工程师。⑤

---

① 习近平. 决胜全面建成小康社会 夺取新时代中国特色社会主义伟大胜利——在中国共产党第十九次全国代表大会上的报告[M]. 北京:人民出版社,2017:64.
② 习近平. 深入实施新时代人才强国战略 加快建设世界重要人才中心和创新高地[J]. 求是,2021(24).
③ 习近平. 深入实施新时代人才强国战略 加快建设世界重要人才中心和创新高地[J]. 求是,2021(24).
④ 习近平. 深入实施新时代人才强国战略 加快建设世界重要人才中心和创新高地[J]. 求是,2021(24).
⑤ 习近平. 深入实施新时代人才强国战略 加快建设世界重要人才中心和创新高地[J]. 求是,2021(24).

党中央的重大判断为南京国际创新名城人才制度与治理研究界定了基本的逻辑起点，对于南京建设创新名城、深入实施人才强市战略提供了重要遵循，具有重要的理论指导意义。

2. 重大部署：全方位培养、引进、使用人才

全方位培养、引进、使用人才，是党中央自党的十八大以来对人才工作作出的重大部署。早在 2000 年，党的十五届五中全会就提出，要把培养、吸引和用好人才作为一项重大的战略任务切实抓好①。在这之后，党中央一直重视人才的培养、吸引和使用，出台了多项重大举措来改善和加强人才的培养、吸引和使用工作。习近平总书记在中央人才工作会议上强调指出，我们要锚定 2035 年跻身创新型国家前列、建成人才强国的远景目标，下大气力全方位培养、引进、用好人才。②"全方位"强调的是人才工作的新型举国体制，既包括"培养、引进、使用人才"的过程全方位，也包括"培养、引进、使用人才"的主体全方位，还包括"培养、引进、使用人才"的双循环格局的全方位。

第一，走好人才自主培养之路。人才培养是"全方位"内循环的人才供给环节，培养造就大批德才兼备的高素质人才是国家和民族长远发展的大计。当今世界人才的竞争首先是人才培养的竞争。③习近平总书记指出，中国是一个大国，对人才数量、质量、结构的需求是全方位的，满足这样庞大的人才需求必须主要依靠自己培养，提高人才供给自主可控能力。④我们要有决心、自信，完全能够源源不断培养造就大批优秀人才，完全能够培养出"大师"。要全方位谋划基础学科人才培养，突破常规，创新模式，更加重视科学精神、创新能力、批判性思维的培养教育。⑤

---

① 中共中央关于制定国民经济和社会发展第十个五年计划的建议[N]. 人民日报，2000-10-19（1）.
② 习近平. 深入实施新时代人才强国战略 加快建设世界重要人才中心和创新高地[J]. 求是，2021（24）.
③ 习近平. 深入实施新时代人才强国战略 加快建设世界重要人才中心和创新高地[J]. 求是，2021（24）.
④ 习近平. 深入实施新时代人才强国战略 加快建设世界重要人才中心和创新高地[J]. 求是，2021（24）.
⑤ 习近平. 深入实施新时代人才强国战略 加快建设世界重要人才中心和创新高地[J]. 求是，2021（24）.

第二，加大人才对外开放力度。人才对外开放是"全方位"内外循环相互促进的流通环节，人才引进是人才对外开放的主要形式。习近平总书记强调，要结合新形势加强人才国际交流，坚持全球视野、世界一流水平，千方百计引进那些能为我所用的顶尖人才，使更多全球智慧资源、创新要素为我所用。①他还指出，人才对外开放是双向的，不仅要引进来，还要走出去。要采取多种方式开辟人才走出去培养的新路子，使人才培养渠道多元化，储备更多人才。②

第三，用好用活各类人才。用好人才是"全方位"内循环的需求环节，也是人才的使用消费环节、价值实现环节。正如习近平总书记指出的那样，在这一环节里，不仅要建立以信任为基础的人才使用机制，允许失败、宽容失败，完善科学家本位的科研组织体系，完善科研任务"揭榜挂帅""赛马"制度，实行目标导向的"军令状"制度，鼓励科技领军人才挂帅出征。③同时还要为各类人才搭建干事创业的平台，构建充分体现知识、技术等创新要素价值的收益分配机制，让事业激励人才，让人才成就事业。④

党中央的重大部署为南京的人才发展厘清了基本的制度格局，也为国际创新名城的人才工作提供了具体的治理思路和实现方案。

1.2.3 马克思社会再生产原理

南京国际创新名城人才制度与治理研究的理论基础如果要溯源的话，马克思的社会再生产原理就应该是重要的源头。2018年5月，习近平总书记在纪念马克思诞辰200周年大会上的讲话中强调，学习马克思，就要学习和实践马克思主义关于生产力和生产关系的思想。⑤习近平总书记指出，马克思主义认为，物质生产力是全部社会生活的物质前提，同生产力发展一定阶段相适应的生产关系的总和构成社会经济基础。生产力是推动社会进步最活跃、

---

① 习近平. 深入实施新时代人才强国战略 加快建设世界重要人才中心和创新高地[J]. 求是，2021（24）.
② 习近平. 深入实施新时代人才强国战略 加快建设世界重要人才中心和创新高地[J]. 求是，2021（24）.
③ 习近平. 深入实施新时代人才强国战略 加快建设世界重要人才中心和创新高地[J]. 求是，2021（24）.
④ 习近平. 深入实施新时代人才强国战略 加快建设世界重要人才中心和创新高地[J]. 求是，2021（24）.
⑤ 习近平. 在纪念马克思诞辰200周年大会上的讲话[J]. 党建，2018（5）：4-10.

最革命的要素。①马克思的社会再生产原理，不仅涵盖了社会产品和劳动力的再生产，而且维持或扩大了原有的生产关系，因此，社会再生产是物质资料再生产、劳动力再生产和生产关系再生产的有机统一。

1. 社会再生产理论

马克思创立了科学的社会再生产理论和资本循环理论。马克思说过："不管生产过程的社会形式怎样，它必须是连续不断的，或者说，必须周而复始地经过同样一些阶段。一个社会不能停止消费，同样，它也不能停止生产。因此，每一个社会生产过程，从经常的联系和它不断更新来看，同时也就是再生产过程。"②马克思在《〈政治经济学批判〉导言》中系统论述了关于社会再生产及其生产、分配、交换和消费四个环节，建立了社会再生产理论。马克思的《资本论》在考察资本生产的基础上详细分析了资本的流通过程和社会总资本的再生产和流通，建立了资本循环理论。马克思的资本循环理论是对自己的社会再生产理论的深化和创新，论证了流通环节的存在意义和运行机理。由此可知，不论是物质资料再生产，还是劳动力再生产，或是生产关系再生产，所有的再生产，其过程都毫无例外地包括生产、流通、分配、消费等环节。不仅如此，社会再生产过程还含有明显的供给要素和需求要素。没有了生产，也就没有了供给；没有了供给，也就没有了流通、分配和消费；没有了流通，也就没有了消费，生产也就失去了意义；没有了消费，还要供给干什么？整个社会再生产也就失去了意义。

马克思的社会再生产理论和资本循环理论虽然是在19世纪创立的，但是它们至今仍然不失光彩，对于我国新时代的经济社会发展和构建开放的国内国际双循环体系仍然具有重要的指导意义。马克思的社会再生产原理，为南京人才再生产的治理，不管是人才的供给治理、流通治理还是需求治理，都提供了重要的理论依据。

2. 劳动力再生产理论

不论在什么社会里，劳动力再生产都是社会再生产的重要组成部分，而

---

① 习近平. 在纪念马克思诞辰200周年大会上的讲话[J]. 党建，2018（5）：4-10.
② 马克思恩格斯全集（第二十三卷）[M]. 北京：人民出版社，1972：621.

且还是社会再生产的条件。劳动力的再生产是指劳动力这种特殊产品生产的不断反复和更新。劳动力再生产，不但包括劳动者自身的维持和繁衍，而且还包括科学知识与劳动技能的积累和传授，同时也包括劳动力的培育和补充。①

马克思的劳动力再生产理论是他的社会再生产理论的组成部分，既揭示了资本主义劳动力再生产的一般规律和原理，也深刻批判了资本主义劳动力的生产方式。

马克思在《资本论》中指出，劳动力正是在生产消费和个人消费的统一过程中再生产出来的。劳动力的生产消费和个人消费虽然是两个截然不同的概念，但是两者须臾不可分离，既相辅又相成，既互为条件又可以相互转化。劳动力生产消费的实质是劳动者自身的劳动消费，通过劳动消费，劳动力受到耗损，生成新的产品，劳动者获得劳动报酬补偿自己的劳动力耗损。而劳动力个人消费则指的是劳动者对社会财富和个人财富的消费，以保证自己劳动力的生成、恢复和提升。很明显，生产消费是劳动者为了劳动（创造社会财富，同时也创造自己的个人财富）而对自身劳动力进行的消费，而个人消费则是劳动者为了能劳动而对社会财富和个人财富的消费。生产消费是为了能够满足个人消费，而个人消费又是为了能够进行生产消费，两者互为因果关系。如此不难看出，劳动力的个人消费过程正是劳动力的生产环节，劳动力的生产消费过程就是劳动力的劳动消费环节。当然，在劳动力的生产环节和劳动消费环节之间还有一个劳动力的流通和交换环节将两者有机连接起来。

只要有人类存在，劳动力再生产就会不停地循环往复，只不过随着不同社会生产方式的变化而性质有所变化而已，其基本规律和特征基本相同。劳动力再生产有三个基本形态：一是劳动力的社会再生产，二是劳动力的个体再生产，三是熟练的、复杂的劳动力再生产。前两种劳动力再生产是宏观、微观相分的劳动力再生产，而第三种劳动力再生产则是一种特殊的劳动力再生产，既包括这种劳动力宏观的社会再生产，又包括这种劳动力微观的个体劳动力再生产。说到这里，应该从马克思的劳动力再生产理论得出一些新的结论，劳动力再生产的第三种形态里面含有一种新的影子，一种中国语言独有的被称为"人才"的影子。可以肯定，中国人才学正是坚持和运用马克思

---

① 张彦，袁璋，王传松，等. 人才经济学概论[M]. 石家庄：河北人民出版社，1987：42.

的社会再生产一般原理，继承和发展了马克思的劳动力再生产理论，创造了具有中国特色的，也是中国独有的人才再生产理论。

马克思的社会再生产理论以资本价值为逻辑起点，以系统思辨为方法，以生产、流通、交换、消费为经脉，以大循环为基本形态，构成了社会再生产的基本原理，在当时的资本主义社会是有力的批判武器，在当代的社会主义中国则是理论思维、社会实践和信念坚守的指导。马克思的社会再生产理论尤其是他的劳动力再生产理论对于南京国际创新名城人才制度与治理研究具有十分重要而现实的指导意义。

1.2.4 人才学人才再生产理论

19世纪80年代中后期，袁璋、沈进等我国早期的一批年轻的人才研究者根据马克思的社会再生产理论尤其是劳动力再生产理论，提出了人才再生产理论。[①]望山（赵永乐原笔名）等学者认为："人才再生产指人才的生产、流通和劳动消费及其循环往复的全过程，是社会再生产的组成部分。人才再生产过程包括人才生产、人才流通、人才消费三个环节。"[②]人才再生产系统又被称为宏观人才运行系统[③]，在这个系统里，人才生产环节是系统的起始环节，人才流通是系统的中间环节，人才的使用消费是系统的终结环节。在我国，这三个环节在时间上是连续的、在空间上是并行的、在整体上是螺旋上升的，这就使人才再生产的总过程呈现出周而复始、往复循环的运动状态。在人才再生产过程里，人才生产环节就是人才供给环节，人才使用消费环节就是人才需求环节，整个系统就形成了一个完整的人才大循环。人才再生产系统不是一个封闭的独立系统，从体系上来讲，它是我国更大范畴循环的现代社会再生产系统的重要组成部分，是对经济大循环、科技大循环起引领发展作用的动能性再生产系统。

1. 人才生产环节

人才生产环节亦称人才培养环节，是人才再生产单循环的起始阶段，被

[①] 望山. 人才规划与预测[M]. 长春：吉林人民出版社，1987：49.
[②] 赵永乐. 人才市场新论[M]. 北京：蓝天出版社，2005：23.
[③] 赵永乐. 宏观人才学概论[M]. 北京：党建读物出版社，2013：50.

称为人才供给侧，这个过程也是个投资过程。培养者、被培养者、物质条件和知识是人才生产的四要素，这四要素最后都要作用到被培养者身上，作用的结果是被培养者被培养成为基础性的人才资源或是被培养成更高层次的人才。人才生产环节的作用主要表现在三个方面：一是使人才生产的诸因素结合起来，形成人才培养能力；二是通过人才生产，使被培养者成为具有专业知识和专业技能的人才资源。三是从规模、质量和类型上满足经济和社会对人才的需求。

人才生产的实现途径主要有两条，一是通过教育培养人才，二是通过实践培养人才。前者培养的是基础性的人才资源，学术教育和专业教育都是基础性人才培养手段，刚毕业的学士、硕士、博士大部分也都是不同层次的基础性人才资源。后者的培养是用人单位的自主再培养，培养的是本单位自己需要的实用性人才。教育是人才生产的基本手段，各种各样的教育方式和办学形式构成我国基础性人才生产的完整体系。用人主体需要的实用性人才要在高校毕业的基础性人才资源的基础上加以培养，这是在实践中对现有人才的提升培养、发展培养。

人才的生产必须与其他各种生产要素的生产协调发展，一定规模的人才生产能促进生产要素生产的发展，反过来，一定规模的生产要素生产又会向人才生产提出人才的需求。人才生产向生产要素生产提供人才后劲，而生产要素的生产又向人才生产提供物质基础，因而人才生产必须超前于生产要素的生产，并满足生产要素生产对人才在规模、质量和品种上的不断增长的需求。

2. 人才流通环节

人才流通环节亦称人才配置环节、人才劳动力交换环节，是人才再生产单循环过程中介于人才生产环节和人才使用消费环节之间的中间环节。人才流通上承人才供给侧，下联人才需求侧，主要有就业（从培养单位进入使用单位）、流动（人才空间位置的变化）和组合（人才与人才的关系、人才与劳动力的关系、人才与其他生产要素的关系）[①]等流通方式。人才引进也是一种重要的流通方式。

---

① 赵永乐. 人才市场新论[M]. 北京：蓝天出版社，2005：23.

人才流通的宏观领域主要是指人才市场，基础型人才资源进入人才市场，成为现实的生产力要素——人才，就可以在人才市场上自由择业，最终进入一家具体的人才使用单位，成为单位的员工。人才流通的微观领域主要是指用人主体内部存在的岗位匹配、职务晋升、工作变动等人才组合活动。不管是宏观领域还是微观领域，市场机制在人才流通环节中都发挥着决定性作用。人才流通环节的作用主要表现在三个方面：一是通过流通使基础性人才资源成为现实人才生产力；二是调整人才队伍的规模和结构；三是调节整个人才再生产过程。

人才流通环节具有六个方面的特征：一是具有流通的连续性；二是具有直接的生产性质；三是对人才培养和社会再生产具有反作用；四是具有节省流通时间的要求；五是具有提高流通效益的要求；六是人才流通与劳动力流通、生产资料流通具有一致性。人才流通以这些特征与社会再生产的流通过程相统一。人才流通环节是人才再生产的中间环节，直接联系着人才的供需双方。当社会上人才供需不平衡时，首先就会在人才流通环节表现出来。此时，人才流通环节发出信号，预告人才的供给和需求情况以及和各专业的发展情况，有关主管部门和人才生产主体、人才使用主体根据人才市场的供需矛盾及时调节人才的生产和使用消费，从而使人才的社会总供给和总需求在宏观上达到动态平衡。

3. 人才使用消费环节

人才使用消费环节亦称人才使用产出环节，是人才再生产单循环的最终环节，也被称为人才需求侧。人才经过流通环节，进入用人单位，也就进入人才使用消费环节。具体的人才使用消费过程一般发生在用人主体的组织内部。在用人单位里，人才与组织内的各种生产要素相结合，从事知识、技术、市场和管理等领域的创新活动，使自己体内含有的人才资本的内在价值转化为使用价值，形成现实的生产力。人才在使用消费环节中，与劳动资料和劳动对象相结合，以智力进行各种创造性的劳动，创造出物质的和精神的社会财富。人才使用消费环节的作用主要表现在三个方面：一是与其他要素一起形成现实的生产力；二是消费人才智力，生产出创新性的社会财富；三是向人才生产环节不断提出新的人才需求。

在人才使用消费环节中，投入的是人才，而产出的则是创新性的社会财富。人才通过自己的智力劳动的消费，一方面将自己的智力劳动物化为各种各样的物质财富，另一方面创造出各种各样的知识化的精神财富。人才在用人单位组织内部，与用人单位结成人才使用关系，在岗位上与其他生产要素相结合产生的人才工作绩效，自身的价值最终得以体现。用人单位要为各类人才搭建干事创业的平台，构建充分体现知识、技术等创新要素价值的收益分配机制①，用好、用活人才，让人才的创新活力在组织内充分迸发。要为各类人才搭建干事创业的平台，构建充分体现知识、技术等创新要素价值的收益分配机制，让事业激励人才，让人才成就事业。

人才使用消费环节是人才再生产过程中最有意义和带有根本目的的环节，因而也是人才再生产大循环中最重要的环节。没有人才的使用消费，人才的生产也就失去了存在的意义，人才的流通也就失去了市场的价值，所以人才使用环节是人才生产环节和人才流通环节的导向，人才使用消费是人才生产和人才流通的终极目标。

从宏观角度来讲，人才生产领域其实就是我们现在经常提到的人才供给侧，人才使用消费领域就是人才需求侧，人才再生产系统就是宏观人才运行系统。我国宏观人才运行系统的整体构架在习近平总书记关于新发展阶段、新发展理念、新发展格局论述的指导下，高度契合党中央对人才工作作出的重大部署，是对马克思社会再生产原理的实践和继承。

1.3 核心概念

南京国际创新名城人才制度与治理研究的概念虽然比较多，但核心概念主要包括人才新发展理念：人才引领发展；人才新发展方式：人才高质量发展；人才新发展格局：内循环为主体、双循环相互促进。

1.3.1 人才新发展理念：人才引领发展

人才发展的新理念，是国际创新名城人才制度与治理研究最重要的核心

---

① 习近平. 深入实施新时代人才强国战略 加快建设世界重要人才中心和创新高地[J]. 求是，2021（24）.

概念。进入新发展阶段,我国人才工作站在一个新的历史起点上,摆在我们面前亟须弄清的重大课题是新发展阶段人才发展的新理念是什么?习近平总书记在省部级主要领导干部学习贯彻党的十九届五中全会精神专题研讨班上指出:"理念是行动的先导,一定的发展实践都是由一定的发展理念来引领的。发展理念是否对头,从根本上决定着发展成效乃至成败。"①人才发展的新理念之所以最重要,是因为它是人才发展行动的先导,从根本上决定着人才发展的成效乃至成败。

1. 坚持新发展理念是坚持和发展中国特色社会主义的基本方略

习近平总书记在党的十九大报告中强调,发展是解决我国一切问题的基础和关键,发展必须是科学发展,必须坚定不移贯彻创新、协调、绿色、开放、共享的发展理念。②早在2015年10月,党的十八届五中全会就提出创新发展、协调发展、绿色发展、开放发展、共享发展。党的十八届五中全会首次提出:"十三五"时期必须牢固树立并切实贯彻创新、协调、绿色、开放、共享的发展理念。③2017年10月,党的十九大报告明确提出把"坚持新发展理念"作为十四条新时代坚持和发展中国特色社会主义的基本方略之一。

党的十八届五中全会对新发展理念进行了具体阐释:必须把创新摆在国家发展全局的核心位置,不断推进理论创新、制度创新、科技创新、文化创新等各方面创新,让创新贯穿党和国家一切工作,让创新在全社会蔚然成风;必须牢牢把握中国特色社会主义事业总体布局,正确处理发展中的重大关系,重点促进城乡区域协调发展,促进经济社会协调发展,促进新型工业化、信息化、城镇化、农业现代化同步发展,在增强国家硬实力的同时注重提升国家软实力,不断增强发展整体性;必须坚持节约资源和保护环境的基本国策,坚持可持续发展,坚定走生产发展、生活富裕、生态良好的文明发展道路,

---

① 习近平在省部级主要领导干部学习贯彻党的十九届五中全会精神专题研讨班开班式上发表重要讲话[EB/OL].(2021-01-11)[2022-04-08]. http://www.cppcc.gov.cn/zxww/2021/01/12/ARTI1610411058267104.shtml.
② 习近平. 决胜全面建成小康社会 夺取新时代中国特色社会主义伟大胜利——在中国共产党第十九次全国代表大会上的报告[M]. 北京:人民出版社,2017:21.
③ 中共中央关于制定国民经济和社会发展第十三个五年规划的建议[N]. 人民日报,2015-11-04(1).

加快建设资源节约型、环境友好型社会，形成人与自然和谐发展现代化建设新格局，推进美丽中国建设，为全球生态安全作出新贡献；必须顺应我国经济深度融入世界经济的趋势，奉行互利共赢的开放战略，发展更高层次的开放型经济，积极参与全球经济治理和公共产品供给，提高我国在全球经济治理中的制度性话语权，构建广泛的利益共同体；坚持共享发展，必须坚持发展为了人民、发展依靠人民、发展成果由人民共享，作出更有效的制度安排，使全体人民在共建共享发展中有更多获得感，增强发展动力，增进人民团结，朝着共同富裕方向稳步前进。①

新发展理念是习近平新时代中国特色社会主义思想的重要内容，是新发展阶段我国各项工作的行动指南，是中国共产党带领全国人民进行改革开放伟大革命，破除阻碍国家和民族发展的一切思想和体制障碍，在中国特色社会主义道路上实现中华民族伟大复兴的强大思想武器。

2. 人才新发展理念是人才发展行动的先导

根据习近平总书记在省部级主要领导干部学习贯彻党的十九届五中全会精神专题研讨班重要讲话精神，人才理念是人才行动的先导，人才发展理念引领人才发展实践，有什么样的人才发展理念就有什么样的人才发展实践。人才新发展理念是一个系统的理论体系，应该回答关于人才发展的目的、动力、方式、路径等一系列理论和实践问题，应该阐明关于人才发展的政治立场、价值导向、发展模式、发展道路等重大政治问题。人才发展理念是否正确，从根本上决定着人才发展成效乃至成败。人才新发展理念关系到新发展阶段人才发展的顶层设计体系，包括新发展阶段人才发展的目标、指导方针、主题主线、根本动力以及人才发展格局等。总之，人才新发展理念涉及人才发展的全过程和各领域。

首先是人才发展的目标。根据国家"十四五"规划和2035年远景目标纲要，到2035年，我国人才发展的目标是建成人才强国。为实现这一宏伟目标，"十四五"期间，必须深入扎实地实施人才强国战略。要实现习近平总书记提

---

① 中共中央关于制定国民经济和社会发展第十三个五年规划的建议[N]. 人民日报，2015-11-04（1）.

出的"努力成为世界主要科学中心和创新高地"①的战略定位,还必须为之提供坚强的人才支撑,建成世界重要人才中心和创新高地。据此,可以将新发展阶段人才发展的目标归纳为一个"强国"(建成人才强国)、一个"战略"(实施人才强国战略)、一个"中心"(建成世界重要人才中心)、一个"高地"(建成世界重要创新高地)。

其次是人才发展的指导方针。新发展阶段人才发展的指导方针是一"加强"、两"地位"、一"全方位"、四"尊重"、三"遵循"。一"加强"是加强党对人才工作的全面领导。两"地位"理念是人才发展新理念的价值导向核心理念,一个"地位"是牢固确立人才引领发展的战略地位,另一个"地位"是坚持创新在我国现代化建设全局中的核心地位。一"全方位"是党的十八大以来做出的全方位培养、吸引、使用人才的重大战略部署。四"尊重"就是尊重劳动、尊重知识、尊重人才、尊重创造的方针。三"遵循"就是遵循社会主义市场经济规律、遵循人才成长规律、遵循科技发展规律。

再次是人才发展的主题主线与根本动力。新发展阶段人才发展的主题是推动人才高质量发展。从根本上转变人才发展方式,全方位培养、引进、用好人才,实现人才更高质量、更有效率、更加公平、更可持续、更为安全地发展。新发展阶段人才发展的主线是深化人才供给侧结构性改革。促进教育与人才的黏合度,提升人才供给的适配性,以高质量人才供给满足人才需求。同时注重人才需求侧改革,形成人才需求牵引人才供给、人才供给创造人才需求的更高水平动态平衡。人才发展的根本动力是改革和开放。紧紧围绕激发人才创新活力这一中心,守正创新,放权松绑,推动人才体制机制更深层次改革,充分发挥市场的决定性作用和更好发挥政府作用。坚定不移地实行更加开放的人才政策,统筹人才发展和安全,聚天下英才而用之。

最后是人才发展的格局。新发展阶段人才发展的格局是要加快形成以国内人才大循环为主体、国内国际人才双循环相互促进的人才新发展格局。人才新发展格局既是人才高质量发展的实现路径,又是我国整体新发展格局的

---

① 习近平. 在中国科学院第十九次院士大会、中国工程院第十四次院士大会上的讲话[EB/OL].(2018-05-28)[2022-04-08]. http://www.gov.cn/xinwen/2018-05/28/content_5294322.htm.

重要组成部分，在整体发展格局中起引领作用。以人才国内循环为主体构建人才新发展格局，以党中央全方位培养、引进、用好人才的重大部署来重构系统完整、功能齐全、运转高效的人才国内大循环体系。突出教育的人才生产供给功能，突出科技和产业的人才消费需求功能，发挥我国日益增长的教育和科技优势，畅通国内人才大循环。只有畅通了人才的国内大循环，才能有效应对严峻的全球人才竞争，形成国际国内人才双循环相互促进的新发展格局。

3. 坚持人才引领发展的战略地位是做好新时代人才工作的重大战略

习近平总书记在中央人才工作会议讲话论及全面贯彻新时代人才工作新理念新战略新举措的第二条时强调，坚持人才引领发展的战略地位。他指出，这是做好人才工作的重大战略。人才是创新的第一资源，人才资源是我国在激烈的国际竞争中的重要力量和显著优势。创新驱动本质上是人才驱动，立足新发展阶段、贯彻新发展理念、构建新发展格局、推动高质量发展，必须把人才资源开发放在最优先位置，大力建设战略人才力量，着力夯实创新发展人才基础。[1]早在2018年5月，习近平总书记在两院院士大会上的讲话中就明确要求，牢固确立人才引领发展的战略地位，全面聚集人才，着力夯实创新发展人才基础。他指出，世上一切事物中人是最可宝贵的，一切创新成果都是人做出来的。硬实力、软实力，归根到底要靠人才实力。科技发展史已经证明，谁拥有了一流创新人才和一流科学家，谁就能在科技创新中占据优势。[2]因此，要牢固确立人才引领发展的战略地位，将人才工作放在党和国家事业发展大局中谋划，全方位培养、吸引、用好人才，着力夯实创新发展人才基础。

牢固确立人才引领发展的战略地位，既是做好新时代人才工作的重大战略，也是新发展时期人才发展最核心的理念。需要注意的是，作为人才工作

---

[1] 习近平. 深入实施新时代人才强国战略 加快建设世界重要人才中心和创新高地[J]. 求是，2021（24）.
[2] 习近平. 在中国科学院第十九次院士大会、中国工程院第十四次院士大会上的讲话[EB/OL].（2018-05-28）[2022-04-08]. http://www.gov.cn/xinwen/2018/05/28/content_5294322.htm.

的重大战略,"牢固确立人才引领发展的战略地位"强调的并不简单是人才的战略地位,而是"人才引领发展"的战略地位。人才引领,引领什么?引领发展!引领什么发展?引领党和国家所有事业的发展,引领事业的创新发展,引领事业的高质量发展。要将2010年发布的《国家中长期人才发展规划纲要(2010—2020年)》中确立的"服务发展"方针进化到"引领发展"上来,深入贯彻人才引领发展的人才新理念,推动人才高质量发展,构建人才发展新格局。牢固确立人才引领发展的战略地位,以人才引领发展为人才工作的根本宗旨,坚持人才引领发展的战略地位,培育人才引领发展的战略性新动能,奋力开创引领发展的战略局面。[1]

1.3.2 人才新发展方式:人才高质量发展

习近平总书记在党的十九大报告中指出,我国经济已由高速增长阶段转向高质量发展阶段,正处在转变发展方式、优化经济结构、转换增长动力的攻关期,建设现代化经济体系是跨越关口的迫切要求和我国发展的战略目标。[2]我国经济发展进入高质量发展阶段,人才发展也进入高质量发展阶段,正处在转变人才发展方式、优化人才结构、转换人才增长动力的攻关期,建设现代化人才体系也同样是跨越关口的迫切要求和我国发展的战略目标。

1. 从根本上转变人才发展方式

习近平总书记在党的十九大报告中指出,必须坚持质量第一、效益优先[3]。新发展阶段人才高质量发展的主题是推动人才高质量发展,而要实现人才高质量发展,就必须从根本上转变人才发展方式。促进人才发展方式由传统的规模外延型向现代的质量内涵型转变,全方位培养、引进、用好人才,实现更高质量、更有效率、更加公平、更可持续、更为安全的人才发展。

加快转变人才发展方式,是关系国家人才发展全局的战略抉择。要应国际国内人才态势的新变化,将人才发展的立足点转到提高人才发展的质量

---

[1] 赵永乐. 畅通人才大循环 构建人才新发展格局[J]. 群众,2021(1):57-58.
[2] 习近平. 决胜全面建成小康社会 夺取新时代中国特色社会主义伟大胜利——在中国共产党第十九次全国代表大会上的报告[M]. 北京:人民出版社,2017:30.
[3] 习近平. 决胜全面建成小康社会 夺取新时代中国特色社会主义伟大胜利——在中国共产党第十九次全国代表大会上的报告[M]. 北京:人民出版社,2017:30.

和效益上来，加快形成新的人才发展方式。充分发挥市场在人才资源配置中的决定性作用，更好发挥政府作用，充分授权松绑，激发各类用人主体的全方位人才培养、吸引、使用活力，激发各类人才的创新活力，增强创新驱动发展人才新动力。要把新发展理念贯穿到人才发展的全过程和各领域，切实转变人才发展方式，构建高质量发展的人才发展新格局。要从根本上改变社会上尤其是广大企业至今还普遍存在的重数量轻质量、重引进轻配置、重使用轻培养、重投入轻效用等人才粗放发展倾向。

人才的规模发展要向人才的质量发展转变，人才的速度发展要向人才的效能发展转变，人才的粗放发展要向人才的精细发展转变，人才的外延发展要向人才的内涵发展转变。这不仅是新阶段经济社会发展和全球竞争的客观要求，也是我国人才发展和科技创新的丰富内涵与内在规律的必然要求。要下决心推动我国人才发展方式发生根本转变，将社会上普遍存在的重引进、重投入、重集聚倾向转变为自主培养为主、培养引进并重和重使用、重激发、重效用。要从质量、效率、动力各方面推动国内人才循环变革，提升人才循环的质量、效益、活力和竞争力，坚定不移地走具有中国特色的人才发展道路，为实现人才高质量发展提供根本保证。要在坚持自主发展的基础上畅通人才国内大循环，确立人才在新发展格局中优先发展的战略布局，坚持人才在创新中的首要能动地位，坚持教育是人才循环中的生产主要形式和渠道，推动教育、人才、科技和各项事业高质量无缝对接、紧密结合。

2. 以人才供给侧结构性改革为主线

习近平总书记在省部级主要领导干部学习贯彻党的十九届五中全会精神专题研讨班开班式上强调，必须坚持深化供给侧结构性改革这条主线，继续完成"三去一降一补"的重要任务，全面优化升级产业结构，提升创新能力、竞争力和综合实力，增强供给体系的韧性，形成更高效率和更高质量的投入产出关系，实现经济在高水平上的动态平衡。[①]我国经济发展必须坚持深化供给侧结构性改革这条主线，同样，人才发展也必须坚持深化供给侧结构性改

---

① 习近平在省部级主要领导干部学习贯彻党的十九届五中全会精神专题研讨班开班式上发表重要讲话[EB/OL].（2021-01-11）[2022-04-08]. http://www.cppcc.gov.cn/zxww/2021/01/12/ARTI1610411058267104.shtml.

革这条主线，新发展阶段人才高质量发展的主线就是坚持深化人才供给侧结构性改革。针对我国人才供给侧短板，促进教育与人才的黏合度，提升人才供给的适配性，以高质量人才供给满足日益升级的国内市场的人才需求。

中央人才工作会议确立了"加快建设世界重要人才中心和创新高地"的战略奋斗目标，并围绕这一目标作出包括顶层设计、战略谋划、战略布局、重点任务和政策举措在内的整体战略部署。很明显，要实现中央确立的战略奋斗目标，完成中央作出的整体战略部署，在坚持以人才高质量发展为主题的同时，还必须坚持以深化人才供给侧结构性改革为主线。要壮大国内人才大循环的供给侧，坚定不移地走好人才自主培养之路，提高人才供给自主可控能力，保障人才高质量供给、充足供给、优化供给。同时注重人才需求侧改革，努力扩大人才内需，加快培育完整的人才内需体系，以创新驱动和高质量供给引领和创造人才新需求，形成人才需求牵引人才供给、人才供给创造人才需求的更高水平动态平衡。不仅如此，还要开辟人才国际循环的供给渠道，结合新形势加强人才国际交流，吸引全球一流水平的顶尖人才来我国学习、工作、创新和创业。

3. 人才高质量发展的根本动力是改革创新

习近平总书记在中央人才工作会议上强调，坚持深化人才发展体制机制改革。他指出，这是做好人才工作的重要保障。必须破除人才培养、使用、评价、服务、支持、激励等方面的体制机制障碍，破除"四唯"现象，向用人主体授权，为人才松绑，把我国制度优势转化为人才优势、科技竞争优势，加快形成有利于人才成长的培养机制、有利于人尽其才的使用机制、有利于人才各展其能的激励机制、有利于人才脱颖而出的竞争机制，把人才从科研管理的各种形式主义、官僚主义的束缚中解放出来。[①]改革创新既是人才高质量发展的根本动力，也是做好人才工作的重要保障。为此，要紧紧围绕激发人才创新活力这一中心，守正创新，破除束缚人才发展的思想观念和体制机制障碍，推动人才体制机制更深层次改革，解放和增强人才活力，形成具有

---

① 习近平. 深入实施新时代人才强国战略 加快建设世界重要人才中心和创新高地[J]. 求是, 2021（24）.

国际竞争力的人才制度优势，为人才高质量发展添加动能和保驾护航。

首先是充分发挥市场在资源配置中的决定性作用和更好发挥政府作用。人才体制机制改革的核心问题是处理好政府和市场的关系，使市场在人才资源配置中起决定性作用和更好发挥政府作用。人才体制机制改革必须遵循市场经济规律，着力解决市场体系不完善、政府干预过多和监管不到位问题。推进市场化改革，大幅度减少政府对人才资源的直接配置，推动人才资源配置依据市场规则、市场价格、市场竞争实现效益最大化和效率最优化。将政府的职责和作用界定在人才的宏观调控和微观公共服务上，保障人才公平竞争，加强市场监管，维护市场秩序，推动人才的可持续发展，弥补市场失灵。[①]其次是向用人主体授权。向用人主体充分授权，真授、授到位。发挥用人主体在人才培养、引进、使用中的积极作用。用人主体要发挥主观能动性，增强服务意识和保障能力，建立有效的自我约束和外部监督机制，确保下放的权限接得住、用得好。用人单位要切实履行好主体责任，用不好授权、履责不到位的要问责。[②]最后是为人才松绑。为人才松绑也要充分松绑，真松绑、松到位。遵循人才成长规律和科研规律，进一步破除"官本位"、行政化的传统思维，不能简单套用行政管理的办法对待科研工作，不能像管行政干部那样管科研人才。完善人才管理制度，做到人才为本、信任人才、尊重人才、善待人才、包容人才。赋予科学家更大技术路线决定权、更大经费支配权、更大资源调度权，放手让他们把才华和能量充分释放出来。建立健全责任制和"军令状"制度，确保科研项目取得成效。深化科研经费管理改革，落实让经费为人的创造性活动服务的理念。改革科研项目管理，优化整合人才计划，让人才静心做学问、搞研究，多出成果、出好成果。[③]

1.3.3 人才新发展格局：内循环为主体、双循环相互促进

2021年1月，习近平总书记在省部级主要领导干部学习贯彻党的十九届

[①] 赵永乐，王斌. 西部地区人才培养、吸引和使用机制现状与创新对策[J]. 人事天地，2015（8）：22-26.

[②] 习近平. 深入实施新时代人才强国战略 加快建设世界重要人才中心和创新高地[J]. 求是，2021（24）.

[③] 习近平. 深入实施新时代人才强国战略 加快建设世界重要人才中心和创新高地[J]. 求是，2021（24）.

五中全会精神专题研讨班强调,加快构建以国内大循环为主体、国内国际双循环相互促进的新发展格局,是"十四五"规划《建议》提出的一项关系我国发展全局的重大战略任务,需要从全局高度准确把握和积极推进。①要实现人才高质量发展,就必须加快形成以国内人才大循环为主体、国内国际人才双循环相互促进的人才新发展格局。人才新发展格局既是人才高质量发展的实现路径,也是我国整体新发展格局的重要组成部分,在整体新发展格局中起引领作用。构建新发展格局最本质的特征是实现高水平的自立自强,而能否实现高水平的自立自强,人才新发展格局是关键。

要以国内人才循环为主体构建人才新发展格局,巩固人才根基,发扬人才优势、补齐循环短板,加强循环弱项,从人才的生产供给、流通配置和消费需求全链条上花大力气重构系统完整、功能齐全、运转高效的国内人才大循环体系。突出教育的人才生产供给功能,突出科技和产业的人才消费需求功能,发挥我国日益增长的教育和科技优势,畅通国内人才大循环,使教育和科技成为人才循环的重要环节和责任承担者。同时,要加大人才对外开放力度,构建具有全球竞争力的人才制度体系,积极参与国际人才合作和竞争,加强人才国际交流,以国际人才循环促进和补充国内人才循环,提升国内人才循环的效率和水平。既要将国外的人才引进来,又要使国内人才走出去,一方面开辟人才国际培养的新路子,另一方面在全球范围内发挥中国人才的作用,显示中国人才的地位和风采。要畅通国内人才大循环,以强大的国内人才循环体系为稳固的基本盘,有效应对严峻的全球人才竞争,形成国内国际人才双循环相互促进的新发展格局。

1.4 研究思路与框架

本书是国家社科基金重大项目"构建具有全球竞争力的人才制度体系研究"(20ZDA107)的调研分项成果。自 2020 年 9 月项目安排后,调研组就开始工作。调研组根据国家社科基金重大项目"构建具有全球竞争力的人才制

---

① 习近平在省部级主要领导干部学习贯彻党的十九届五中全会精神专题研讨班开班式上发表重要讲话[EB/OL].(2021-01-11)[2022-04-09]. http://www.cppcc.gov.cn/zxww/2021/01/12/ARTI1610411058267104.shtml.

度体系研究"的研究宗旨,与首席专家吴江教授经过商讨,确定了调研分项目研究的基本思路、整体框架和主要研究内容。

1.4.1 研究思路

本书站在人才工作新的历史起点上,遵循习近平新时代中国特色社会主义思想和党的十八大以来党中央作出的人才是实现民族振兴、赢得国际竞争主动的战略资源的重大判断和全方位培养、引进、使用人才的重大部署,从南京人才新发展格局的实践出发,对南京国际创新名城的人才制度和治理开展调研。本书分为四大部分共九章,沿着导论、现状、制度和治理的逻辑脉络,坚持理论创新与实际调研相结合,定性分析与定量分析相结合,比较研究和案例分析相结合,为南京建设国际创新名城构建具有全球竞争力的人才制度提供理论支撑,提出南京人才制度体系建设的目标、任务、思路和基于新发展格局的治理实施路径。本书的研究思路如图 1.1 所示。

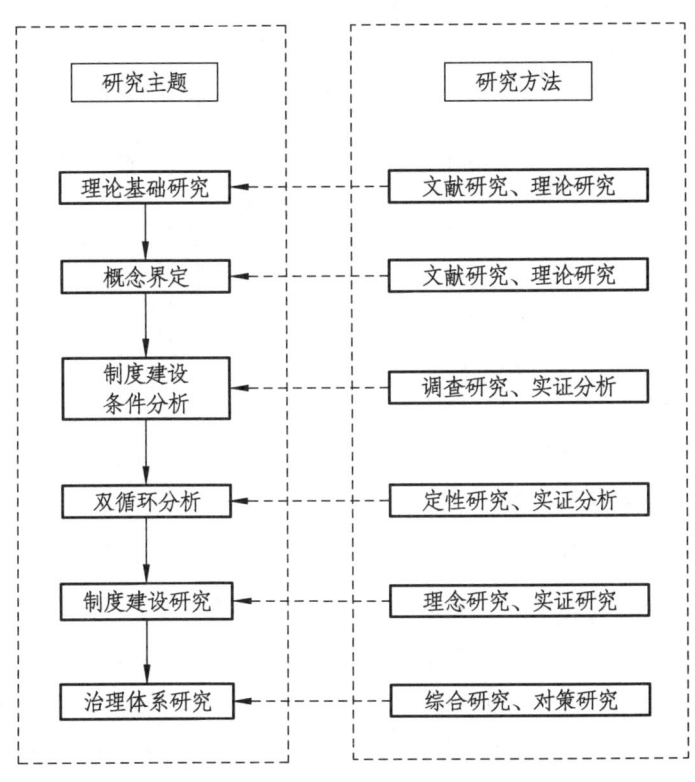

图 1.1 本书的研究思路

1.4.2 研究框架

本书的总体研究框架可以概括为三个模块。第一模块为前期研究，包括理论基础研究、概念界定、南京人才制度体系建设条件分析和新发展格局下南京人才双循环分析等内容。第二模块为制度创新，研究新发展格局下南京人才制度体系建设的思路和主题、主线与动力。第三模块为治理创新，从供给、流通、需求的全新视角研究新发展格局下南京的人才供给治理、人才流通治理、人才需求治理和人才治理共同体。本书的研究框架如图1.2所示。

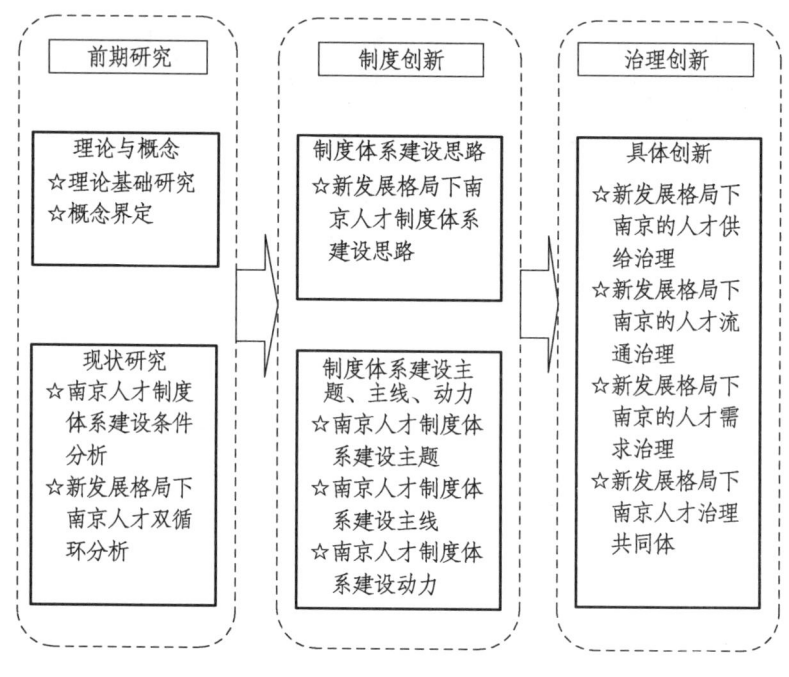

图 1.2　本书的研究框架

1.4.3 主要内容

本书的主要内容可以分为四部分，一是研究的理论基础和概念界定（第1章），二是现状研究（第2、3章），三是人才制度体系的建设研究（第4、5章），四是人才新发展格局下南京人才治理体系研究（第6、7、8、9章）。本书共分为九章，为南京建设国际创新名城、构建具有全球竞争力的人才制度提供理论参考，同时也为大中城市人才管理部门、人才工作者和各类用人主体的人才工作提供实践做法。

第 1 章是国际创新名城人才制度与治理导论，主要介绍研究背景与意义、理论基础、核心概念和研究思路、框架与主要内容。

第 2 章是南京人才制度体系建设条件分析，主要分析南京人才制度体系建设的影响因素、人才制度体系建设的成绩、人才制度体系建设的问题和南京建设人才制度体系的机遇与挑战。

第 3 章是新发展格局下南京人才双循环分析，在阐明构建南京人才双循环系统认知的基础上，主要分析南京人才双循环的现实基础和南京人才双循环的不足。

第 4 章是新发展格局下南京人才制度体系建设思路，在介绍南京人才制度体系建设的总体思路与目标的基础上，进一步研究以内循环为主体的人才制度建设思路、以竞争力为核心的外循环人才制度建设思路和双循环相互促进关节点的人才制度建设思路。

第 5 章是新发展格局下南京人才制度体系建设的主题、主线与动力，阐释南京人才制度体系的建设是以人才高质量发展为主题、以人才供给侧结构性改革为主线和以改革创新为根本动力。

第 6 章是新发展格局下南京的人才供给治理，在介绍南京人才供给治理的背景、意义与主要任务的基础上，提出强化人才供给侧结构性改革、走好人才自主培养之路和坚持全方位精准培养人才等南京人才供给治理思路。

第 7 章是新发展格局下南京的人才流通治理，在介绍南京人才流通治理的背景、意义与主要任务的基础上，提出完善人才流通领域的宏观治理、推动市场在人才流通领域起决定性作用和人才流通管理与人才服务产业等南京人才流通治理思路。

第 8 章是新发展格局下南京的人才需求治理，在介绍南京人才需求治理的背景、意义与主要任务的基础上，提出加强人才需求侧、以建设引领性国家创新型城市增强人才内需和实施紫金山英才计划的牵引作用等南京人才需求治理思路。

第 9 章是新发展格局下南京人才治理共同体，探讨构建包括完善人才宏观治理、激活人才微观治理和拓展人才社会治理等在内的人才治理共同体。

第 2 章

南京人才制度体系建设条件分析

2016年5月6日，中共中央召开关于贯彻落实《关于深化人才发展体制机制改革的意见》的座谈会，习近平总书记在会议召开前就作出了重要指示，他强调加快构建具有全球竞争力的人才制度体系，聚天下英才而用之[1]。习近平总书记提出构建具有全球竞争力人才制度体系的战略任务，对于应对激烈的全球人才竞争、建立人才比较优势具有重大意义，为我国更加积极、更加开放和更加有效地参与全球人才竞争指明了方向和途径。2018年春季，南京市哲学社会科学基金重大项目公开招标，"南京构建具有全球竞争力的人才制度体系研究"上榜，河海大学中央人才办人才理论研究基地成功揭榜，河海大学党委书记唐洪武院士亲自挂帅带领课题组开展研究，历时一年，取得丰硕研究成果。

全球竞争的焦点在人才，而人才竞争的背后则是制度的较量。谁拥有具有全球竞争力的人才制度体系，谁就能抢占全球人才争夺的制高点。南京建设国际创新名城，必须有强有力的人才制度支撑，而南京的人才制度能否支撑得了国际创新名城的建设，关键要看南京的人才制度体系是否健全，是否得到不断地创新和拓展。南京在形成人才新发展格局的过程中，要准确把握人才制度体系的现状，以制度创新畅通人才双循环，为建设国际创新名城提供坚强的人才支撑。

2.1 南京人才制度体系建设影响因素

为找出影响南京人才制度体系构建的主要因素，一方面，课题组对500多名调查对象开展了人才制度体系重大影响因素问卷调查，调查对象主要由各类用人主体的高端人才、双创人才和各级人才职能机构的人才工作者、用人主体的管理者组成。另一方面，课题组有针对性地深入南京市建邺区、江北新区、江宁开发区以及百家汇创新创业社区、越博动力公司等区划和单位，通过实地走访典型的创业服务平台和园区，获得人才制度体系建设影响因素的第一手资料。在此基础上分析得出南京人才制度体系建设的重要影响因素、

---

[1] 习近平就深化人才发展体制机制改革作出重要指示强调 加大改革落实工作力度 让人才创新创造活力充分迸发[N]. 人民日报，2016-05-07（1）.

令人比较满意的因素、不太令人满意的因素和亟待解决的重大制约因素。

2.1.1 重要影响因素

通过对问卷调查统计结果和对查询、走访、考察、座谈等途径获取的资料进行分析、总结、提炼，课题组从48项影响南京人才制度体系建设的因素中得出12项重要影响因素。

——坚持以发展为第一要务、人才为第一资源、创新为第一动力；

——坚持人才引领、创新驱动；

——聚天下英才而用之，加快建设人才强市；

——坚持人才为赢得国际竞争主动的战略资源；

——实施积极、开放、有效的人才政策；

——发挥南京科教优势，加快人才优势向发展优势转化；

——完善有利于人才创新的评价激励制度；

——破除束缚人才发展的障碍，激发各类人才创新创造创业的动机、愿望、热情和活力；

——培养国际水平的战略科技人才、科技领军人才、青年科技人才和高水平新团队；

——提升南京人才制度体系的全球竞争力；

——慧眼识才、诚意爱才、胆识用才、雅量容才聚才，集聚国内外优秀人才；

——发挥市场在人才资源配置中的决定性作用。

不难发现，上述影响因素可以分为两大类别。第一类影响因素是理念性因素，涉及到人才制度体系建设的理念、指导思想、战略方针等。这些因素包括"坚持以发展为第一要务、人才为第一资源、创新为第一动力""坚持人才引领、创新驱动""聚天下英才而用之，加快建设人才强市""坚持人才为赢得国际竞争主动的战略资源"四个方面。党的十九大报告作出的"人才是实现民族振兴、赢得国际竞争主动的战略资源"的重要判断和习近平总书记作出的"加快构建具有全球竞争力的人才制度体系，聚天下英才而用之"的重要指示发出强烈的信号：中国的国家复兴必须走"人才引领、驱动创新"之路。因此，这四项因素从根本上影响着人才制度体系建设。南京在构建人才制度体系实践过程中，要坚持把人才强市作为贯彻新发展理念、推动高质量发展的核心战略，纳入顶层设计，优先谋篇布局。

第二类影响因素是策略性因素，主要涉及南京构建人才制度体系的实现路径和重要政策。这些因素涵盖了人才政策、人才优势转化、破除人才体制机制障碍、高端人才和团队培养、人才制度体系全球竞争力、优秀人才的集聚与使用和发挥市场在人才资源配置中的决定性作用等方面。这些影响因素，有些已经成为南京人才制度体系的优势，比如引入人才"举荐制"不拘一格用贤才、支持企业"高薪聘高人"、积极推行"两落地一融合"战略、聚力打造一批"双创"基地等，有效地提升了南京的人才竞争力水平，为促进南京创新名城建设提供了有力支撑。但是，也有一些因素是南京人才制度体系建设的不足和短板，诸如人才政策的协同整合、人才效能作用发挥、创新要素的转化、市场机制的作用发挥等，这些因素将在后文中详细分析。

2.1.2 令人比较满意的因素

通过对问卷调查中各项影响因素的现状或实施情况的满意度评价结果进行统计和分析，课题组得出7项被认为是令人比较满意的影响因素，其中"坚持中国特色社会主义制度优越性"被认为是非常接近"很满意"的因素。

——坚持中国特色社会主义制度优越性；
——坚持以发展为第一要务、人才为第一资源、创新为第一动力；
——坚持党管人才原则；
——坚持人才为赢得国际竞争主动的战略资源；
——坚持人才引领、创新驱动；
——实施积极、开放、有效的人才政策；
——发挥市场在人才资源配置中的决定性作用。

被评为影响南京人才制度体系建设令人比较满意的因素包括五个"坚持"、一个"实施"、一个"发挥"，该七项因素都是与政府相关性比较大的因素，说明影响南京人才制度体系建设令人比较满意的因素都集中在政府层面，这是对南京各级党委和政府人才工作的一种肯定。但是总体来看，调查对象对影响南京构建人才制度体系的48项因素的满意度评价处于中等偏上水平，没有很满意的因素，也没有不满意的因素，除了7项令人比较满意的因素外，其他都被评价为一般满意。这使我们不得不反思，南京的人才工作与社会的期望相比，还有很大的提升空间，南京构建具有全球竞争力人才制度体系的工作还需要下大力气落实才行。与前文影响南京人才制度体系建设重要因素对比可以发现，有 7 项重要因素没有得到令人满意的评价，特别是"完善有利于人才创新的评价激励制度""提升南京人才制度体系的全球竞争力""破除束缚人才发展的障碍，激发各类人才创新创造创业的动机、愿望、热情和活力""慧眼识才、诚意爱才、胆识用才、雅量容才聚才，集聚国内外优秀人才"等重要影响因素的满意度已经排名在半数以后，情况不容乐观。

2.1.3　不太令人满意的因素

问卷调查中各项影响因素的现状或实施情况的满意度评价结果显示，影响南京人才制度体系建设不太令人满意（即满意度最低）的因素有六项，这六项因素都比较接近不满意程度。

——切实减轻企业用才成本；

——加快建成有全球影响力的创新名城；

——将南京建设成为世界各国优秀青年学习、工作和创新创业的首选之地；

——加强人才工作的考核激励力度；

——实现人才贡献得到合理回报，提升人才成就感、获得感；

——完善有利于人才创新的评价激励制度。

上述因素中，尤其是"切实减轻企业用才成本"已经很接近不满意程度。这表明，企业用才成本居高不下已经引起人们的严重忧虑。"加快建成有全球影响力的创新名城"是南京市委市政府的重大战略决策，社会对此也寄予非常高的期望，但建设创新名城的实际工作效果与南京市委市政府的战略需求和社会的期望之间还有一定的差距。"将南京建设成为世界各国优秀青年学习、工作和创新创业的首选之地"，现在只能说是刚刚起步，离真正实现还有不小的距离。对"加强人才工作的考核激励力度"满意度不高，说明南京的人才工作既要加强考核的力度，也要加强激励的力度。这四项因素满意度不高反映的问题，实际上在实地调研、座谈和访谈中也得到了验证。

满意度不高的"实现人才贡献得到合理回报，提升人才成就感、获得感"和"完善有利于人才创新的评价激励制度"两项因素被调研的各区划高端人才双创人才和人才工作者反映为目前人才工作比较突出的问题。调查中发现，一些单位在人才引进后只是"掠夺性"使用，忽视人才的激励、发展和个人再生产。有的区划人才资源管理的精细化程度不高，缺乏有效的人才评价机制，降低了人才资源的实际使用效用。相比武汉、西安、成都、郑州等内陆中心城市，南京处于群雄并起的长三角城市群。受虹吸效应影响，上海、浙江和省内苏南各市争夺人才的激烈竞争，直接影响或削弱南京的辐射带动力、影响力和吸引力，集聚人才的资源环境面临较大的外溢和稀释效应。由此可见，南京必须下大力气采取实际可行的措施加以改进，尽可能大幅度地提升各项因素实施效果的满意程度。

2.1.4 亟待解决的重大制约因素

南京人才制度体系建设亟待解决的重大制约因素，其实就是对构建南京人才制度体系有重要影响但在实际工作中又不令人满意或没有取得期望效果的重要因素，也就是南京人才制度体系建设的瓶颈因素、"卡脖子"因素。以下十项因素是南京人才制度体系建设亟待解决的重大制约因素。

——居高不下的企业用才成本；

——人才创新的评价激励制度不够完善；

——人才贡献得不到合理回报，人才缺少成就感和获得感；

——南京有待建成世界各国优秀青年学习、工作和创新创业的首选之地；

——有全球影响力的创新名城建设有待进一步加快；

——人才工作的考核激励力度不够；

——南京人才制度体系的全球竞争力不足；

——用人主体发扬容许试错、宽容失败、抚慰挫折、支持奋斗的敢为人先、敢冒风险的精神不够；

——有待形成人人渴望成才、人人努力成才、人人皆可成才、人人尽展其才的良好局面；

——束缚人才发展的障碍还未破除，各类人才创新创造创业的动机、愿望、热情和活力激发不足。

上述十项因素是南京在构建人才制度体系过程中问题较大、亟须突破的要素，也是南京构建全球人才竞争力的主要制约变量。不难看出，前文所列的实施满意程度比较低的因素基本都包含其中。基于对该十项制约因素的归纳总结、分类整合，我们可以看出，南京构建人才制度体系的制约因素主要涉及政府层面的人才政策、人才制度和治理等方面，主要包括用人主体的管控过多和体制机制上对人才发展的束缚障碍等。此外还有不利于激发各类人才创新创造创业的动机、愿望、热情和活力的社会环境等。基于此，南京在构建人才制度体系中要进一步放活市场，减少对用人主体和人才的过多管控干预，进一步放权授权和松绑，激发用人主体和人才的市场活力，鼓励用人主体大胆用才、柔性用才、尊重人才，提高人才的成就感和获得感。南京还要更好发挥政府作用，进一步完善政府的人才评价、激励、考核制度，制定更开放、更精准的人才政策，推进人才治理的现代化，在构建有利于用人主体聚才用才和人才成长、发挥作用的社会硬、软环境上下大功夫。南京市政府要加快构建具有全球竞争力的人才制度体系和建设具有全球影响力的创新名城，将南京建设成为世界各国优秀青年学习、工作和创新创业的首选之地。

2.2 南京人才制度体系建设的成绩

南京围绕打造中国人才与创新创业名城的战略目标，紧紧抓住推进国家科技体制综合改革试点城市、国家创新型试点城市的建设契机，积极构建创新人才的政策体系，持续加大高层次人才的引进与开发力度，营造更具吸引力的人才发展环境。目前，南京人才梯次的结构不断优化，人才资源总量持续稳步增长，人才事业服务改革发展的质量效益明显提升。

2.2.1 组织优势显现

南京持续实施人才优先发展的战略，积极强化"人才第一资源、教育第一基础、科技第一生产力、创新第一驱动力"的"四个一"意识，加大"人才是第一资源"的考核力度，加快推动发展观念转变、增长动力转换和干部能力转型；建立健全党管人才体制机制，充分发挥党的政治优势、思想优势、组织优势，充分调动各方面力量，密切联系群众，形成共同参与和推动人才工作的整体合力。党管人才的制度优势，是南京正形成国际人才竞争的比较优势。南京坚定贯彻落实新时代党的组织路线，连续五年召开"创新名城"

大会，并发布市委"一号文"支持创新，强化组织保证、发挥组织优势，激发奋斗精神、凝聚奋进力量，不断开创党的建设和组织工作新局面，创新构建人才和科技工作高位衔接融合的组织领导体系，形成党委统一领导，组织部门牵头抓总，各级各部门各司其职、齐抓共管的人才工作格局。同时，南京市委组织部挂牌成立正局级的人才工作办公室，加强全市人才工作的专业化力量建设。南京加大目标责任考核力度，注重强化"重引进更重培养服务、重规模更重质量效益"的工作导向，将人才工作履责情况作为党建工作责任制述职重要内容。南京还出台党委联系服务专家工作实施办法，推进党委联系服务专家工作的制度化、科学化、常态化，加强对各级专家的政治引领和政治吸纳，增强人才事业发展向心力。联动推进财政、土地、科技平台等要素供给向人才发展聚合，坚持优先投入，广泛调动资源力量，鼎力支持人才创新创业。

如前所述，"坚持中国特色社会主义制度优越性""坚持发展为第一要务，人才为第一资源，创新为第一动力""坚持党管人才原则""坚持人才引领、创新驱动"等因素，已经成为南京在人才工作方面最为满意的因素。

2.2.2 体系不断健全

南京在近几年非常重视人才工作，围绕人才引进、服务与发展，不断践行"人才是第一资源"，不断加强人才制度体系建设，使得人才制度体系更加系统、更加健全。

一是明确人才引进政策。早在 2011 年，南京就出台了"1+8"政策文件的"八项计划"，政策中涉及人才的有"领军型科技创业人才引进计划""科技创业家培养计划"，后来又出台了"高端人才团队引进计划""万名青年大学生创业计划"。同时，配套出台了《关于印发进一步鼓励和促进留学回国人员在我市创业创新若干政策的通知》等。值得关注的是，为吸引留学生留下来创业就业，南京在国内首创提出"海智湾"国际人才街区品牌，提供"一站式"服务，构建"类海外"环境，为海外人才提供全链条、全方位支持，打造"人无我有、人优我特"的人才发展政策环境。

【资料链接】

全国首创、南京首家"海智湾"国际人才街区在建邺正式发布

2020年12月11日上午,南京"海智湾"国际人才街区揭牌,同时发布《南京市支持海外人才创新创业行动计划》。"海智湾"国际人才街区系国内首创提出的品牌,位于河西新城南部,打造"类海外"环境、提供"一站式"服务,从承接载体、双创支撑、完善机制方面,为海外人才来宁提供全方位、全链条支持。"海智湾"国际人才街区规划及服务措施主要包括以下七点:

第一,"智汇口岸"首站登陆、一站通达。从沿街的商业载体腾出"黄金旺铺",开辟海外人才专属接待大厅,推行"海智"政务集成化改革,20款事项清单"一表通晓""一窗通领",中英文微信客户端"一网通办""一码通行",抽调40余名干部组建专班、首问负责。与高端猎头机构共建国际人才合作与服务中心,架设南京市八大产业链"宁聚导航",撬动"人才经纪"的市场化资源,建好才企撮合的专业化平台。

第二,"乐居驿站"拎包入住、三月免租。在河西南部成熟片区,首期推出500套、3.8万平方米的周转公寓,设有"两房""三房"、面积66~94平方米不等的多种户型,北欧风格精装交付,家具家电一应俱全,社交商务、健身休闲等功能场所配套齐全,由全球最大国际街区运营商——新加坡雅诗阁提供高品质、"国际范"的物业管理服务,初来乍到的海外人才可按市级政策免费入住,在三个月过渡期内安心择业。

第三,"海创群岛"筑巢引凤、底价推送。持续深耕建邺"012科创森林",在首家0元载体挂牌"海智湾·韶华工坊",开放8 000平方米、2年免租的"海创苗圃",手机在线预约,即可赠饮咖啡、获取工位。明年将在建邺高新区筹集58万平方米的1元、2元"海创加速器",在生态科技岛中新合作示范区打造更加开放便利、更具营商活力的"海创自贸区",以"成本洼地+效能高地"的最大政策诚意,栽下梧桐树、引得凤凰来。

第四,"领军头雁"赋能展翅、海阔天空。打造海归"雁阵",重在"头雁效应"。在衔接落实现有各类双创政策的基础上,凭实绩论英雄、

拿重金赏功臣,对行业领跑的海外优秀人才项目,分层分类精准扶持,给予最高 100 万元配套奖励。对"高精尖缺"海外专家,每月定期座谈问需,量身定制"一人一策"。鼓励企业面向全球招才引才,对企业成功申报省"外专百人计划"和市"345"海外引才计划的,再给予最高 30 万元的跟奖支持。

第五,"引智枢纽"联通八方、开源共享。引入各方社会组织,链接五湖四海。省欧美同学会已在建邺设立"国际人才服务中心",未来将在海外各大名校设立分中心;驻地建邺的南京海外校友创新服务中心已吸纳 14 个在宁高校以及北大、清华等 25 个地区和行业校友会,一批海外杰出校友将被礼聘为"海智湾·建邺合伙人";海归创办的"留学生共享校园",已吸引超过 500 名滞留国内的留学生来到建邺,深度参与创新名城游学体验。

第六,"莫愁企服"众人划桨、乘风破浪。充分发挥南京金融集聚区"资本引擎"优势,设立"海创成长基金",加大对优秀海创项目的融资支持力度;升级推出"建邺高新进园保(海智版)",撬动金鱼嘴基金街区 300 多家创投机构、超过 2000 亿私募基金,合力打造"独角兽训练营"。发挥法律服务产业园、专利导航产业发展实验区等"新中间"业务集群优势,为海归小微企业购买"创业管家"护航服务,提升抵御风险、行稳致远的成长能级。

第七,"同心家园"环境齐备、宾至如归。营造"类海外"的工作生活环境,提升青奥、奥体、中城等国际社区的功能品质,打造国际文化交流体验中心。加快建设南京大学医学院附属南京国际医院,提供接轨国际医疗服务体系的"绿色通道"。建立建邺区人才企业联合党组织,增强海归政治认同感和向心力,为高标准建成现代化国际性"城市客厅"、高质量服务南京市"创新名城、美丽古都"发展大局,凝聚更加广泛的智慧和力量。

资料来源:《全国首创!"海智湾"国际人才街区来了!》,2020 年 12 月 12 日,https://baijiahao.baidu.com/s?id=1685816096972853009&wfr=spider&for=pc。

二是完善人才创新创业的支持政策。《南京市政府创业投资引导基金管理办法（试行）》《关于印发南京市人才落户工作的实施意见的通知》《关于印发领军型科技创业人才引进计划入选企业配套人才引进支持计划的通知》等政策文件先后出台，主要通过进一步完善人才创业落户、创新支持、金融支持、人才引进等公共政策，让创业的人才能在南京落得下、创得稳、长得快。

三是明确人才引进考核办法。人才资源是重要资源，这已经形成了共识，因此各地的人才竞争也更加激烈。为了能引进更多的优秀人才，南京在出台引才优秀政策的同时，也给基层下达相关的引才指标和任务，通过下达指标加速人才的引进，并配套出台了《领军型科技创业人才引进计划实施细则（试行）》等相关文件。南京在建设创新名城过程中，积极探索人才多元评价机制，创新人才举荐制；组建高层次人才举荐委员会，将人才的评定权交到与产业、市场联系紧密的举荐人手中。一经认定，无须走传统的评审程序，就可享受创新创业、人才安居、子女教育等方面的扶持政策，为优秀青年人才和偏才、专才等特殊人才的脱颖而出开辟出一条绿色通道。实施人才举荐制，打破传统评审方式，破除唯学历、唯职称倾向，对高层次人才的认定不再局限于学历、资历等指标，而是通过业界"伯乐"相才荐才的方式直接认定。人才举荐制的实施撬动了科学家、企业家、金融家等社会化"伯乐"资源，破除对"非共识性人才"的论资排辈和求全责备，形成"五湖四海聚人才、不拘一格用贤才"的政策导向。

四是健全各类服务人才的补充办法。建设一批科技创业特别社区、科技企业孵化器和科技公共服务平台，以支撑人才的创业创新，这样才能让人才作用尽快发挥出最佳效益。围绕园区建设、平台建设等内容，南京先后制定了《南京市科技企业孵化器管理办法》《关于加快南京市公共技术服务平台建设的意见》《紫金科技人才创业特别社区项目准入制度》等文件。

五是不断出台高校人才计划与政策。2018年南京市委出台了《关于建设具有全球影响力创新名城的若干政策措施的通知》，同时出台了45个相应配套的文件，绘制了60多张相关事务的流程图，重点突出了对高校院所创新的支持、企业成长不同阶段的全链条式支持、各类知识型人才创新创业的支持、创新载体和平台建设的支持、创新生态的支持等五大关注对象的支持。其中在不同层次的知识型人才引进方面，主要有面向大学生的"宁聚计划"、面向高层次人才的"创业南京"和中青年拔尖人才计划、面向海外高层次人才的"345计划"等政策。一是针对优秀人才放宽落户门槛，研究生以上学历及40岁以下的本科学历人才，凭毕业证书办理落户手续，技术、技能型人才，凭高级工及以上职业资格证书办理落户手续。二是增加补贴种类、提升补贴标准，推出高校毕业生见习计划，发放见习补贴；对外地大学生来宁求职发放1 000元补贴；延长大学生住房补贴享受期限；等等。

2.2.3 配套政策逐步完善

南京不断推动人才载体的扩容、提档、升级，创设国家火炬计划基地13家、新序列国家工程技术研究中心6家，建设了一批国家"千人计划"基地、"万人计划"基地、"千人计划"研究院和省级"诺贝尔奖得主工作室"，建成"众创空间"国家级62家、省级123家、市级187家[①]，聚才载体的高端化、国际化、专业化水平迅速提升。"融动紫金"、科技创新券、创业导师、人才居住落户等配套机制有序跟进，创新创业服务体系日益完善。建立人才荣誉和党委、政府联系专家的激励制度，办好"高级人才交流洽谈会""留交会"等品牌活动，识才、爱才、敬才、用才氛围更加浓厚。

南京人才制度体系的比较优势还表现在不断完善配套政策，持续提升服务保障水平。首先，优化调整人才落户政策，实行"先落户后就业"。南京市持续优化人才落户政策，2022年7月，南京市再次升级人才落户网上申请平台，让各类人才在网上提交落户申请，落户南京更便捷。据统计，2018年6月人才落户网上申请平台开放运行后，仅一年时间就受理申请3万余件，有2.3万人通过"不见面审批"落户南京。[②]其次，实施人才安居工程，综合运用租房补贴、购房补贴及共有产权房、人才公寓、放大公积金使用额度、筹集商品房源定向供高层次人才购买等方式，为各类人才提供安居保障。十年来，南京筹集人才住房面积从160万平方米增长到438万平方米，人才安居累计发放各类补贴近24亿元。[③]最后，在公共配套服务方面，由居住地所在

[①] 南京市大力发展众创空间 激发创新创业活力[EB/OL].（2021-04-02）[2022-04-10]. https://baijiahao.baidu.com/s?id=1695942443816026759&wfr=spider&for=pc.
[②] 南京市公安局.网上申请平台升级 落户南京更便捷[EB/OL].（2019-07-08）[2022-04-10]. http://gaj.nanjing.gov.cn/jwdt/201907/t20190708_1587064.html.
[③] 打造人才引领发展"南京样本"[N].南京日报，2022-10-26（A11）.

区安排区内公办学校接收高层次人才子女义务阶段就读；推出"人才优诊证"，符合条件的高层次人才可在本市 26 家定点医疗机构享受就诊绿色通道，为人才安居乐业免除后顾之忧。

2.2.4 竞争力持续提升

一个国家、一个区域的人才双循环系统的竞争力有赖于自身的综合实力。2020 年，南京的综合实力在多个维度获得了国家或国际的认可：在全国文明城市建设复查中成绩名列前茅、已经建设成为中国人工智能的第三大城市、居民人均消费额居于全国十大城市第一[①]；在联合国人居署所公布的亚洲城市排名榜中，南京位居亚洲第 11、中国大陆第 5[②]；在 21 世纪经济研究院发布的《2020 年中国城市高质量发展报告》中，南京位列 35 个大中城市中的第 5 名[③]；由世界知识产权组织发布的 2020 年版全球创新指数中，南京从 3 年前的全球第 94 位大幅跃升至第 21 位[④]；2020 年 12 月，在科技部发布的《国家创新型城市创新能力评价报告 2020》中，南京位居前四[⑤]。

与此同时，南京积极推动新兴产业、高新产业的快速发展，经济发展迅猛。2020 年南京全年完成地区生产总值 1.48 万亿元，可比价增长 4.5%左右，增幅居 GDP 超万亿元城市前列，经济规模自改革开放以来首次跻身全国大中城市前十强。[⑥]"十四五"期间，南京将着力建设高能级辐射的国家中心城市，实现综合实力稳居全国大中城市十强位置，人均 GDP 突破 3 万美元，基本建成国际消费中心城市、国家级服务经济中心，高新技术企业总数达到 2 万家，高新技术产业产值占规模以上工业比重达 54.5%，全社会研发经费支出占 GDP

---

① 全国第一！南京人均社零消费 8.48 万元[EB/OL].（2022-02-09）[2022-04-10]. https://baijiahao.baidu.com/s?id=1724276174584632984&wfr=spider&for=pc.
② 亚洲城市 Top100：上海第 4，南京第 11，天津第 38[EB/OL].（2020-12-24）[2022-04-10]. https://baijiahao.baidu.com/s?id=1686914544004583120&wfr=spider&for=pc.
③ 深圳，第一！《2020 年中国城市高质量发展报告》公布[EB/OL].（2020-08-02）[2022-04-10]. https://baijiahao.baidu.com/s?id=1673903654673508551&wfr=spider&for=pc.
④ 南京：双轮驱动，让古都更美更新[EB/OL].（2021-06-22）[2022-04-10]. https://baijiahao.baidu.com/s?id=1703232400717573168&wfr=spider&for=pc.
⑤ 2020 国家创新型城市排行榜出炉！[EB/OL].（2020-12-26）[2022-04-10]. https://m.gmw.cn/baijia/2020-12/26/34496061.html.
⑥ 南京：2020 年预计 GDP1.48 万亿，十四五冲刺 2 万亿[EB/OL].（2021-01-12）[2022-04-10]. https://baijiahao.baidu.com/s?id=1688648319873006527&wfr=spider&for=pc.

比重达 4%左右的目标。①南京的经济发展，为南京人才双循环体系建设既提供了物质支撑，又提供了强有力的需求动力。

据恒大研究院和智联招聘联合推出的 2019 年"中国城市人才吸引力排名"分析显示，南京 2016—2019 年人才净流入占比分别为 0.8%、0.9%、0.9%、0.9%，始终为正且比较稳定，主要得因于南京发展速度较快以及 2018 年"宁聚计划"的实施。②为此，南京在我国最具人才吸引力城市 100 强中名列第 6 位，充分显示了南京人才制度体系的竞争力优势。

2.2.5 成效逐年显现

统筹推进各级各类重点人才工程，人才集聚质量明显提升。截至 2018 年底，南京已组建 182 家新型研发机构，其中三分之一有国际化团队参与，比如"石墨烯之父"、诺奖得主安德烈·海姆（Andre K. Geim）和诺奖得主康斯坦丁·诺沃肖洛夫（Konstomtin Novoselov）带领团队在南京经开区组建的石墨烯研究院；图灵奖唯一的华裔得主姚期智，率清华团队建立的南京图灵人工智能研究院，以及剑桥大学建校 800 多年来在中国唯一以大学冠名的科技创新中心即"剑桥大学南京科技创新中心"；等等。③2019 年，南京举办的留学生交流会专设了留学人员创新创业项目展示对接、海内外博士项目对接会、北美创业大赛获奖项目路演对接、"金陵金领"海外人才猎聘会，以及产业地标国际峰会（论坛）等活动。

由于南京人才制度体系建设取得成效，集聚了大批高精尖高端人才、专业技术人才、创新创业人才，所以，南京有了底气、朝气和锐气。2021 年初发布的《中共江苏省委关于制定江苏省国民经济和社会发展第十四个五年规划和二〇三五年远景目标的建议》明确提出了"支持南京争创国家中心城市"的目标。数年耕耘，南京因创新更加自信。创新已融入南京发展血脉、成为南京鲜明气质，为高质量发展注入澎湃动能和高度自信。

---

① 南京市人民政府.2021 年南京市人民政府工作报告[EB/OL].(2021-01-22)[2022-04-10]. https://www. nanjing.gov.cn/zdgk/202101/t20210122_2801157.html.
② "中国最具人才吸引力城市 100 强"出炉 南京排第六[EB/OL].(2020-04-29)[2022-04-10]. http://k.sina.com.cn/article_5675440730_152485a5a02000td30.html.
③ 已组建 182 家新型研发机构！南京创新名城渐行渐近！[EB/OL].（2018-11-18）[2022-04-10].https://baijiahao.baidu.com/s?id=1617456007689129781&wfr=spider&for=pc.

2.3 南京人才制度体系建设的问题

南京市人才制度体系建设在显现明显优势、取得可喜成效的同时，也暴露了一些不足和短板。

2.3.1 制度体系不够健全

如前所述，近年来南京出台并实施了一系列人才政策及其配套措施，内容涵盖了人才引进、人才培育、人才创业、人才计划等诸多方面。然而，认真分析已经实施的人才政策、人才制度、人才计划、人才工程，不难发现其人才制度上仍存在着体系不够健全的问题。比如，在调研中，调研对象反映南京人才政策不够细化，对不同层次、不同技能、不同研究方向的人才缺乏针对性，等等。又如，政府出台的人才制度体系仍带有一定的计划经济的特点，人才制度体系在形成之初往往都将一定的量化目标作为该项工作的核心内容。"345"海外高层次人才计划就提出，未来5年内引进30名产业发展和教科文卫建设急需的高精尖缺外国人才；引进40个以外国人才团队为主的一流创新团队；建设50个海外专家工作室。[①]"创业南京"人才计划在"十三五"期间，培育200名创新型企业家，重点集聚100名科技顶尖专家，引进3 000名高层次创业人才，引领20 000名青年大学生创业。[②]从2016年起，科技顶尖专家集聚计划重点支持和引进在南京创办科技型企业，或者与科技型企业合作创立新型产业技术研究机构、科研成果产业化基地的100名（个）科技顶尖专家（团队）。从2016年起，高层次创业人才引进计划扶持引进3 000名高层次创业人才，市级层面从中择优遴选和扶持1 000名高层次创业人才。这些以人才数量为核心目标的人才制度体系，虽然是建立在一定的调研、分析基础上，但是客观上其目标的建立尚缺乏可信的市场需求，带有一定的计划经济指标特征。

2.3.2 供给需求严重脱节

确保人才制度体系通畅发挥作用的桥梁和纽带是市场，很多企业界代表

[①] 南京：40岁以下本科生可凭毕业证书办理落户[EB/OL].（2018-01-05）[2022-04-10]. http://www.gov.cn/xinwen/2018-01/05/content_5253609.htm.
[②] "创业南京"人才计划出台[EB/OL].（2016-04-11）[2022-04-10].http://www.jiangsu.gov.cn/art/2016/4/11/art_33718_2447931.html.

认为，南京人才制度体系往往只明确了阻碍人才流动的闸门，但是，远远没有达到人才流动渠道通畅的程度，人才的供需之间还存在严重脱节的现象。南京人才制度体系在构建过程中，未充分发挥市场机制作用，与人才相互关联的市场经济体系还不健全，人才发展的市场机制发育还不充分，没有建立起以市场为导向的人才资源配置体制机制，人才工作指标化就是显性的事例。"人才生产适应市场、人才需求依赖市场、人才选择依靠市场、人才效能依托市场、优胜劣汰依据市场"，这就意味着市场在人才双循环的各个环节、各种要素配置过程中的作用要不断加强，从而发挥"有效市场"在人才制度体系建设中的决定性作用。而在2018年市委"一号文"及其45个配套文件中，较少提到发挥市场在人才引进、评价中的作用或建设南京人才市场。即使在2021年南京市委"一号文"中，有关市场在人才工作中的措施也仅仅表述为"促进市场主体加速涌现"和"建立以企业薪酬、风投注资、运营绩效、知名榜单、专家推荐等为主要依据的市场化人才评价体系"[1]。可见，对于理解市场起决定性作用的本质内涵和准确把握"政府"与"市场"关系上，还有待进一步深化。不仅是市级层面，区级层面也是如此。如有的区的人才政策体系中，只有一条"企业人才引进计划"强调企业引才的主体作用。市场的缺失必然导致资源配置效率不高，人才发展积极性不足。

习近平总书记在中央人才工作会议上指出，必须破除人才培养、使用、评价、服务、支持、激励等方面的体制机制障碍，破除"四唯"现象，向用人主体授权，为人才松绑，把我国制度优势转化为人才优势、科技竞争优势，加快形成有利于人才成长的培养机制、有利于人尽其才的使用机制、有利于人才各展其能的激励机制、有利于人才脱颖而出的竞争机制，把人才从科研管理的各种形式主义、官僚主义的束缚中解放出来。[2]用人主体和人才是运行于人才市场上的供需主体，授权松绑是突出市场导向的标识，以授权松绑为核心推进人才体制机制改革，是新形势下南京人才制度建设的方向。

---

[1] 关于新发展阶段全面建设创新名城的若干措施[N]. 南京日报，2021-01-05（A3）.
[2] 习近平. 深入实施新时代人才强国战略 加快建设世界重要人才中心和创新高地[J]. 求是，2021（24）.

2.3.3 政出多门联动不足

南京各行政部门都高度重视人才制度建设工作，从不同方面出台了大量人才政策和相关政策，政策多样，政出多门。但是各个政策之间缺少相应的联动机制，人才链、创新链、产业链、资金链衔接不够紧密，人才结构、产业结构和城市功能缺少有效互动。企业作为人才开发和创新创业的主体地位尚未完全确立，以企业为主体、市场为导向、产学研协同整合的技术创新体系还没有完全建立起来，各自为营，缺乏联动机制。南京各个区域主导的创新创业园也多有重复建设，存在同质竞争问题，缺乏整合性和区域特色，造成一定的资源浪费，大大削弱了整体建设实力和效果。同时，严格考核机制又使这个问题进一步突出，造成产业格局与人才资源配置的协同整合效应较弱，导致人才政策的协同整合作用大大降低。

在课题组调研过程中，有的区反映，落实市、区两级人才政策时，较低的行政效率将影响人才政策落实的时效，特别是对高新技术企业来说，会使时间成本过高。有的科技公司反映申请项目前期的备案手续办理时间长，从而影响企业项目启动，容易错失商机。人才和政策的对接融合程度不高，难以提升"择才"和"用才"的精准度，难以提高人才发展和行业需求的契合度，难以实现人力资源的最大化效用。有的区给予博士100万、硕士50万的奖励补助，但并未深入企业调研，了解行业需求，未能结合区内人才现状进行对照衡量，有的要求设置过高导致无人问津，有的又存在达标人数过多而要进行进一步筛选的尴尬问题。政府人才工作的开展方法未能与政府履行其他社会管理职能的思路、方法进行区分，人才扶持政策较为笼统且时效性差，对于不同层次、不同专业、不同研究方向的人才缺乏针对性的人才扶持政策。

【资料链接】

南京市建邺区政府领导分析人才制度体系建设

课题组围绕"南京市构建具有全球竞争力人才制度体系"这个主题在南京市开展了系列调研活动。在建邺区召开的座谈会上，建邺区政府领导分析了建邺区人才制度体系建设的四点特色、六点不足和四点解决政策。

建邺区政府领导在座谈会上谈到人才制度体系建设时介绍建邺区的

四点做法：（1）通过组织机构改革，明确人才工作开展的"三驾马车"，区人才办、区人社局、区科技局，促进区域内人才的引进和培育。（2）按照南京市"1+8"政策和"科技九条"要求，实施"建邺国际英才计划"，加快推进新型人才特区建设。（3）打破人才项目资金"一审"定终身模式，构成人才资助和开发"全链条"政策扶持，构建区域特色的项目申报流程。（4）人才引进和培育方案创新多且全面，除了影响人才引进和培育，也注重通过解决子女入学、配偶就业等相关问题来留住人才。

在谈到人才制度体系建设存在的不足和问题时，建邺区政府领导一针见血地指出：（1）高精尖紧缺人才引进力度不够。（2）人才政策落实时效滞后，难以及时落地。（3）人才政策的互补协同效应缺失。（4）新创企业"轻资产，贷款难"的问题比较突出。（5）人才后勤保障政策有待加强。（6）科教人才效能转化较弱。

为加快建设建邺区人才制度体系，建邺区政府领导提出四点政策举措：（1）加快引进高水平创新创业人才队伍，重点培养一批高技能人才。（2）通过建设科技创新平台、整合建设省级高新园区、推动新型研发机构落地、打造高效高层次"众创空间"来加快建设国内一流的创新创业载体。（3）通过强化科技金融服务支撑、加快构建科技服务业体系、加大政策支持力度，营造一流的科技创新创业环境。（4）不断提高人才政策落实的时效。

资料来源：《南京构建具有全球竞争力的人才制度体系研究》课题组，《南京构建具有全球竞争力的人才制度体系研究》，河海大学出版社2019年版，第214页。

有的企业代表认为，目前在市场经济的条件下，人才要打破部门和行业界限，需要由党委组织部门进一步加强宏观管理，其他各部门要高度配合，要从人才的战略储备、引进、教育、培养、激励、使用等各方面进行综合协调。但长期以来受到管理体制上所形成的惯性的影响，虽然各相关部门有明确分工和侧重，但是，在实际操作过程中还是存在着一定程度的职责不清、多头管理、力量分散的现象，党委组织部门的"牵头抓总"职能仍然没有充分地发挥出来。在市场经济的新条件、新情况下，如何在国有企业和非公企业中行之有效地做好"党管人才"工作，还没有进行深入探索和总结。

有企业代表提出，部分政策的制定只是清除了阻碍人才流动的闸门，还需要疏通各个渠道才能形成人才通畅流动的局面。产业技术攻关与技术创新的迫切需求与高校和科研院所具有相关研究经验与能力的科研人员不能有效对接上，是导致产学研结合不通畅的原因之一。首先，政府和企业间、企业之间渠道还不够畅通连贯，没有形成网络全覆盖。在政府中缺乏企业有诉可求的对接人，会影响企业解决问题的进程和成效。企业间平台对接的欠缺不利于企业间的相互交流合作，也会削弱知识溢出效应。其次，成长型中小微企业，面对企业科技创新、管理、市场等方面的问题，难以寻找合适的科技人才项目与企业"对接联姻"。最后，企业人才需求信息库尚未建立起来，高科技企业创新发展急需创新人才，却是无处寻觅。企业在技术研发中碰到的各类关键技术问题与开发新的核心技术，都非常需要相关的专业人才参与攻关，但企业寻求专业人才的渠道不够畅通。企业和人才对接平台不够完善，会对企业的人才招聘产生不利影响。

【资料链接】

先声药业有关负责人分析企业人才制度体系建设

先声药业百家汇创业社区是先声药业集团创办的独立性、开放性的科技创新创业综合体，属于产业公司兴办的人才创业园区，经过了近十年的实践探索。课题组在先声药业百家汇创业社区调研过程中，先声药业有关负责人分析了该社区人才制度体系建设的七点特色、五点不足和三点解决需求。

先声药业有关负责人在谈到企业人才制度体系建设时介绍百家汇的七点做法：（1）完善相关配套服务；（2）股权激励发挥人才的工作激情和创新动力；（3）降低创业门槛，吸引优秀团队进入社区平台；（4）择优跟投创业团队，进行长期的投后帮扶；（5）打造拥有良好市场前景的科研项目以及较强市场转化能力的高端人才；（6）引进具有竞争力的复合型人才；（7）多渠道提供员工培训与深造机会。

先声药业有关负责人在谈到百家汇实践过程中碰到的不足和问题

时，实事求是地指出：（1）不曾料到孵化出企业的竞争对手；（2）造成严重的人才流失；（3）团队缺乏能力全面的领导者；（4）团队内部组成人员的能力和岗位要求缺乏协调搭配；（5）创新人员将产品市场化的能力弱。

针对未来的发展，先声药业有关负责人提出三点政策需求：（1）政府加大对社区引进归国创业人才的扶持力度，全力打造高层次人才创新创业的聚集高地；（2）实施"紧缺人才培养工程"，加大对医药产业紧缺专业技术人才的培养；（3）加快推进企业与高校、科研院所的合作，促进新技术新成果的转化。

资料来源：《南京构建具有全球竞争力的人才制度体系研究》课题组，《南京构建具有全球竞争力的人才制度体系研究》，河海大学出版社2019年版，第214页。

2.3.4 落地效能转化欠佳

南京作为全国重要的科研教育基地，具有得天独厚的科教创新人才资源优势。截至2021年底，南京拥有普通高校53所（不含军事院校），其中有12所高校入选国家"双一流"高校和学科，总数位居全国第三。然而，南京面临"创新多、创业少，科研多、产业少，专利多、产品少"的结构短板，虽然南京科教资源丰富，但科教人才的创新成果难以产品化，创新成果与产业发展对接不紧密，对创新的助力作用较弱。分析其原因，南京人才制度体系未能确保创新效能落地转化影响较大。在市场作用未能充分发挥，成果转化机制、体制未能完善建立的情况下，人才制度体系促进科技成果转化作用更加突显。然而，梳理南京人才制度政策不难发现，过往的政策制度往往将视角都放在了"两头"，即顶尖人才和基础型人才。不可否认，顶尖人才和基础型人才确实是科技创新的重要力量，但是，实践表明，在科技创新成果转化方面，具备丰富工作经验的中间人才值得高度重视，因为他们是科技创新成果转化的主力军。

落地效能转化欠佳的另一个原因是人才制度体系中考核系统尚不健全，对人才工作的激励措施不及时，存在一些承诺的优惠条件兑现不及时的现象，削弱了人才工作的积极性，影响了激励机制作用的发挥。在调研座谈中发现，多个区及具有代表性的高新技术产业企业，都提出了对激励措施不及时、对人才考核评价指标存有疑惑等问题。例如，生物制药这一类成果转化周期长的企业如果与成果转化周期短的企业使用统一的考核标准，结果就会难以令人满意。对那些满足资金奖励政策的企业，同等数额的资金对中小企业来说能够促进他们的进一步发展，却难以为大型企业的创新带来实质性帮助，从而影响了企业人才效能的发挥。

值得指出的是，目前南京人才制度体系中缺乏对创业失败的宽容度，从而制约了创新发展。有企业代表提出，一方面，小微企业资质申请困难。小微企业是创新创业主体的重要组成部分，但是由于其规模小、经营风险高、创新创业失败率高，在资质申请时面临着行业准入、信用、资金、管理、抵押物、盈利能力等方面相当严格要求。从小微企业筹建到经营，要经过一系列的行政审批、行政执法、检查、收税等管理，一系列的行政约束抑制了小微企业的创新创业活力。另一方面，园区对二次创业者的创业活动的风险容忍度较低。创业本身具有高风险，许多创业者在经过第一次创业失败后进行第二次创业，却由于其信用记录而遭遇较高的行业门槛和较多的政策约束，不利于创业人才积极性和创造性的发挥。

2.3.5 自主培养重视不够

"加快形成以国内大循环为主体、国内国际双循环相互促进的新发展格局"，是"十四五"和未来一段时期我国经济社会发展的重要指导思想，是全面开拓高质量发展新路径和实现建成社会主义现代化强国目标的战略选择。而"双循环"的新格局，要求南京人才制度体系建设不仅要加强人才吸引的外循环，更要强化培养、使用的内循环。而重"外"轻"内"、重"引"轻"育"则是南京人才制度体系建设的薄弱环节。

在引才方面，南京制定和实施的"创业南京"英才计划、"宁聚计划"、人才"举荐制"和"345"海外高层次人才引进计划，以及针对高层次人才创立的青年工程师科研基金、博士和博士后科技创新创业基金等成功吸引来各类高层次人才。但是，在众多人才政策中，对引进人才进一步的培育和留住政策相对缺乏，这就导致用人单位在引进人才一段时间后，难以满足人才寻求进一步提升的需求，阻碍了人才的可持续发展，增大了南京人才的流失率。

课题组在调研时，有社区反映，其在吸引人才后缺乏配套的培养政策引导，存在人才与企业"不兼容"，阻碍人才的可持续发展，导致内部人才流动率增高。有从事人才工作的相关负责人指出，城乡基础设施建设、园区建设、重大项目建设仍然没有形成强大的聚才、引才优势，人才发展空间和创业平台还不够广阔，人才充分发挥作用的聚集效应不够明显，人才成长发展的运行机制还不够健全，高层次、高技能、高素质人才的培育平台不够完善。

有企业代表指出，很多企业在人才使用方面普遍存在"三重三轻"现象：一是重引进、轻开发现象，即只重视外才的引进，而忽视内才的使用。许多单位只重视引进的外来人才，忽视甚至冷落内部人才，严重打击了本地区本企业的人才积极性。二是重使用、轻培养现象。调查发现，一些单位在人才引进后只是"掠夺性"使用，忽视人才的再培训、再学习和再教育，使人才担心个人的继续发展空间受限，从而影响工作。三是重学历、轻技能现象。有一些企业只重学历，不重视技能，存在技工考评制度不健全，高级技师等实用型人才严重缺乏的现象。引进的科技人才过多地集中在机关、学校，而非企业和基层一线，导致与产业技术脱节。另外，有的区也指出，其人才资源管理的精细化程度不高，且缺乏有效的人才评价机制，使产业和人才对接精准度不够，降低了人才资源的实际效用；并且区内央属、省属高校，以及科研院所或大型企业的高端人才存在冗余，而市属、区属教科文卫建设单位高端人才缺乏，中小企业高层次创业创新人才短缺，不能满足服务区域主导产业和重点培育产业发展的人才需求。人才资源的分布与产业布局不协调，将影响区域经济的发展。

2.4 南京建设人才制度体系的机遇与挑战

当今世界正处于百年未有之大变局，全球化与"逆全球化"并存、多边合作与单边主义交织，全球性人才竞争日显激烈、人才发展国际环境日趋复杂恶劣、国内人才深化改革任务更加繁重。南京要围绕打造中国人才与创新创业名城的目标，推进国家科技体制综合改革试点城市、国家创新型试点城市建设，构建具有国际竞争力的人才制度体系，可以说是机遇与挑战并存。这就需要因势利导，把握机遇，应对挑战，及时转变人才发展格局，将人才工作的基本指导思想、人才工作的基本观念、人才制度体系建设、人才治理工作等工作重心及时转移到适应"双循环"的新格局之中。

2.4.1 建设人才制度体系的机遇

人才已经进入全球共享时代，随着我国经济不断发展和社会影响力的不断提升，我们所面临的人才制度的挑战已经从隐性走向了显性。人才制度体系的系统性、历史性和实践性特征，要求我们必须紧紧把握时代脉搏，用世界的眼光、全局的视野、前瞻的思维，客观分析当前人才发展全球化、人才竞争常态化、人才工作制度化的状况和条件。只有将人才制度体系建设与所面临的人才工作相结合，把握人才工作存在的机遇和挑战，才能让制度的优越性发挥应有的作用。南京在建设人才制度体系过程中可以把握的机遇包括三个层面，即全球层面的机遇、国家层面的机遇和区域层面机遇。

1. 全球层面的机遇

一是人才全球范围内流动的程度加大，我国人才流入大幅度增长。全球化的发展刺激了人才的全球流动，人才环流与全球共享初步形成，世界各国正在纷纷采取措施，加大培养人才、吸引人才、开发人才资源的力度，全球范围人才流动更加频繁。2020年，由于新冠肺炎疫情席卷全球，世界经济遭受巨大影响，各国经济发展呈现明显的疲软趋势甚至是负增长状态。然而，我国对新冠肺炎疫情及时有效的防控，使得经济情况实现逆势增长，年度GDP超过了100万亿人民币，保持了积极健康的增长态势。在这种情况下，越来越多的留学人员选择归国求职。据Boss直聘发布的《2021年秋招早鸟报告》显示，海外留学生参加国内招聘的比例同比增长94.3%，其中硕士及其以上学历占据了65%以上。[1]其实，早在几年前，已有大量留学人员选择学成归国，其中不乏有很多高层次人才。教育部国际合作与交流司司长、港澳台办公室主任刘锦曾公开表示，在2016年到2019年期间，我国共有251.6万人出国留学深造，而这些人中有201.3万人最终会选择回国就业，留学生归国比例已经

---

[1] 大数据分析2021年留学归国就业学生首超百万 疏通海归就业"中梗堵"需持续精准发力[EB/OL].（2021-09-07）[2022-04-12]. http://www.sic.gov.cn/News/611/11068.htm.

占总数的 79.9%。①

二是人才竞争力是国家综合实力的重要体现，我国的综合竞争力位居前列。严峻的全球人才短缺已成为各经济体所面临的紧迫威胁，而这一问题的产生是由技能型人才缺乏而非人口缺乏导致的。知识经济时代，经济实力和综合国力的竞争直接表现为智力资源的占有和对优秀人才的激烈争夺。国际上几大比较知名、权威的研究机构——US News 的国家实力排名、国家实力综合指数、全球存在指数、ISA 国家力量排名、National Power Ranking 等，近年来都将我国的综合国力排在世界第二，位居美国之后，甚至有将人才资源指标排名世界第一的观点出现，显示了我国在人才竞争力方面的优势。

2. 国家层面的机遇

一是党和政府高度重视人才工作。2021 年 9 月 27 日，中央人才工作会议召开，习近平总书记出席会议并作了重要讲话。习近平总书记强调，我国进入了全面建设社会主义现代化国家、向第二个百年奋斗目标进军的新征程，我们比历史上任何时期都更加渴求人才。同时，习近平总书记强调，要深化人才发展体制机制改革，要根据需要和实际向用人主体充分授权，发挥用人主体在人才培养、引进、使用中的积极作用。②2018 年国务院政府工作报告提出：中国经济由高速增长阶段转向高质量发展阶段。③高质量发展根本在于经济的活力、创新力和竞争力，其中人才的全球竞争力是高质量发展的重要部分。南京经济基础雄厚、产业布局优化，经济总量连跨 4 个千亿级台阶，2020 年首次成为全国 GDP 十强城市，基本形成以"六谷二十一园"为主要载体的产业区域化布局，产业集聚度明显提升，支撑人才发展的经济环境、产业基础和物质条件更加优越。

二是多重国家重大战略机遇叠加交汇。南京地理位置优越，是长三角城

---

① 教育部：2016-2019 年出国留学人数 251.8 万人 八成学成回国[EB/OL].（2020-12-22）[2022-04-12]. https://baijiahao.baidu.com/s?id=1686762672924138615&wfr=spider&for=pc.
② 习近平. 深入实施新时代人才强国战略 加快建设世界重要人才中心和创新高地[J]. 求是，2021（24）.
③ 李克强. 政府工作报告——2018 年 3 月 5 日在第十三届全国人民代表大会第一次会议上 [EB/OL].（2018-03-05）[2022-04-12].http://www.gov.cn/zhuanti/2018lh/2018zfzgbg/zfgzbg.htm.

市群中唯一的"特大城市"、全国唯一的科技综合体制改革试点城市、首批国家创新型试点城市和全省首个国家级江北新区等。南京对接国家"一带一路"、长三角区域一体化、"长江经济带"、自由贸易试验区等重大战略，人才对外开放空间更加广阔。"中国制造2025""互联网+"等转型升级战略的实施需要更具竞争力的人才制度支撑。"制度红利"在南京同频共振、高位支撑，将全面迸发创新创业更强能级，为南京全面提高科技、人才、产业和城市竞争力提供更有利的契机。

三是贯彻落实人才强国战略。党的十九大报告指出，人才是实现民族振兴、赢得国际竞争主动的战略资源。①南京始终坚持党管人才原则，聚天下英才而用之，确立在经济社会发展中人才优先发展的战略布局。同时，南京不断加大对人才的投入，出台多项引才、育才、留才、用才的人才政策，为加快建设具有竞争力的人才强市奠定坚实的人才基础。

3. 区域层面的机遇

南京作为长三角一体化中的重要组成部分，肩负着拓展长三角、串联长江经济带的重任，这一国家级战略定位为南京的人才工作带来了新的机遇和挑战。

一是通过区域合作，为南京人才品牌工程的塑造提供新机遇。借助长三角一体化的区域合作，南京以创新周活动为契机，进一步引进、打造各类国家级、国际性的高层次人才交流大会和学术会议等平台，并通过共建人才服务平台和人才交流平台，不断提升南京引才、用才等人才工作的竞争力，从而塑造南京的人才品牌工程。另外，借助各类型的区域经济合作平台，南京已与230多个国家和地区建立了经贸联系，103家世界500强企业在南京落户，为人才提供充足的工作机遇和良好发展空间，进一步提升了南京人才的国际竞争力。

二是通过资源共享，为南京科教优势的转化提供新机遇。南京科教底蕴深厚，人才储备量充足。两院院士等高层次人才拥有量、每万人大学生和研究生数量、每万人发明专利拥有量等多项指标均位居全省首位、全国前列，为构建具有全球竞争力的人才制度体系积蓄了相对充分的人才资源和智力要素。南京依托长三角一体化融合发展，借助杭州的创新人才和上海的金融人

---

① 习近平. 决胜全面建成小康社会 夺取新时代中国特色社会主义伟大胜利——在中国共产党第十九次全国代表大会上的报告[M]. 北京：人民出版社，2017：64.

才优势，打通各区域间的市场界限，拓宽人才市场渠道，引进契合南京产业发展所需人才，实现人才资源的合理流动，加强人才的共享共用，从而促进南京科教优势的转化。

三是通过平台共建，为南京人才的创新创业提供新机遇。科技部批复南京"引领性国家创新型城市行动方案"，南京将在创新驱动中加快推进发展动能转换。借助长三角一体化战略，南京与区域内城市共同培育科技成果产业化基地，共同完善科技成果转移转化平台，共同建立创新创业孵化器和众创空间等，不仅可以实现人才的联合培养，满足人才在科技创新、成果转化等环节的需求，并且可以不断完善人才生态系统，有利于人才的创新创业，从而助推南京创新名城的建设。南京提出打造高水平国家级人才平台，全方位培养、引进、用好人才。坚持建设四平台、实施五行动和两培养、一支持、一优化：建设战略人才力量培养平台、国际人才首选发展平台、人才改革实验平台、区域资源集聚辐射平台，大力实施人才队伍锻造行动、人才载体赋能行动、产才融合积极行动、人才改革集成行动、人才生态涵养行动，接续培养优秀青年科技人才、联合培养卓越工程师，支持人才放手创新创造，优化人才集成评价改革。

【资料链接】

南京在创新驱动中加快推进发展动能转换

强化科技创新"主引擎"作用，引领性国家创新型城市行动方案获科技部批复。创新水平加快提升。紫金山实验室进入国家战略科技力量体系，6G太赫兹无线通信创全球实时传输最高纪录。国家第三代半导体技术创新中心南京分中心启动建设，中科院大学南京学院正式启用。南京地区新增两院院士14名、居全国第二。加快推进科技成果转化，全社会研发经费支出占GDP比重达3.6%，万人发明专利拥有量达95.4件、居全国第三，技术合同成交额保持全省第一。创新主体竞相涌现。净增高新技术企业1 300家、总数达7 800家。新晋独角兽企业5家、瞪羚企业146家，入库科技型中小企业1.68万家。全市高新技术产业产值达1.3万亿元，南京高新区全国排名提升至第12位。新型研发机构及其孵化引进企业实现营收 285 亿元。创新生态持续优化。雨花国家双创示范基地建设获国务院通报表扬。东南大学国际创新港落户江北新区，南航、南理工大学创新港提速建设。新增留学回国人员 7 224 人，2 000 余名海外高层次人才入驻"海智湾"国际人才街区。实施紫金山英才计划，集聚顶尖人才 30 名，引进高层次创新创业人才 234 名，培养创新型企业家 200 名。扩大"宁科贷"覆盖面，科技创新基金规模超 90 亿元。

资料来源：南京市人民政府，《2022 年南京市人民政府工作报告》，2022 年 5 月 18 日，http://www.nanjing.gov.cn/zdgk/202205/t20220518_3421551.html。

2.4.2　建设人才制度体系面临的挑战

南京市建设人才制度体系不仅拥有机遇，同时也面临着人才吸引力有待提升的挑战、高层次人才结构失衡的挑战、产业人才集聚度不高的挑战。

1. 落实中央人才工作重大部署的挑战

党的十八大以来，党中央作出人才是实现民族振兴、赢得国际竞争主动的战略资源的重大判断，作出全方位培养、引进、使用人才的重大部署，推动新时代人才工作取得历史性成就、发生历史性变革。[1]以习近平同志为核心的党中央高度重视人才工作，从全面实施重大人才工程，到深化人才发展的体制与机制改革，从加快推进人才强国战略，到部署全方位培养、引进、用好人才，都凸显了人才事业和人才工作在党和国家工作全局中的分量之重。2021 年 9 月召开的中央人才工作会议是我国人才工作具有里程碑意义的重要会议，习近平总书记在中央人才工作会上做了重要讲话，从党和国家事业发展全局的高度，全面回顾了我国自党的十八大以来人才工作取得的巨大成就，深入分析了人才工作面临的新形势新任务新挑战，科学回答了新时代人才工作的一系列重大理论和实践问题，明确提出了我国人才工作指导思想、"三步走"的战略目标以及人才工作的重点任务、政策举措。这是我国关于新时代人才工作新理念新战略新举措的凝练，是在未来一段时间内中央对我国人才

---

[1] 习近平. 深入实施新时代人才强国战略　加快建设世界重要人才中心和创新高地[J]. 求是，2021（24）.

工作做出的重大战略部署，是各级政府、各个单位人才工作的指导思想和行动指南。南京在建设人才制度体系过程中，如何在中央人才工作重大部署的顶层设计框架下，深入分析自身人才工作方面的比较优势和不足，找准自身的发展定位和突破口，以深化人才制度体系建设为牵引，加快形成有利于人才成长的培养机制、有利于人尽其才的使用机制、有利于促进人才各展其能的激励机制、有利于人才脱颖而出的竞争机制等等，都是需要面对的重大挑战。

2. 适应新格局人才双循环的挑战

"加快形成以国内大循环为主体、国内国际双循环相互促进的新发展格局"，是全面开拓高质量发展新路径和实现建成社会主义现代化强国目标的战略选择。南京人才制度体系建设工作也必须将工作重心及时转移到适应"双循环"的新格局之中。从人才循环的环节上看，完整的人才循环体系是涉及人才的供给、流通和需求等诸多环节有机的统一体。从双循环的视角上看，一方面，南京人才制度体系建设需要立足南京市，培植人才循环的土壤，提供循环的促进条件，发挥现有人才总量丰富、人才素质较高的优势，从人才供给、人才科技需求、人才工作条件等方面，为南京市提供人才内循环的制度支撑条件。另一方面，需要将南京人才制度体系建设的视角锁定到省循环、长三角区域循环、国内循环以及国际循环上。在人才双循环过程中，任何环节的不衔接、不通畅都有可能会打破整体循环的有机统一。然而，在这一过程中，积极发挥市场在各类生产要素配置过程中的决定作用，对于畅通南京人才双循环具有十分重要的意义。

市场是人才流通的关键环节，但是，南京人才内循环的最大短板仍然是市场决定作用发挥不充分，市场调节作用未能真正落到实处，以市场为导向的人才资源配置体制机制尚未完全建立。与人才相关的市场经济体系还不健全，现行的人才发展方式还带有明显的粗放痕迹。与此同时，通过调研发现，南京的企业等用人单位的人才主体意识不强，聚才用才的积极性不高，人才活力不足，有相当部分企业对人才工作还缺乏系统性思考，没有认识到人才需求、人才供给、人才使用的良好衔接。这种现象从一定程度上说明，在南京的人才内循环过程中，人才供给侧与南京的经济社会发展相脱离，人才需求侧也没有畅通起来，人才的作用没有得到真正发挥，科教资源优势没有很好地转化为发展动能，校地人才融合发展不够。

再从人才外循环视角来看，南京的人才吸引力有待提升。南京相比武汉、西安、成都、郑州等其他内陆中心城市，处于群雄并起的长三角城市群，受虹吸效应影响，面临与上海、浙江和省内苏南各市争夺人才的激烈竞争，由于城市辐射带动力、影响力和吸引力不够强，集聚人才的资源环境受到较大的外溢和稀释效应影响。《2018Q1中高端人才薪酬与流动大数据报告》显示，南京的中高端人才净流入率仅为7.11%，不仅远低于杭州的13.60%，甚至还低于长沙的10.24%、武汉的9.79%、深圳的9.62%。[①]因此，南京人才制度体系建设面临着如何适应新格局人才双循环需要的挑战。

3. 建设引领性国家创新型城市的挑战

2021年，科技部批复南京"引领性国家创新型城市行动方案"，这既是国家赋予南京的使命，也是对南京城市创新发展的肯定。2022年新年伊始，"深入推进引领性国家创新型城市建设"跃然出现在南京第五个"一号文"的标题上，至此，南京的城市定位更加明确。为了建设引领性国家创新型城市，南京着力构建一系列的政策体系，诸如，不断完善科技投入机制，以市场为导向，发挥财政资金杠杆作用，撬动更多社会资本投入；对中小型企业，支持首用首保、融资担保，给予研发费用最高10%普惠奖励；对高新技术企业，给予资金奖励和研发投入叠加支持；对独角兽、瞪羚企业，实行"一企一策"，满足企业个性化需求，等等。

不难看出，上述政策体系更多地偏向科技投入方面。然而，南京存在院校人才多、企业人才少，研究型人才多、创业型人才少的状况。盘点南京的人才"家底"，总量可观，但是面临着顶尖人才和技能型人才"双缺"的结构性矛盾。驻留企业的高层次人才欠缺，新兴动能亟待开发。尽管南京入选国家"千人计划"的人才数量居全国第三，但去除驻地高校院所，企业人才仅在省内13个设区市中排名第三，落后于苏州、无锡；在国内15个副省级城市中排名第四，落后于深圳、杭州、宁波。调查显示，南京重点产业链人才

[①] "抢人大战"，哪个城市是赢家？[J]. 中国工人，2018（5）：10.

紧缺指数为 1.78，即在重点产业链的岗位上，每 1.78 个岗位才有 1 个人应聘。南京高层次人才的结构失衡，在很大程度上制约了南京建设引领性国家创新型城市的战略目标实现。南京人才制度体系建设，如何培养、引进、使用"关键少数"的战略科学家；如何通过产才融合催生科技领军人才和创新团队；如何把培养、造就人才的政策重心转移到青年科技人才上来，让青年科技人才成为"源头活水"；如何让卓越工程师和大国工匠队伍建设成为建设引领性国家创新型城市的坚实底座；等等，都是南京人才制度体系建设面临的挑战。

【资料链接】

科技部：支持南京建设引领性国家创新型城市

2021 年 6 月 21 日，在 2021 南京创新周开幕式上，中国科技部副部长徐南平宣布，科技部对南京近年来创新型城市建设成效进行了深入总结，近期联合江苏省、南京市研究制定了支持南京加快引领性国家创新型城市的建设行动方案，南京正在成为中国创新型城市建设的新标杆。

作为首批国家创新型试点城市（区）之一，南京已交出一份精彩"答卷"：在科技部 2020 国家创新型城市排行榜中，南京居第 4 位；列世界知识产权组织 2020 年全球创新指数第 21 位；紫金山实验室成为国家实验室基地，取得 5G 毫米波相控阵芯片、全球首个大网级网络操作系统等原创性技术突破；累计引进海内外高层次创业人才 3 700 多名；落地新型研发机构超 400 家，孵化引进科技型中小企业 9 000 余家，各类主体的创造活力充分涌流。

对于南京的创新发展成绩，徐南平表示，科技部将进一步加大力度支持南京建设引领性国家创新型城市，其中包括：支持南京打造具有影响力的原始创新策源地，提升紫金山实验室等平台在国家实验室体系中的作用，支持协同南京建设世界一流高校院所，培育世界级科技领军企业；支持南京打造碳达峰碳中和先锋城市，打造未来产业创新发展先行区等；支持南京加快科技成果在社会治理、民生保障等领域的转化应用，建设城市数字化治理示范区；支持南京打造科技体制综合改革试验区；支持南京都市圈创新协同发展和融入长三角协同创新共同体，打造开放创新合作示范区。

资料来源：《科技部：支持南京建设引领性国家创新型城市》，2021年6月21日，https://baijiahao.baidu.com/s?id=1703190666341987366&wfr=spider&for=pc。

4. 打造高水平国家级人才平台的挑战

习近平总书记在中央人才工作会议的重要讲话中指出："加快建设世界重要人才中心和创新高地""一些高层次人才集中的中心城市也要着力建设吸引和集聚人才的平台"。[①]2022年1月4日，在南京市委人才工作会议暨引领性国家创新型城市建设大会上，南京市出台了《关于加快打造高水平国家级人才平台 推进新时代人才强市建设的意见（征求意见稿）》，全面吹响南京打造高水平国家级人才平台、建设全国重要人才高地的"冲锋号"，这正是南京深入贯彻中央和江苏省委人才工作会议精神，奋力建设全国重要人才高地，让人才成为南京高质量发展最鲜明的标识。然而，南京的企业集聚的产业人才的能力远远落后于上海、深圳等城市，一定程度上削弱了人才整合调度的能力和人才队伍的竞争力。在高精尖科研领域内，南京仍缺乏具有全球视野、能够参与国际竞争的领军人才，缺少契合产业需求的领军型企业家。现有的科技领军人才与南京主导产业发展的需求匹配度较低，仍缺乏契合"4+4+1"主导产业发展需求的人才，产业引领作用较弱。所以，南京构建与引领性国家创新型城市相匹配的人才制度体系将面临打造高水平国家级人才平台的挑战。

---

① 习近平. 深入实施新时代人才强国战略 加快建设世界重要人才中心和创新高地[J]. 求是，2021（24）.

第 3 章
新发展格局下南京人才双循环分析

当前，对于南京人才发展和人才工作来说，正需要把握机遇、因势利导、及时转变人才发展格局以应对挑战。构建畅通人才发展内外双循环的人才发展新格局是国际创新名城建设的重要前提条件，而要构建畅通人才发展内外双循环的人才发展新格局，则需要对南京目前人才双循环的状况进行科学系统的分析。

3.1 对构建南京人才双循环系统的认知

2020年以来，习近平总书记多次在不同场合强调，要推动形成以国内大循环为主体、国内国际双循环相互促进的新发展格局。党的十九届五中全会通过的《中共中央关于制定国民经济和社会发展第十四个五年规划和二〇三五年远景目标的建议》将"加快构建以国内大循环为主体、国内国际双循环相互促进的新发展格局"纳入我国"十四五"时期经济社会发展的指导思想，将其确定为一项关系我国发展全局的重大战略任务。"加快构建以国内大循环为主体、国内国际双循环相互促进的新发展格局"不仅是我国"十四五"时期经济社会发展指导思想的重要内容，也是同时期我国人才发展指导思想的重要内容。

【资料链接】

加快构建以国内大循环为主体、国内国际双循环
相互促进的新发展格局

2021年1月11日上午，中共中央总书记、国家主席、中央军委主席习近平在省部级主要领导干部学习贯彻党的十九届五中全会精神专题研讨班开班式上发表重要讲话。习近平总书记在讲话中论述了加快构建以国内大循环为主体、国内国际双循环相互促进的新发展格局。

习近平总书记强调，加快构建以国内大循环为主体、国内国际双循环相互促进的新发展格局，是"十四五"规划《建议》提出的一项关系我国发展全局的重大战略任务，需要从全局高度准确把握和积极推进。只有立足自身，把国内大循环畅通起来，才能任由国际风云变幻，始终充满朝气生存和发展下去。要在各种可以预见和难以预见的狂风暴雨、

惊涛骇浪中，增强我们的生存力、竞争力、发展力、持续力。

习近平总书记指出，构建新发展格局的关键在于经济循环的畅通无阻。必须坚持深化供给侧结构性改革这条主线，继续完成"三去一降一补"的重要任务，全面优化升级产业结构，提升创新能力、竞争力和综合实力，增强供给体系的韧性，形成更高效率和更高质量的投入产出关系，实现经济在高水平上的动态平衡。构建新发展格局最本质的特征是实现高水平的自立自强，必须更强调自主创新，全面加强对科技创新的部署，集合优势资源，有力有序推进创新攻关的"揭榜挂帅"体制机制，加强创新链和产业链对接。要建立起扩大内需的有效制度，释放内需潜力，加快培育完整内需体系，加强需求侧管理，扩大居民消费，提升消费层次，使建设超大规模的国内市场成为一个可持续的历史过程。构建新发展格局，实行高水平对外开放，必须具备强大的国内经济循环体系和稳固的基本盘。要塑造我国参与国际合作和竞争新优势，重视以国际循环提升国内大循环效率和水平，改善我国生产要素质量和配置水平，推动我国产业转型升级。

资料来源：《习近平在省部级主要领导干部学习贯彻党的十九届五中全会精神专题研讨班开班式上发表重要讲话》，2021年1月12日，http://www.cppcc.gov.cn/zxww/2021/01/12/ARTI1610411058267104.shtml。

要对南京的人才双循环系统进行科学分析，必须将人才工作的基本指导思想、人才工作的基本观念、人才治理工作、人才制度体系建设等工作重心及时转移到适应"双循环"的新发展格局之中，从国家发展战略、新时代发展特征、国际人才发展新态势和双循环系统构建佳期显现四个角度梳理构建南京人才双循环系统的正确认知。

3.1.1 遵循国家发展战略之部署

当前，国际格局加速演变，全球治理体系深刻重塑，"逆全球化"风潮兴起，经济全球化遭遇挑战。受新冠肺炎疫情冲击，世界经济和贸易处于低迷和萎缩状态。国际货币基金组织（IMF）2020年10月的报告预测了各主要经济体2020年的增长率分别为：美国-4.3%、德国-6.0%、法国-9.8%、意大利

-10.6%、西班牙-12.8%、日本-5.3%、英国-9.8%、加拿大-7.1%、印度-10.3%、俄罗斯-4.1%……①，部分国家的经济依然没有复苏的迹象，全球经济持续萎缩，国际有效需求下降。以美国为首的一些西方国家竭力对我国经济和科技等领域进行打压围堵，我国经济社会发展外部环境面临严峻的困难和挑战。在这样的国际背景和经济发展环境下，以习近平同志为核心的党中央，提出了构建以国内大循环为主体、国内国际双循环相互促进的新发展格局的战略决策，这是深刻把握全球化发展大方向、大趋势所做出的重大科学判断，是规划部署"十四五"和未来一段时期经济社会发展的重要指导思想，是全面开拓高质量发展新路径和实现建成社会主义现代化强国目标的战略选择。

人才既是驱动经济发展的重要因素，也是国家新发展格局运行的重要组成要素。人才发展只有遵循国家发展战略的部署，与国家发展在战略目标和行动步骤上协调一致，才能为实现国家发展战略提供可靠的人才保证和智力支持。构建人才双循环系统不仅是经济社会双循环新发展格局的重要组成部分，而且能够造就既能满足中国经济社会发展需要，又能参与国际竞争的规模宏大、素质优良、结构合理、活力旺盛的人才大军，为经济社会双循环新发展格局提供坚强有力的人才保障。

南京是我国重要的科教中心城市，科教综合实力位于全国城市中的前列，科教资源密集，人才资源丰富，各类高层次人才集聚，在科技、教育、人才方面具有天然的优势。近年来，南京始终坚持将人才引进与人才培养相结合的思想贯穿于整个人才政策体系中，出台了多项人才及其配套政策，如连续5年的市委"一号文"、"121"战略、"345"海外高层次人才计划、南京创业人才"321"计划、创业南京、科技顶尖专家集聚计划、创新型企业家培养、高层次创业人才引进、青年大学生创业引领、高层次人才安居政策、青年大学生"宁聚计划"、资金人才计划、重大项目人才安居政策等，内容包含引进顶尖人才团队、集聚科技顶尖专家（团队）、培育创新型企业家、引进高层次创业人才、引领青年大学生创业、支持企业引才等各个方面，构建了从金字塔尖到塔基的全方位人才政策体系，为大批海内外高层次人才创新创造创业提

---

① IMF 上调世界经济预期[EB/OL].（2020-10-14）[2022-04-18]. https://geoglobal.mnr.gov.cn/zx/kydt/zhyw/202010/t20201014_7562792.htm.

供了良好的平台和环境。可以说，南京的人才工作、人才制度体系在我国人才发展过程中具有重要的地位和影响力。在新发展格局的战略背景下，南京人才工作深入贯彻中央人才工作会议精神，与国家的发展战略保持高度一致，将人才工作的基本指导思想、人才工作的基本观念、人才制度体系建设、人才治理工作等工作重心及时转移到适应"双循环"的新发展格局之中，以满足国家发展战略的部署需要。

3.1.2 符合新时代发展特征的选择

中国特色社会主义进入新时代，是以习近平同志为核心的党中央基于国内国际形势的重大判断，是对中国发展阶段的科学定位。新时代展现出两个方面的新特征：一是经济发展提质增效。我国已经成为世界第二大经济体，2021年人均GDP达到12 551美元，实现了从"站起来""富起来"到"强起来"的历史性跨越。二是我国的政治道路成熟稳健。在复杂多变的国际形势下，中国坚持和发展中国特色社会主义，不断提高党的执政能力和领导水平，坚定了中国特色社会主义道路自信，尤其是对比中国和西方国家面对新冠肺炎疫情的做法及成效，既让我们看到了西方资本主义的虚伪性和阶级性，也让我们对中国的政治优势感到无比的自豪。

正是在我国进入新时代的背景下，人才发展面临了新情况、新局面、新要求。也就是说，人才新发展格局既不同于闭关自守的"内循环"发展模式，也不同于高度重视外来引进、高度依赖"海归"的"外循环"发展模式。人才新发展格局既不走封闭僵化之路，也不缩小对外开放的大门，而是抓住当前我国经济社会发展的关键和枢纽，契合国家发展战略的需要构建人才发展的"双循环"系统。

根据中国科协创新战略研究院发布的《中国科技人力资源发展研究报告（2020）》，截至2020年底，我国科技人力资源总量达11 234.1万人，继续保持世界上最大规模的科技人力资源优势。[①]我国大学生数量增长迅速，目前每年毕业的大学生数量超过1 200万人，这意味着大学生人数比率有望在10年之内翻一番。2005年，我国每10万人口高等学校平均在校生数为1 613人，

---

① 《中国科技人力资源发展研究报告（2020）》发布[EB/OL].（2022-06-27）[2022-06-28]. https://baijiahao.baidu.com/s?id=1736771122983469660&wfr=spider&for=pc.

到2019年则达到2 857人，增长幅度为77.12%。一直以来，江苏省都是教育大省、人才大省，作为江苏的省会城市，截至2021年底，南京拥有普通高校53所（不含军事院校），其中12所高校入选国家"双一流"建设高校和学科，总数位居全国第三。与此同时，南京人才总量丰富，储备量充足且人才素质较高。截至2021年底，全市人才资源总量达356万人，拥有两院院士96人，专业技术人才158.09万人，留学归国人员5.12万人，每10万人中拥有大学文化程度人口3.52万人，跃居全国第二。南京下好人才工程"先手棋"，市域引进国家重点人才工程入选者675名，培养410名，集聚度位列全国同类城市第一、全省第一；省"333工程"入选数位列全省第一、"双创计划"实现了翻番。①南京高端人才集聚度和区域人才竞争力走在全国前列，位居江苏省辖市首位，形成了人才"强磁场"。这充分说明，无论是我国还是南京市都已经具有了较大规模的人才资源储备，具备了实现人才国内大循环的充分条件。南京坐拥人才"富矿"，更有底气和信心，所以，2022年1月南京市委召开的人才工作会议明确提出，南京要争创高水平国家级人才平台，建设全国重要人才高地。

南京既有时代人才发展需要，又有现实人才基础和条件，在充分考虑人才国内大循环的同时，实现人才国内国际双循环相互促进，是完全符合新时代发展特征的不二选择。

3.1.3 适应国际人才发展新态势之需要

在经济全球化、世界多极化背景下，发展越来越依赖于人才，越来越依赖于知识、技术、创意、创新和创业精神。在此背景下人才发展新态势呈现四个方面的特点。

一是人才战略重要性日益突出。世界经济论坛创始人施瓦布指出，经济螺旋式衰退、社会动荡、贸易保护主义和民族主义盛行的解药，就是从资本主义跨越到发展以人才、开拓和创新精神为中心的"人才主义"。当今世界，无论是在经济层面，政治层面，还是在安全层面，都凸显了人才战略的价值。

---

① 筑梦之地、逐梦之城、圆梦之都！南京人才资源总量增加到356万人[EB/OL].(2022-06-23)[2022-06-28]. http://www.xdkb.net/p1/nj/20220623/299432.html.

二是人才短缺常态化趋势明显。从人才紧缺的规模来看，据《世界经济论坛》预测，2020—2030年，美国、加拿大、德国、西班牙、俄罗斯、日本、韩国等国家人才都处于匮乏阶段。①从人才紧缺的类别来看，2030年世界各国最为紧缺的人才主要集中在服务业领域，其中最为紧缺的是教育、健康领域。

三是人才流动国际化进程加快，并呈现出人才国际流动意愿加强、规模扩大、速度加快、网络化特征明显等新特点。

四是人才全球竞争白热化程度加剧。人才的短缺会影响人才的国际流动，人才流动反过来又会对人才的短缺产生影响。近年来，世界各国都不甘在竞争中落后，纷纷以其自身的竞争优势参与全球的人才竞争。美国通过《竞争法》加强科学、技术、工程和数学教育人才培养。欧盟通过"伊拉斯莫世界之窗计划""让·莫内计划""全民伊拉斯谟计划"，加强欧盟及非欧盟人才培养，提高人才知识能力；通过"欧盟框架计划"，启动"2020地平线"计划，加强科技人员国际合作交流，促进产学研合作，推动人才创新发展。日本在人才发展方面也新动作频现：在人才培养方面，推出专业人才能力指标框架，加快专业人才培养；加快大学治理改革，推动产学合作培养人才。同时，日本通过研究人员互换、建立国际年薪制、雇佣外籍教师、吸引优秀留学生等推进大学国际化发展进程。

新的发展态势，需要新的发展思路。我国人才发展工作必须以习近平新时代中国特色社会主义思想为指导，将人才意识融入战略意识、未来意识、领先意识之中，突出人才的引领作用，以人才优势推动创新优势、科技优势、产业优势的形成，以人才链有效推动创新链、产业链、资本链的融合。同时，在人才发展过程中，要有宽广的视野，面对百年未有之大变局，要有长远的历史视野、全球视野，坚持以国内大循环为主、国内国际双循环的新发展格局。南京在我国人才发展新格局中处于显要地位，必须以推动人才高质量发展为主题，以深化人才供给侧结构性改革为主线，以畅通人才内循环、促进国内国际双循环构建人才双循环系统来主动适应人才发展新态势的需要。

---

① 聚焦人才发展体制机制改革 引才用人得有国际竞争力[EB/OL].（2016-04-26）[2022-04-18]. http://news.youth.cn/jy/201604/t20160426_7912935.htm.

3.1.4 满足双循环构建佳期显现之要求

2020年注定是不平凡的一年,百年不遇的新冠肺炎疫情突然袭来,如噩梦般困扰着我们。2020年初,西方舆论纷纷唱衰中国,他们认为面临转型升级压力的中国经济将加速衰退,外资企业也将加速撤离中国。而我国在应对新冠肺炎疫情过程中所取得的成绩以及经济恢复所取得的成绩世界有目共睹。路透社称,在新冠肺炎疫情暴发后,"多亏中国"成了许多德国企业的共识。《日经亚洲评论》称,在这个病毒肆虐的世界上,中国市场成为最后和最好的希望。①中国欧盟商会主席伍德克说:"我们不会考虑离开中国,没有第二个中国,道理就这么简单。"②习近平总书记在全国抗击新冠肺炎疫情表彰大会上向全世界宣布:"我国成为疫情发生以来第一个恢复增长的主要经济体,在疫情防控和经济恢复上都走在世界前列,这显示了中国的强大修复能力和旺盛生机活力。"③中国的发展正展现出强劲的势头!

从国内大循环的视角来看,我国人才宏观规模巨大。目前,我国大学生规模世界第一。《2021年国民经济和社会发展统计公报》显示,2021年全年研究生教育招生117.7万人,在学研究生333.2万人,毕业生77.3万人。普通、职业本专科招生1 001.3万人,在校生3 496.1万人,毕业生826.5万人。中等职业教育招生656.2万人,在校生1 738.5万人,毕业生484.1万人。④这为加快人才国内大循环奠定了坚实的基础。RGF国际招聘的研究表明,绝大多数人才希望在一家支持个人职业发展、提供个人成长机会的公司工作。目前,我国政府对人才工作高度重视,制定系列政策措施、不断加大扶持力度、大力提升优惠待遇,人才的竞争力不断提升。

从国内国际双循坏的视角来看,受全球新冠肺炎疫情的影响,我国在人才竞争力方面显示出了更强的实力。智联招聘发布的《2020中国海归就业创

---

① 日媒:中国市场是最后和最好的希望[EB/OL].(2020-06-04)[2022-04-20]. https://baijiahao.baidu.com/s?id=1668505498940202712&wfr=spider&for=pc.
② 后疫情时代,全球格局发生很大变化的根本原因是?[EB/OL].(2021-01-23)[2022-04-20]. https://new.qq.com/rain/a/20210131A081CG00.
③ 习近平.在全国抗击新冠肺炎疫情表彰大会上的讲话[J].求是,2020(20).
④ 国家统计局.中华人民共和国2021年国民经济和社会发展统计公报[EB/OL].(2022-02-28)[2022-04-20]. http://www.stats.gov.cn/xxgk/sjfb/zxfb2020/202202/t20220228_1827971.html.

业调查报告》显示，新冠肺炎疫情发生后，中国国内疫情管控得力、经济快速恢复，在海外疫情目前并不明朗的现状下，不少留学生选择回国发展，回国求职的人数较往年同期高出 2 倍。该报告还显示，海归人才质量优化，求职者呈现年轻化、高知化趋势。16~24 岁的"海归"所占比例较去年扩张 4.5 个百分点，升至 27.9%；硕士成为国内求职海归的中坚力量，占比超过 70%。①Boss 直聘发布的《2021 年秋招早鸟报告》显示，2020 年秋季招聘过程中，海外留学生回国参加应聘的比例同比增长 94.3%，其中硕士及其以上学历的留学生更是占据了 65%以上的比例。②德科集团与欧洲工商管理学院（INSEAD）及谷歌（Google）联合发布的 2020 年《全球人才竞争力指数报告》指出，中国全球人才竞争力排名从去年的第 45 位，跃升 3 位至今年的第 42 位。③这些研究与数据表明，在当今不平凡的历史时期，我国以经济社会的发展成效，广泛影响着世界，增强了我国在人才方面的全球竞争力。

在这样的大背景下，南京充分展现自身的优势，在经济社会发展上取得令人瞩目的成绩。创客公社团队原创制作的《2020 江苏投融资生态白皮书》相关数据显示，2020 年全年，南京共有 127 个项目获得 145 笔投资，融资总额达 271.49 亿元。同时，南京全年地区生产总值增速位居同类城市前列，经济总量自改革开放以来首次跻身全国十强，研发投入强度达 3.38%，科技进步贡献率为 66%。④在《中国城市 95 后人才吸引力排名：2021》中，南京市位于全国城市的第六名。⑤

不难看出，南京人才双循环系统构建佳期已经显现，以此为契机，加快构建南京人才双循环系统正当时。南京不失时机地构建人才双循环系统正是满足双循环构建佳期显现之要求。

---

① 2020 中国海归就业创业调查报告[EB/OL].（2021-01-30）[2022-04-20]. https:zhuanlan.zhihu.com/p/348088625.
② 大数据分析 2021 年留学归国就业学生首超百万 疏通海归就业"中梗堵"需持续精准发力[EB/OL].（2021-09-07）[2022-04-22]. http://www.sic.gov.cn/News/611/11068.htm.
③ 德科集团发布 2020 年《全球人才竞争力指数报告》[EB/OL].（2020-02-12）[2022-04-22]. https://www.prnasia.com/story/272376-1.shtml.
④ 独家！南京创投圈年报来了：127 个项目狂揽 271 亿，近 3 成融资过亿[EB/OL].（2021-02-10）[2022-04-22]. https://www.163.com/dy/article/G2F9OS2D05119LOG.html.
⑤ 中国城市吸引力排名：2021 年，"95 后"人才选择哪里？[EB/OL].（2021-10-14）[2022-04-22]. https://baijiahao.baidu.com/s?id=1713589541995381609&wfr=spider&for=pc.

3.2 南京人才双循环的现实基础

南京立足中国"一带一路"重要节点城市、东部地区重要中心城市、长三角唯一特大城市、国家重要科研教育基地的发展定位，率先在全国实施创新驱动战略、建设国际创新名城，推动南京的创新发展工作不断迈向新高度。但是，在南京构建人才双循环系统是否可行，这就需要对南京人才双循环的现实基础进行分析。

3.2.1 南京构建人才内循环的基础条件

强大的人才供给、旺盛的人才创新需求和良好的人才生态环境，是构成南京人才内循环的培植土壤和支撑条件。

1. 强大的人才供给

截至 2021 年底，南京人才资源总量达 356 万人，拥有两院院士 96 人。[①]科教优势、军工人才优势、央企人才优势也是南京人才优势的集中体现，彰显出强大的人才供给，为构建南京人才内循环系统奠定了扎实的供给侧基础。

首先，南京是一座科教人才城。2021 年，南京市拥有普通高等学校 53 所，其中，入选国家"双一流"建设高校和学科高校的有 12 所，总数位居全国第三。全市在校学生（不含研究生）77.85 万人，在学研究生 17.79 万人。[②]每万人在校大学生、研究生数量均排名全国第二。南京集聚了一大批大型的部属、省属科研院所，有中科院的南京地理与湖泊研究所、南京地质古生物研究所、南京土壤研究所、紫金山天文台、南京天文仪器研制中心，水利部、交通部主管的南京水利科学研究院，农业农村部南京农业机械化研究所，生态文化部南京环境科学研究所，等等。江苏省属科研单位也大部分都设在南京。

其次，南京是一座军工人才城。南京拥有多所军事工程院校和一大批知名军工企业、科研院所，人才密集，成果显赫。军事工程院校有中国人民解

[①] 筑梦之地、逐梦之城、圆梦之都！南京人才资源总量增加到 356 万人[EB/OL]. （2022-06-23）[2022-06-28]. http://www.xdkb.net/p1/nj/20220623/299432.html.

[②] 南京市统计局，国家统计局南京调查队. 南京市 2021 年国民经济和社会发展统计公报[N]. 南京日报，2022-04-20（A7）.

放军陆军工程大学、中国人民解放军南京政治学院、南京陆军指挥学院、海军指挥学院、陆军炮兵防空兵学院，等等。军工企业有熊猫电子集团有限公司、南京长江电子信息产业集团有限公司、江苏紫金电子集团有限公司、南京华东电子集团有限公司、南京三乐集团有限公司、南京晨光集团有限责任公司、航空工业金城集团有限公司等。科研单位有中国电子科技集团公司第十四研究所、第五十五研究所、第二十八研究所，中国船舶重工集团公司第七二四研究所，中国航天科工集团八五一一研究所，南京信息技术研究院，中国人民解放军总参谋部第六十研究所，等等。

最后，南京还是一座央企人才城，拥有中国石化金陵石化公司、中国石化扬子石化公司、南京钢铁集团有限公司、国电南瑞科技股份有限公司、南京普天通信股份有限公司、江苏苏美达集团有限公司等央企。上文提到的熊猫电子集团有限公司、南京长江电子信息产业集团有限公司、江苏紫金电子集团有限公司等著名的军工企业也都是央企。南京的央企都是大型企业，底蕴厚重，实力非凡，人才众多。通过市场化混改、重组，积极向重要行业、关键领域、新兴战略行业集中，从而吸引了更多的优秀人才。

此外，南京市还积极搭建人才供给平台，高校与地方政府、高新技术园区共建研究院和研发平台，组织"江苏教育界与产业界对话对接"活动，实施服务外包类专业嵌入式人才培养项目，就业指导服务水平不断提升，2019年年终就业率达 95.9%；推进"百校对接""生根出访"，启动"海智湾"国际人才街区、大学创新港建设①。与此同时，各区级政府、工业园区等，也积极搭建人才供给平台，例如，秦淮区 2020 年深入推进"百校对接计划"，与高校院所互派科技人才专员，密切校地交流合作。

2. 旺盛的人才创新需求

在人才科技需求方面，创新是人才需求的催化剂，创新刺激人才需求，创新加速人才需求，创新促进人才需求。推动创新发展，突出科技的人才使用消费功能和人才需求功能，是构建南京人才内循环的重要条件。自 2018 年开始，南京市委连续五年以"一号文"聚焦创新。前三个市委"一号文"，出

---

① 科技自立自强 南京要做大文章[EB/OL].（2021-01-28）[2022-04-22]. http://zgjssw.jschina.com.cn/shixianchuanzhen/nanjing/202101/t20210128_6962160.shtml.

台并实施了"10+18+18"共46条有分量的政策举措,推动创新名城建设走深走实。第四个"一号文",在突出战略性、针对性、持续性、全面性基础上,全新集成了前三个"一号文"的政策措施。2022年1月4日,南京市委召开人才工作会议暨引领性国家创新型城市建设大会,不仅颁布了《关于深入推进引领性国家创新型城市建设的若干政策意见》这一新的市委"一号文"即第五个"一号文",而且同时颁布了《关于加快打造高水平国家级人才平台 推进新时代人才强市建设的意见(征求意见稿)》。第五个"一号文"围绕打造国家区域科技创新中心、争创综合性国家科学中心这一总目标,突出引领性国家创新型城市建设的主抓手,打造有全球竞争力的创新之都,重点放在强化企业创新主体地位、聚力关键核心技术攻坚、锻造国家战略科技力量、广聚各类创新创业人才、汇聚国内国际创新资源和深化科技体制综合改革六个方面。第五个"一号文"的发布,既是年度创新名城建设的冲锋号角,也是人才创新的动员令。2018—2022年这五年的"一号文",不仅形成了支持创新名城建设的系统化"政策链条""政策套餐"和"重点发力领域",而且彰显了南京市委市政府久久为功抓创新的定力和韧性。

经过数年的不懈努力,南京的城市创新水平空前提升。在世界知识产权组织发布的《2021年全球创新指数报告》中,南京排名第18位,在国内上榜的19个创新集群(城市)中排位第4。[①]在2017—2021年的全球创新指数中,南京从第94位、第27位、第25位、第21位到第18位,实现"四连跳"。2018—2020年,南京公布的南京市独角兽、瞪羚企业榜单,总计有422家"独角兽"和"瞪羚"企业上榜。《中国独角兽企业研究报告2021》显示,南京"独角兽"企业数量为11家,居全国第6。[②]

除通过政策途径提供人才循环支撑条件外,搭建人才发展平台也是促进南京人才循环的必要条件。南京市加快建设区域性创新高地,在国家创新型城市排行榜中名列第4。[③]南京"科创森林"积厚成势,新增市级新型研发机

[①] 南京市人民政府.2021年全球创新指数发布 南京位列全球第18位[EB/OL].(2021-09-26)[2022-04-25]. http://www.nanjing.gov.cn/bmdt/202109/t20210926_3142288.html.

[②] 高成长性企业达500多家 南京:全球"独角兽"新兴地[EB/OL].(2021-06-24)[2022-04-25]. https://baijiahao.baidu.com/s?id=1703399647723915416&wfr=spider&for=pc.

[③] 经济总量连跨九个千亿级台阶 南京发布十年经济发展成绩单[EB/OL].(2022-06-17)[2022-06-28]. http://zj.people.com.cn/n2/2022/0617/c186327-35319274.html.

构113家，总数超400家；新增孵化和引进企业3538家；净增高新技术企业超1800家，总数突破6500家；入库科技型中小企业超1万家、增长50.2%。第二届南京创新周达成合作成果346项，总投资超千亿元。①以融资项目为例，创客公社历年来制作的《江苏年度融资报告》中的相关数据显示，南京共有127个项目获得145笔投资，融资总额已连续4年位居省内第一。相比于其他城市，南京具有明显的头部企业聚集优势。②

创新源于实干与奋斗。南京市2020年所递交上来的斐然成绩也说明了南京创投圈的创业者即使在逆境中，也能凭靠着实力带着企业"走出圈"！与此同时，南京市实施的"两落地一融合"工程，进一步挖掘了科教资源，培育了科技产业和企业，强化了技术创新；成立的宁港澳青年创业直通车示范园区、南京港澳青年创新创业实践基地、南京新侨创新创业示范园区，整合了港澳青年创业资源。经过不断改革和发展，南京打造创新资源"强磁场"的做法被国务院点赞，作为典型经验做法被表扬。

与南京市级层面同步，南京市辖各区也各尽所能、各出奇招，为培植人才循环良好土壤贡献力量。2020年，秦淮区围绕区"4+4"重点产业体系打造目标，组织举办秦淮硅巷物联网大赛、港科大创业大赛、中美青年创客大赛等赛事，吸引创新创业项目600余个。玄武区以珠江路城市硅巷二期建设为引领，完成南京烟厂碑亭巷厂区、东华PNP等10万平方米城市硅巷建设。同时，玄武区充分发挥梦想家青年创业服务中心、东大科技园等双创载体的基础核心作用，构建"创业苗圃—孵化器—加速器"完整的企业孵化生态体系，把科教的"长板"、人才的"活水"引向创新。江北新区确定了"4+2"现代产业体系，当前正全力培育生物医药、集成电路、新能源汽车三个千亿级的产业集群，形成了较大与产业需求相对应的人才缺口。江宁正启动实施"创聚江宁"人才工程，推出产业人才导航升级、协同发展、跨界融合等计划，在全区重点发展的智能电网、高端装备、软件、旅游等产业专项中，对强力推动产业升级的顶尖专家团队推行认定制。

---

① 南京市人民政府. 2021年南京市人民政府工作报告[EB/OL]. （2021-01-22）[2022-04-25]. https://www.nanjing.gov.cn/zdgk/202101/t20210122_2801157.html.
② 独家！南京创投圈年报来了：127个项目狂揽271亿，近3成融资过亿[EB/OL]. （2021-02-10）[2022-04-25]. https://www.163.com/dy/article/G2F9OS2D05119LOG.html.

3. 良好的人才生态环境

给强大的人才供给和旺盛的人才创新需求提供支撑的是良好的人才生态环境。南京着力优化人才生活环境、支持创新人才发展。大力解决人才安居住房、子女教育、医疗保健等方面需求，科技创新券、人才公寓、落户新政、生活补贴等配套机制有序跟进，创新创业服务体系日臻完善，人才生活环境竞争力指数位居全省首位。值得关注的是，为吸引留学生留下来创业就业，南京首创提出"海智湾"国际人才街区品牌，构建"类海外"环境，提供"一站式"服务，为海外人才提供全方位、全链条支持，打造"人无我有、人优我特"的人才发展政策环境。同时，南京进一步调整优化落户政策，放宽落户门槛，在积分落户的基础上，研究生以上学历及40岁以下的本科学历人才可凭毕业证书办理落户手续；技术、技能型人才可凭高级工及以上职业资格证书办理落户手续。南京人才落户政策的调整实施，为大量人才解决了后顾之忧。南京继续深入实施人才安居工程，出台了覆盖本科生、研究生、博士后、院士以及其他高层次人才的政策措施，将企业博士的住房补贴标准提高到每月2 000元，建设人才公寓，完善配套服务，提供精准优质的安居服务。南京市政府通过召开月度企业家座谈会，走近企业，走进基层，联系群众，广泛听取企业诉求，改进政府管理和服务；通过采取政府购买服务的方式引进腾讯众创空间、江苏省高新技术创业服务中心等综合服务运营商，在人才引进、项目孵化等方面提供精准服务。

3.2.2 南京构建人才外循环的基础条件

虽然说南京人才内循环是由生产、流通、使用、分配诸环节共同构建的系统循环链，但是南京的人才内循环不是孤立的、封闭的，而是江苏省人才循环、长三角区域人才循环、国家人才大循环乃至国际人才大循环的重要组成部分，在不同层面的人才外循环中呈开放态势，内循环和外循环相互促进。南京已成为江苏省人才循环的核心、长三角区域人才循环的支柱龙头、国内人才循环的聚散中心、国际人才大循环的人才高地。

1. 江苏省人才循环的核心

江苏省是全国的教育大省、科技大省、人才大省，专业技术人才培养、集聚成效明显，人才储备资源丰富。截至 2020 年底，全省专业技术人才总量和高技能人才总量分别达到 884.2 万人和 455.1 万人，均居全国首位。①截至 2021 年底，江苏省拥有普通高校 167 所，南京占比 31.74%。其中，江苏拥有本科高校 78 所，南京占比 43.59%；985 高校 2 所，南京占比 100%；211 高校 11 所，南京占比 72.73%；双一流大学 15 所，南京占比 80%。南京高校培养的人才，毕业后只有一部分在南京落户，相当大一部分去了苏州、无锡等苏南城市和省内其他城市，还有一部分去了上海、杭州、深圳以及国内的其他城市。江苏人才实力雄厚的"国字头""省字头"科研院所和企业，虽然绝大部分都坐落在南京，但是这些单位人才使用的循环痕迹却不仅仅在南京。"十三五"期间，江苏省共有 33 人入选"百千万人才工程"国家级人选，335 人入选享受政府特殊津贴人员，599 人入选省有突出贡献中青年专家，累计引进海外留学回国人才 17.8 万人，均居全国前列。②其中南京占有举足轻重的地位。江苏省聚焦国家和省重大发展战略，对接新一代信息通信、人工智能、大数据、新材料、新能源等战略性新兴产业，积极围绕创新链、产业链、科技链打造人才链，加大青年创新人才培养支持力度，启动实施万名博士后集聚计划，深入实施专业技术人才知识更新工程，大力培养集聚一大批经济社会发展急需紧缺高层次人才，南京更是不可替代的角色。南京是江苏省的省会，也是江苏省经济、社会、科技、教育的中心，在全省的人才大循环上，南京具有压倒性优势，是江苏省当之无愧的核心。

2020 年 12 月，江苏省委第十三届九次全会通过的《中共江苏省委关于制定江苏省国民经济和社会发展第十四个五年规划和二〇三五年远景目标的建议》明确提出，"支持南京争创国家中心城市，推进南京都市圈高质量发展"，增强南京江北新区等重大平台制度创新策源功能和创新要素集聚功能、支持南京创建综合性国家科学中心、支持紫金山实验室等。③江苏"十四五"规划

---

① 江苏专技人才和高技能人才全国最多[EB/OL].（2021-03-31）[2022-04-25]. http://www.jiangsu.gov.cn/art/2021/3/31/art_60085_9720704.html.
② 江苏专技人才和高技能人才全国最多[EB/OL].（2021-03-31）[2022-04-25]. http://www.jiangsu.gov.cn/art/2021/3/31/art_60085_9720704.html.
③ 省政府关于印发江苏省国民经济和社会发展第十四个五年规划和二〇三五年远景目标纲要的通知[EB/OL].（2021-02-19）[2022-04-26]. http://www.jiangsu.gov.cn/art/2021/3/2/art_46143_9684719.html.

中的这些目标和举措，不仅有力地支撑了南京加快建设"高能级辐射的国家中心城市"，而且为南京巩固在人才省循环中的核心地位给予了有力支持。

2. 长三角区域人才循环的支柱龙头

改革开放以来，长江三角洲区域一直是我国经济社会发展的领头羊、排头兵。该区域科教资源丰富、科技创新优势明显、开放合作协同高效、重大基础设施基本联通、生态环境联动共保、公共服务初步共享。2019年12月，中共中央、国务院印发了《长江三角洲区域一体化发展规划纲要》，纲要中明确提出，"探索区域一体化发展的制度体系和路径模式，引领长江经济带发展，为全国区域一体化发展提供示范""发挥江苏制造业发达、科教资源丰富、开放程度高等优势，推进沿沪宁产业创新带发展，加快苏南自主创新示范区、南京江北新区建设，打造具有全球影响力的科技产业创新中心和具有国际竞争力的先进制造业基地""加快南京、杭州、合肥、苏锡常、宁波都市圈建设，提升都市圈同城化水平""加强南京都市圈与合肥都市圈协同发展，打造东中部区域协调发展的典范"。并提出"共建统一开放人力资源市场。加强人力资源协作，推动人力资源、就业岗位信息共享和服务政策有机衔接、整合发布，促进人力资源特别是高层次人才在区域间有效流动和优化配置。加强面向高层次人才的协同管理，探索建立户口不迁、关系不转、身份不变、双向选择、能出能进的人才柔性流动机制"①等，为区域人才循环提供了发展理念、指导方针和具体政策，为保障区域人才循环创造了条件。实际上，南京一直致力于长三角一体化的发展。早在2019年1月，南京就提出打造长三角的创新圈设想。2019年6月，长三角科创圈共建创新平台（南京）圆桌会议在南京举办，率先启动长三角民间科创组织的合作对接，成为长三角创新圈的倡议和平台搭建者。此后，南京又集中力量建设G42沪宁沿线人才创新走廊，以借助长三角地区双核——上海和南京，实现苏南模式的顺利转型。2021年2月，国家发展改革委发布《关于同意南京都市圈发展规划的复函》，要求"把南京都市圈建设成为具有全国影响力的现代化都市圈，助力长三角世界级城市群

---

① 中共中央 国务院印发《长江三角洲区域一体化发展规划纲要》[EB/OL].（2019-12-01）[2022-04-26]. http://www.gov.cn/zhengce/2019/12/01/content_5457442.htm.

发展，为服务全国现代化建设大局作出更大贡献"[1]。南京都市圈建设正式得到国家批准，意味着南京都市圈在长三角一体化的全区域一体化背景下探索次区域一体化的发展方略，这是对长三角一体化的重大落实和推进。政策已经造就、渠道已经畅通、舞台已经搭建，要打通自身人才循环与长三角区域人才循环的融合通道，推动南京人才循环与长三角区域人才循环相互促进，使南京的人才循环在长三角区域起到重要支柱龙头的作用。

3. 国内人才大循环的聚散中心

当把视角放到国内大循环上时，南京人才循环的优势更为凸显。我国人才规模巨大，大学生规模世界第一。2021年，我国研究生教育招生117.7万人，在学研究生333.2万人，毕业生77.3万人；普通职业本专科招生1 001.3万人，在校生3 496.1万人，毕业生826.5万人。中等职业教育招生656.2万人，在校生1 738.5万人，毕业生484.1万人。[2]在丰富的人才资源循环过程中，南京具有自身独特的优势。南京地处我国经济最为发达的长三角地区，是全国唯一的科技综合体制改革的试点城市，首批国家创新型试点城市，拥有全省首个国家级新区——江北新区。南京对接国家"一带一路""长江经济带""长三角区域一体化"和自由贸易试验区等重大战略，人才发展的空间更加广阔、机会更加多样。与此同时，南京的人才制度体系建设不断完善，始终坚定人才制度自信，以人才培养为基础，以发挥市场决定性作用为导向，以实现人才价值为核心，不断深化改革，巩固优势，补齐短板，引领创新驱动，不断提升自身在全国人才大循环中的竞争力，成为国内人才大循环的重要聚散中心。近年来，南京通过创新名城建设，全市新增就业参保大学生110万人，每天新增1 000名以上大学生在南京就业和创业，以国内人才循环促进南京人才循环，形成有力的人才"强磁场"。

4. 国际人才大循环的人才高地

从国际循环的视野来看，受到新冠肺炎疫情的影响，越来越多的国家从

---

[1] 国家发展改革委关于同意南京都市圈发展规划的复函[EB/OL].（2021-02-02）[2022-04-26]. https://www.ndrc.gov.cn/xxgk/zcfb/ghwb/202102/t20210208_1267088_ext.html.
[2] 国家统计局.中华人民共和国2021年国民经济和社会发展统计公报[EB/OL].(2022-02-28)[2022-04-26]. http://www.stats.gov.cn/xxgk/sjfb/zxfb2020/202202/t20220228_1827971.html.

支持全球化转向支持逆全球化或谋求与周边国家联合的区域化，开始追求供应链完整化。为此，人才的战略性地位和价值也受到各国前所未有的重视，各国纷纷开启新一轮的人才争夺战。面对这种情况，我国的人才双循环既有挑战又有机遇。由于全球新冠肺炎疫情的影响，我国在国际人才竞争方面具有了更强的实力。新冠肺炎疫情发生后，海外留学人员回国求职的人数较往年同期高出2倍，而且回归人才质量优化，求职者呈现出年轻化、高知化趋势。我国全球人才竞争力的排名也一升再升。北京、上海和粤港澳大湾区根据中央的部署，正在建设高水平人才高地；天津、重庆、杭州、武汉、西安等中心城市也正在建设吸引和集聚人才的平台，带动我国人才国际竞争力显著提高。尽管在日趋激烈的人才竞争中，我国的全球人才竞争力还不是最强，存在着弱项和短板，经常受到美国和其他西方国家的打压和围堵，但在习近平总书记"聚天下英才而用之"战略思想的指导下，人才国际交流之门打开，大批顶尖人才"引进来"，更多全球智慧资源、创新要素为我所用，人才国际循环系统已经成形，并发挥着越来越大的作用。

近年来，南京通过创新名城建设，在国际上的知名度越来越高，人才国际竞争力也越来越强。在"自然指数—科研城市"2021榜单中，南京跻身全球第8，比5年前提升11位。[①]在世界知识产权组织发布的《2021年全球创新指数报告》中，南京排名第18位，在国内排第4位。[②]不管是全球科研城市第8位，还是全球创新指数第18位，南京的人才竞争力都是强有力的支撑。南京实行的"海智湾"国际人才街区品牌，构建类似海外环境，提供"一站式"优质服务，打造了具有南京特色优势的品牌工程。三年来，南京共吸引8名诺贝尔奖、图灵奖得主，115名国内外院士来宁创新创业，成为名副其实的国际大循环的人才高地。

3.3 南京人才双循环的不足

南京在全国率先实施创新驱动发展战略，大力推动"人才强市"战略，

[①] 省委常委、南京市委书记韩立明接受省主要媒体专访[EB/OL].（2021-12-20）[2022-04-28]. http://zgjssw.jschina.com.cn/shixianchuanzhen/nanjing/202112/t20211220_7354607.shtml.
[②] 2021年全球创新指数发布 南京位列全球第18位（2021-09-26）[2022-04-28]. https://www.nanjing.gov.cn/bmdt/202109/t20210926_3142288.html.

不断实施各项人才发展新政，人才规模不断扩大，人才效能不断提升，人才政策成效不断彰显。不过，在充分肯定南京人才工作取得显著成效的同时，我们也应该看到南京还存在着不容忽视的不足和问题，尤其是在新发展阶段，认真分析、系统总结、清醒认识、准确把握南京人才双循环过程中的问题和不足，对于构建南京人才双循环新格局具有重要意义。

3.3.1 市场作用未能充分发挥

新形势下，构建以国内大循环为主体、国内国际双循环相互促进的新发展格局，是中国经济迈向高质量发展关键阶段的强国方略。为此需要进一步全面深化改革，在构建新发展格局的过程中，充分发挥市场在资源配置中的决定性作用，同时，更好地发挥政府作用，这是对整个国家治理体系和治理能力现代化建设提出的新课题和新要求。

完整的人才循环体系是涉及人才的生产、流通、使用消费等诸多环节有机的统一体，任何环节的不衔接、不通畅都会影响整体循环的有机统一，因此，要在"通"字上下功夫和做文章，打通堵点、连接断点、畅通人才的生产、流通、使用消费。积极发挥市场在人才资源配置过程中的决定性作用，对于畅通南京人才双循环具有十分重要的意义。尽管近年来南京在人才发展体制机制改革特别是发挥市场机制上下了很大功夫，但是，南京人才循环的最大短板仍然是市场的决定性作用尚未得到充分发挥，市场调节作用未能真正落到实处，以市场为导向的人才资源配置体制机制尚未健全成熟。南京与人才相关的市场经济运行机制还不够系统，现行的人才发展方式还带有明显的粗放痕迹，授权不到位时有发生，接权不主动比比皆是。南京人才发展的市场机制发育不充分，特别是政府和市场的关系还有待进一步理顺，"政府热、市场冷"的人才工作局面没有得到根本性扭转，有些政府部门管了大量管不了、管不好和不该管的事情，人才服务尤其是能够为高端人才创造创新创业提供的优质服务还没有形成产业，用人主体和人才的活力远未被激发出来。

通过比较研究发现，波士顿作为美国重要的创业创新中心，汇聚了国内外一批顶尖的科技人才和研发团队，吸引人才汇聚的支撑力量是波士顿具有全球竞争力的人才工作体系。波士顿的人才工作体系包含了人才集聚机制、高度发达的市场配置机制和产学研合作化发展体系。在波士顿，人才资源完全按市场经济规律配置，用人单位和人才个体都有充分的自由选择权，可以随意更换工作，也可以在科研单位、院校、政府及企业间频繁流动。高度发达的人力资本市场和民主竞争机制为人才资源提供了充分的发展途径和发展空间，激发了人才的创新精神和工作热情。深圳作为我国的经济特区，抢抓创新战略定位，推进"创客之都"创新创业人才建设，坚持市场经济取向改革，正确处理政府与市场、民企与国企、自主创新与对外开放关系，大胆创新和实践，建立深圳前海深港现代服务业合作区，做好政策出台、市场监管以及各种公共服务，企业经营发挥市场的决定作用，减少政府管制、行政审批和干预。

【资料链接】

波士顿人才制度体系状况

《自然》杂志2018年发布的全球科研城市50强榜单上，波士顿名声显赫，排列第三。波士顿构建起自由思考、积极质疑、勇于挑战、积极创新的创新创业机制；政府注重与产业间的和谐互动、对人才市场进行引导；优质的高等教育资源对创新人才培养、引进和集聚发挥重要作用；建构了"City of Ideas"产业发展战略思想，重点发展高新技术产业和现代服务业；营造便利且舒适的生活环境，吸引聚焦人才。

政府在人才创新创业中发挥积极作用。实施扶持政策。波士顿政府的人才扶持政策包括了税收激励政策、高等教育政策、科技人力资源政策等方面。波士顿政府有多种税收减免政策，政府会为商务成本高且能创造大量就业岗位的企业、项目提供10～15年的特别纳税信用，这样既能吸引企业常驻波士顿，又能通过这些企业、项目吸引大量人才流入波士顿。提供财政资助。波士顿政府通过对企业、大学提供诱人的经费资助、奖励来引进人才。

产业转型带动人才结构变化。20世纪50年代，波士顿的制造业进入了衰退期。但波士顿根据自身特点，制定了"City of Ideas"的战略，重点发展高新技术产业和现代服务业，成功地实现了产业的转型升级。在波士顿的产业转型升级过程中，大批的高端人才被吸引、凝聚在这里，它成了人才实践、施展抱负的平台。除了生物技术产业和医疗服务业，波士顿的金融业、保险业、计算机产业、旅游观光业、文化创意产业等也是享负盛名的，吸引了相关人才来到这里一展抱负。波士顿的产业凝聚人才的同时，人才也在积极推动波士顿新产业的发展，其主要的表现形式之一是高校通过技术转让参与公司运作。波士顿的产业发展和人才发展是互相作用的，产业以其知名度吸引人才来到波士顿发展，而人才也通过技术转让等形式参与公司的运作，甚至是自行创业。当新的产业成功、壮大之时，更多的人才也会被凝聚在波士顿。

教育发展提升人才综合竞争力。2015—2018年，政府对波士顿教育部门的一般资助经费增长率达3%或以上。这些经费会用于学术研究、科研创新、人才培养等方面。波士顿拥有超过100所大学，超过25万名大学生在此接受教育。波士顿素有"美国的雅典"的美誉，它是美国高校最密集的地区之一。高等教育办学定位准确、管理体制创新、科研经费充足、仪器设备精良、后勤服务周到等等，都是波士顿吸引大批学生和学者来到这里求学、工作的原因。另外，政府对学校的管理秉承着"有限干预、绝对自治"的原则，保证了高校的学术思想自由，提高了在校研究者的工作热情，延续了学术界的科研成果，吸引了众多的人才。波士顿众多大学定位各不相同，互相错位发展，这使得波士顿人才更趋多元化。

资料来源：《南京构建具有全球竞争力的人才制度体系研究》课题组，《南京构建具有全球竞争力的人才制度体系研究》，河海大学出版社2019年版，第188-189页。

因此，南京在构建人才双循环新格局的过程中，首先需要转变人才工作理念，充分发挥市场在人才资源配置中的决定性作用和更好发挥政府作用，充分激发市场主体的活力，以新发展理念为引领，促进南京人才双循环体系的构建。

3.3.2 内循环"链条"尚需畅通

南京人才内循环链是一条由人才教育生产、自有人才供给、人才需求和人才使用消费构成的循环链。如前所述，南京市人才资源储备量丰富，科教优势、军工人才优势、央企人才优势是南京人才优势的集中体现。然而，通过调研发现，南京的企业等用人单位的人才主体意识不强，聚才用才的积极性不高，人才活力不足是一种普遍现象。一些企业在介绍人才工作时，只能讲出有多少本科生、硕士生、博士生，工资有多高，取得了多少成绩，但当问到人才工作的组织建设、引才聚才的方法思路和经验时，往往就谈不下去了。也就是说，多数企业对人才工作还缺乏系统性思考，没有认识到人才需求、人才供给、人才使用应该形成良好的衔接。在课题组与南京市区人才工作的专题座谈中，曾有人这样生动地形容基层用人主体的人才工作，"市里领导是导体，可到了企业领导这里却变成了绝缘体"。还有一种较为明显的现象是：南京面临"科研多、产业少，创新多、创业少，专利多、产品少"的结构短板，科教资源丰富，但科教人才的创新成果难以产品化，创新成果与产业发展对接不紧密，对创新的助力作用较弱，在科教人才效能的转化方面缺少明确的政策指引。这种现象一定程度上说明，南京市在人才循环过程中，没有将人才使用消费环节畅通起来，没有发挥人才的真正作用，没能将科教资源优势很好地转化为发展动能，校地人才融合发展不够。军地信息不通畅、军民机制不匹配等因素，仍在制约着民参军企业的发展。市场亟须搭建融合互通的"快车道"，形成专业高效的服务支撑。整合军政产学研各类资源，为企业提供市场对接、投融资、军工"四证"办理、技术转化、成果展示等服务。

　　在这方面，纽约的人才循环经验可以为南京的人才循环提供良好的经验和启示。纽约市政府在纽约向科技创新型城市转型的新一轮发展中扮演着至关重要的角色，形成了一条颇具特色的"政府先搭台、企业来唱戏"、以政府"有形之手"调动市场"洪荒之力"的创新创业发展路径。比如，政府通过公私合营方式联合共建创新创业空间、将创新创业环境纳入城市公共服务设施体系、促进创新创业空间与城市功能空间的融合等。纽约政府还大力培养自身的高科技人才，数字新创企业尝试让教育和创新培养两者同时进行，向学校委派客座讲师和住校企业家，从而在校园里建立起长期的影响力，着力打造新的人才培养模式。

【资料链接】

纽约人才制度体系状况

《自然》杂志 2018 年发布的全球科研城市 50 强榜单上，纽约排列第二。纽约在人才创新创业机制建设方面实施科技创新促进计划、纽约人才引进草案、应用科学人才计划等。政府公私合营共建创新创业空间，高等教育科研创收高，教育体制终身化。制造业向服务性转型对人才发展产生积极的影响。在人才环境方面，构建生态商务区（EBD 模式）。

创新创业打造核心竞争平台。为将纽约打造成为全球创新之都，纽约市政府出台了一系列的人才科技创新促进计划：一是应用科学计划，旨在吸引全球顶尖的理工科院校来纽约创办大学和科技园，弥补纽约"应用科学"上的短板，为纽约培养高科技人才。二是融资激励计划，通过设立各种类型的种子基金以及贷款基金，为纽约创新创业企业提供资金扶持。三是设施更新计划，改善纽约城市软硬件基础设施，提高城市便利性和包容性，增强纽约城市科技创新创业的吸引力和竞争力。四是众创空间计划，其主要目的在于激发纽约全市的人才创新创业活力，鼓励和吸引人才的创新创业活动。五是以多种措施吸引人才集聚。如"NYC Talent Draft"（纽约人才引进草案）；以媒体、医疗和环保为三大核心领域的人才培养计划；着手培养自己的高科技人才；数字新创企业尝试让教育和创新培养两者同时进行，向学校委派住校企业家和客座讲师，从而在校园建立起长期的影响力。

产业转型引领人才发展方向。随着国际化进程加速，制造业的全球产业链也逐渐成形，美国传统工业部门不仅撤出纽约，更是离开美国向亚洲和拉丁美洲扩张。经历制造业阵痛的纽约依托第三产业重新焕发生机，成为全球金融中心并保持至今。但 2008 年全球金融危机爆发后，纽约开始走上向科技中心转型的道路。纽约产业转型发展经历了三个阶段。第一阶段：贸易繁荣带动制造业崛起。第二阶段：服务业主导推动城市产业转型。新兴服务业所占比例不断上升，比重超过 90%，其中，房地产业占比约 25%，金融业占比超过 20%，科学研究和技术服务业占比超过10%，构成了比重最大的三个行业。文化创意产业尽管占比不高，但近年来增幅显著，新增就业岗位较多，对相关产业拉动效应也非常明显。第三阶段：科技中心提升产业的核心竞争力阶段。产业结构的转型带动了人才集聚结构的变化。

教育水平影响人才创新竞争力。丰富的纽约教育具有明显的特色：一是广开财源的教育财政制度。纽约的教育经费投入比较充足，不论是学前教育、义务教育、还是高等教育，人均教育经费都很高，教育经费的来源也很多，有政府拨款、企业捐赠、地方财产税等等。尽管教育经费来源很多，但还是以政府投入为主。二是终身学习的教育网络系统。纽约的教育体制实现终身化，纽约人从出生开始，就可以接受良好的教育，纽约学前教育的教学内容与教学方法能够从小培养与开发孩子的各种生存潜能，尤其是孩子的独立性、自我服务技能与探索精神。不论是中小学教育，还是高等教育都能培养高素质的一流人才，为社会的经济、政治、文化服务，尤其是高等教育的科学研究促进了城市生产力的飞速发展，高等教育的科研创新成为纽约城市经济增长的新基点。三是高质量的人才培养机制。纽约的高等教育大众化程度很高，大学录取率逐年升高，成为促进纽约大都市经济增长的人力资本。

生态环境营造加速人才集聚。生态商务区（EBD模式）意指兼顾人本与环境，以现代产业、商务为主导的生态新城区。EBD模式纠正了传统的城市发展观，更注重以人为本、生态保护的城市空间的营造，不仅使城市的土地资源、市政配套资源能得到最充分地利用，更为产业经济营造可持续发展环境，对人才的健康和幸福更加负责，提升了人才的可持续发展能力。

资料来源：《南京构建具有全球竞争力的人才制度体系研究》课题组，《南京构建具有全球竞争力的人才制度体系研究》，河海大学出版社2019年版，第191-193页。

3.3.3　外循环衔接需要加强

就现实而言，南京人才外循环的重点就是通过吸引人才的方式，包括吸引省内、区域内、国内和国际人才，不断扩大南京的优质人才供给，使得南京的人才供给与人才需求达到最佳适配度，从而促进南京的高质量发展。

近年来，随着一系列招才引才政策的实施，南京市引进专业技术人才、外国留学人才的数量不断上升，截至 2020 年，南京市重点引进培育创新创业人才 3.08 万名，扶持人才项目 5 954 个。与此同时，人才国际化水平不断提高新增留学归国人员年均增长率超过 18%，2020 年达 4 257 人，近 3 年受理外国人永久居留人数增长 2.5 倍。[①]然而，南京人才的分布存在"有高原、无高峰"的现象，仍然缺乏一批掌握关键核心技术的原创型产业科技领军人才。在高精尖科研领域内，南京仍缺乏具有全球视野、能够参与国际竞争的领军人才。现有的科技领军人才与南京主导产业发展的需求匹配度不是很高，仍缺乏契合"4+4+1"主导产业发展需求的人才。

南京存在院校人才多、企业人才少，研究型人才多、创业型人才少的情况。与深圳、北京等重视集聚新一代信息技术、新材料、新能源类人才的城市相比，南京高层次人才的集聚度仍不够高。虽然国家"千人计划"数量南京位居全国第三，但去除驻地高校院所，企业人才仅在省内 13 个设区市中名列第三，落后于苏州、无锡。中小企业高层次创业创新人才和科技企业家相对短缺，不能满足有效服务区域主导产业和重点培育产业的人才需求。例如，在 2018 年度江苏省科技企业家评选中，尽管南京有 217 名企业家人选，但仍落后于苏州的 320 人。在新经济新业态领域，南京缺乏在全国和全球有影响力的领军企业家。

新兴技术的转化不仅需要具有战略眼光和管理能力的企业家人才，还需要金融人才、商业模式创新人才、知识产权人才、检验检测人才的催化撮合。当前，与兄弟城市相比，南京缺乏善于撮合技术交易、技术转化的技术经纪人、商业模式创新人才等专业服务人才，因而出现"南京研发、异地转化"的现象，由此制约科教动能的转化。此外，与深圳、杭州相比，南京缺乏天使投资者和金融人才，科技金融和风投机构的发展仍显薄弱，导致技术转化常遭遇资本困境。

---

① 南京亮出人才"成绩单"[EB/OL]．（2021-03-26）[2022-04-28]．https://new.qq.com/rain/a/20210326A0EHA600．

上述现象说明，南京人才内循环固然存在着人才供给不足问题，但高端人才吸引力不高、人才引进力度不强、人才生态环境尤其是国际性高端人才的生态环境不够优化、人才内循环与外循环衔接不够等问题也相当严重。相较于广州创建南沙新区国际化人才特区、黄埔国际人才自由港，南京的人才外循环还存在系统轮廓不够清晰、人才供给突破口不够明确、人才使用消费的实质性力度不够大等问题。

3.3.4 双循环效能发挥有待提升

构建南京人才双循环体系的目的从根本上来讲是促进南京的经济、科技、社会的高质量发展。在南京市人才双循环体系中，通过人才使用消费，确实对南京市的科技、经济、社会发展起到了促进作用。例如，南京的科技创新不断提升，专利发明量逐年上升，创新产品增多。2021年，南京市万人发明专利拥有量达到95.42件，万人高价值发明专利拥有量达到39.79件。全年培育市级以上高价值专利培育中心17家，高价值专利组合2个。全年完成知识产权质押融资总额43.1亿，服务融资企业715户。①这些成绩都值得充分肯定。

南京虽然科教资源丰富，但科教人才的创新成果难以产品化，创新成果与产业发展对接不紧密，对创新的助力作用较弱，在科教人才效能的转化方面仍缺少明确的政策指引。同时，与市场挂钩的人才考核体系尚不健全、对人才工作的激励措施不够及时、存在承诺的优惠条件兑现不及时的现象，削弱了人才工作的整体效能，影响了激励机制作用的发挥。通过调研发现，江宁区、白下新区、江北新区及各具有代表性的高新技术产业企业，都提出了激励措施不及时、对人才考核评价指标存有疑惑等问题。例如，对于像生物制药这种成果转化周期长的企业，如果与成果转化周期短的企业使用统一的考核标准，结果难以令人满意；对那些满足资金奖励政策的企业给予同等数额的资金奖励，能够促进中小企业的进一步发展，却难为大型企业的创新带来实质性帮助，从而影响了企业人才效能的发挥。还有一种影响人才使用消费效能发挥的情况就是，政府主导的人才创业创新园区同质竞争、重复建设

---

① 2021年南京市知识产权发展与保护状况白皮书发布[EB/OL].（2022-04-24）[2022-06-28]. https://www.cnipa.gov.cn/art/2022/4/24/art_57_175119.html.

问题时而发生，严格考核机制又使这个问题进一步突出，造成产业格局与人才资源配置的协同整合效应较弱。

3.3.5 生态环境建设有待优化

2021年9月，习近平总书记在中央人才工作会议上强调，"坚持营造识才爱才敬才用才的环境。这是做好人才工作的社会条件。必须积极营造尊重人才、求贤若渴的社会环境，公正平等、竞争择优的制度环境，待遇适当、保障有力的生活环境，为人才心无旁骛钻研业务创造良好条件，在全社会营造鼓励大胆创新、勇于创新、包容创新的良好氛围"[①]。优化环境建设是构建人才双循环体系的保障条件，也是国内和国际上人才工作成绩突出城市的通行做法和经验总结。通过比较研究发现，国内外城市都特别重视城市生态环境体系的建设，以增强城市的人才竞争力。纽约提出了"数字城市路线图"，把纽约建设成为世界领先数字城市的计划。东京政府的绿色支援、绿色点数等政策，让蓝天白云、青山绿水成为吸引人才的关键要素。新加坡政府创造舒适的工作环境，使人才能拥有更好的工作和闲适的生活。首尔国际创业中心致力于支持外国人创办的企业的发展。波士顿包容性文化有利于集聚不同个性、不同类型的人才，使人才在一个与自己习惯的环境相去甚远的新环境中也能健康成长，发挥自己的能力。深圳建设青年人才驿站、完善人才安居办法、建设统一的数据和综合服务平台。上海加强创新成果知识产权保护，发展众创空间，营造宜居宜业环境。苏州实施人才乐居工程，对高层次人才发放"姑苏英才卡"，享受住房、医疗、子女入学等优惠政策。香港加大"智慧城市"建设步伐，专门建立"境外人才来港信息"网站，提供工作、生活、娱乐以及人才政策信息。对于城市竞争力来说，人才、科技、教育是城市竞争力的核心，而文化和生态则是城市可持续发展的基石。生活环境被作为影响城市可持续竞争力的重要因素之一。

南京在优化人才生态环境建设方面也采取诸多措施，取得了很好的成效。诸如，加大各类人才安居保障，大力建设人才公寓，推广建设青年人才驿站。

---

① 习近平. 深入实施新时代人才强国战略 加快建设世界重要人才中心和创新高地[J]. 求是, 2021 (24).

完善高层次人才安居办法；加大人才公共租赁住房、安居型商品房配租配售力度，给予引进人才租房和生活补贴；创新境外人才住房公积金政策；设立人才子女入学积分项目，为高层次人才子女入学提供便利；建设全市统一的人才基础数据信息库和综合服务平台，进一步简化优化人才服务流程，提高人才服务效率；建立高层次人才服务"一卡通"制度，向高层次人才发放"鹏城优才卡"；等等。然而，南京服务人才创新活动的配套设施，诸如人力资源机构、科技服务机构、金融服务机构等配套服务还不够完善。尽管南京已经产生了一些具有很强自主活力和很大发展潜力的非政府办园区和孵化器模式，但由于政府对上述民营体制服务机构的重视力度不够，制约了人才服务机构和载体的发展。南京虽然已经建立了人才"安居工程"等配套政策，但是政策力度不够，相较于其他城市来说有待进一步强化。例如，和武汉等城市为人才打造青年城、青年苑等住房项目，并出台"低于市场价 20%购买安居房"的政策相比，南京市的"人才红包"和配套服务力度稍显逊色。

对照习近平总书记2021年9月27日在中央人才工作会议上所要求的"必须积极营造尊重人才、求贤若渴的社会环境，公正平等、竞争择优的制度环境，待遇适当、保障有力的生活环境，为人才心无旁骛钻研业务创造良好条件，在全社会营造鼓励大胆创新、勇于创新、包容创新的良好氛围"[①]，南京的人才生态环境建设还真是任重而道远。为构建具有全球竞争力的双循环体系，南京要确立新时代人才观，用以指导南京的人才工作，抓住"营运"二字，建造良好人才生态环境。以制度、政策、条件、文化和治理去畅通南京的人才内循环、推动内外人才循环相互促进，着力建设吸引和集聚人才的平台，开展人才发展体制机制综合改革试点，集中南京优质资源重点支持建设一批国家实验室和新型研发机构，为人才提供国际一流的创新环境，加快形成南京的战略支点和雁阵格局。

---

① 习近平. 深入实施新时代人才强国战略 加快建设世界重要人才中心和创新高地[J]. 求是，2021（24）.

第 4 章
新发展格局下南京人才制度体系建设思路

党中央作出的构建新发展格局的战略部署，为南京发挥枢纽门户、科教资源、市场空间等优势，打造区域增长极、增强国际竞争力，提供了重大契机。南京须认真学习贯彻党的十八大以来党中央作出的关于人才是实现民族振兴、赢得国际竞争主动的战略资源的重大判断和全方位培养、引进、使用人才的重大部署，进一步把握战略主动，做好顶层设计和战略谋划，契合国家现代化建设远景目标，融合长三角区域发展规划，发挥自身禀赋，做强自身优势，构建兼具南京特色和优势的国际创新名城人才制度体系。

4.1 总体建设思路与目标

从顶层设计的视角出发，南京建设新发展格局下的人才制度体系，首先必须明确人才制度体系建设的指导思想、基本原则、建设思路和建设目标。

4.1.1 指导思想

新发展格局下南京人才制度体系建设，要坚持以习近平新时代中国特色社会主义思想为指导，立足新发展阶段、贯彻新发展理念、构建新发展格局、推动高质量发展，把人才资源开发放在最优先位置，大力建设国家战略人才力量，着力夯实创新发展人才基础。要深入学习贯彻落实中央人才工作会议重要精神和习近平总书记关于新时代人才工作的"八个坚持"新理念、新战略、新举措，深入贯彻落实习近平总书记对江苏工作重要讲话指示精神，紧紧围绕加快建设世界重要人才中心和创新高地的战略目标，深化人才发展体制机制改革，积极探索实现中央作出的全方位培养、引进、使用人才重大部署的方法和路径，牢固确立人才引领发展的战略地位，遵循社会主义市场经济规律和人才成长规律，构建循环机制畅通、市场机制有效、配套制度健全、微观主体有活力、宏观调控有效、兼具南京特色和全球竞争力的人才制度体系，全面实现南京人才治理体系和治理能力现代化，以"争当表率、争做示范、走在前列"的实际成效，不断增强南京人才创新力和竞争力，不断适应和满足南京经济社会发展对人才的需求，为南京建设引领性国家创新型城市提供坚实的人才支撑。

4.1.2 基本原则

在新发展格局下，南京建设具有全球竞争力的人才制度体系要全面领会和贯彻落实中央人才工作会议所总结的"八坚持"新理念新战略新举措，同时还要结合南京的实际，遵循以下四项原则。

一是坚持以新发展理念为引领。构建以国内大循环为主体、国内国际双循环相互促进的新发展格局，是对中国未来一段时期国家发展战略的全方位要求。虽然，新发展格局是在全球新冠肺炎疫情持续蔓延、中国经济结构发生重大调整和世界经济下行压力不断加大的背景下，世界经济模式正在重构，中国经济关系中的生产、分配、交换和消费受阻，为了畅通国民经济循环而提出的。但是，新发展格局绝不仅限于产业、外贸等经济领域，而是对国家治理体系和治理能力现代化提出了新课题、新要求。新问题、新矛盾和新任务的产生，意味着过去的发展战略和模式需要重新定位和调整。新发展格局的构建需要新发展理念的引领，南京在构建新发展格局下的人才制度体系过程中，必须深入贯彻新的发展理念，将人才双循环体系贯穿于整个人才制度体系之中。

二是坚持全球视角和开放心态。新发展格局虽然强调以"内循环"为主体，但是，这并不意味着我国要走封闭僵化之路，也不意味着要关上对外开放的大门。在后疫情时代，全球人才竞争呈现白热化趋势，我们应该清醒地认识到，日趋激烈的国际人才竞争将常态化。因此，要把南京始终放在全球视野中，在一种"世界尺度"下考虑人才问题、谋求人才发展，尽最大可能观察世界、学习世界、理解世界，并在同世界对话的过程中走出自己的人才新路，从"全球时间"里找到"南京时间"，以"世界视野"来打开"南京视野"。以全方位的开放视角关注全球的人才发展与互动，强化人才的国际化竞争水平，激活南京未来国际人才的存量，形成可持续的人才竞争制度优势。

三是坚持南京特色和全球竞争优势。要梳理总结改革开放40多年来南京人才发展和人才工作的成绩和经验，在中国特色社会主义理论体系的指导下，建设南京的人才制度体系，在江苏省、长三角和全国为构建具有全球竞争力的人才制度体系提出南京方案。

四是尊重市场经济规律和人才成长规律。要充分发挥市场在人才资源配置中的决定性作用、更好地发挥政府的作用，按市场经济规律和市场运行机制办事，理清人才系统的市场关系、人才供给与人才需求关系和市场与政府之间的关系，推进人才供给侧的结构性改革。同时要尊重人才成长规律，在南京努力形成人人渴望成才、人人努力成才、人人皆可成才、人人尽展其才的良好局面。

4.1.3 基本思路

构建新发展格局下南京人才制度体系，必须准确把握南京人才双循环体系的构成、要素关系，只有如此，才能通过人才制度体系的作用，支撑和保障南京人才双循环新发展格局的实现。人才的社会再生产是一个生产、流通、使用、消费等环节相互衔接的循环系统，通过人才的生产，保障了人才的供给，人才经过流通进入人才使用消费环节。当人才供给与人才需求相适配，就可以实现人才的使用消费，人才使用消费的结果就创造了价值，促进了科技、经济、社会的发展。如此往复循环，构成了人才社会再生产的循环体系。而体现内循环和外循环的不同的实质就是循环主体——人才的生产供给渠道、人才流通渠道和人才使用消费渠道的不同。通过自身的教育、培养等人才生产行为，提供人才的供给，在自身的流通领域配置，在自身的科技、产业领域使用消费，我们可以视为人才的内循环；通过对外引进而产生人才供给，或是在外部流通领域配置，在外部的科技、产业使用消费，则可以视为人才的外循环。需要说明的是，所谓的内循环、外循环是相对的概念，是就自身的循环体系而言的，比如，就一个城市、一个区域来说，现有人才的教育产出和储备供给就是内循环的，而其他城市、区域将人才吸引过去，对他们来说就是外循环。

在充分认识人才双循环新发展格局体系的基础上，南京的人才制度体系的整体建设应从以下思路着手。

一是从思想和观念上重塑新发展格局下南京人才制度体系。习近平总书记在省部级主要领导干部学习贯彻党的十九届五中全会精神专题研讨班上强调，要不断提高把握新发展阶段、贯彻新发展理念、构建新发展格局的政治能力、战略眼光、专业水平[①]。南京要提高认识，准确把握"构建以国内大循

---

① 习近平在省部级主要领导干部学习贯彻党的十九届五中全会精神专题研讨班开班式上发表重要讲话[EB/OL].（2021-01-11）[2022-05-04]. http://www.cppcc.gov.cn/zxww/2021/01/12/ARTI1610411058267104.shtml.

环为主体、国内国际双循环相互促进的新发展格局"的实质和内涵，认真研判后疫情时代我国和全球的经济社会发展出现的新情况、新问题和新要求，构建时代特色、科学规范、开放包容、运行高效的人才制度体系，既要有服务国家发展大局的意识，又要有实现南京人才发展与南京经济建设、政治建设、文化建设、社会建设、生态文明建设的深度融合、主动参与国际人才竞争的特色优势。

二是用世界性眼光看待新发展格局下南京人才制度体系建设，实施前瞻性战略。以内循环为主体，不是闭门造车，更不是标准降低，而是要把人才制度体系建设放到全球背景下、放到全国的发展体系中、放到创新名城建设上。城市化的发展加速了城市之间的高速流动，必然引发对大量竞争性人才的需求。全球化的快速形成使新时代跨境数据和信息的流动加速，必然促使社会对高精尖人才关注程度越来越高。技术变革速度的加快使得信息技术、"智慧+"的发展更加快速，必然引发人才资源的全球性加速流动。因此，新发展格局下南京人才制度体系建设需要世界性眼光和前瞻性战略。

三是综合国内外市场因素提升新发展格局下南京人才制度体系的支撑力、保障力。人才制度体系是构建新发展格局的重要支撑和保障。在人才双循环新发展格局中，国内外市场要素是重要的影响因素，南京需要着眼于国家战略的需要，响应"一带一路"倡议，主动融入新发展格局，在全球资源流动和配置中提升人才制度体系的全球竞争力。要敢于对标国内外一流、全球先进，跳出南京看南京，着眼全局看南京，解放思想再深入，改革开放再出发，努力提高发展能级，发挥人才制度体系的更大作用。

四是从行动上打造新发展格局下南京人才制度体系。坚定不移地贯彻落实党的十八大以来，党中央作出的人才是实现民族振兴、赢得国际竞争主动的战略资源的重大判断，作出的全方位培养、引进、使用人才的重大部署，推动新时代人才工作取得历史性成就、发生历史性变革[1]。坚持党对人才工作的全面领导，推动人才体制机制改革创新，使南京的人才创新创业服务体系向市场化、社会化方向扎实迈进。打破阻碍人才双循环的瓶颈，畅通人才双

---

[1] 习近平. 深入实施新时代人才强国战略 加快建设世界重要人才中心和创新高地[J]. 求是，2021（24）.

循环的通道，构建适应新发展格局需要的人才管理体系和培养、支持、发展、使用、评价、流动、激励、引进、利益保障等人才机制，使南京的人才制度体系特征更加明显、优势更为突出。

五是准确把握新发展格局下南京人才制度体系的着力点。从社会的生产、分配、交换和消费等环节和资本要素、创新资源、信息资源和文化资源等全要素配置力的角度考察构建南京的人才制度体系。坚持内向度与外向度并举，双界面拓展；坚持本土化与国际化并重，双轮驱动；发挥特大中心城市和省会城市的作用，构建人才创新的生态体系，集聚人才创新要素，以系统化、市场化、法治化、国际化的思维来提高南京人才循环生产、流通和使用消费诸环节的适配性，突出人才供给侧结构性改革主线，统筹考虑人才需求侧改革，不断扩大人才内需，抢占全球人才价值链高端，提高南京在国际人才竞争中的参与度与话语权。

4.1.4 建设目标

新发展格局下南京人才制度体系建设之际，正值我国"十四五"规划的开局之年，是衔接2035年中长期建设规划的关键阶段。为此，南京构建人才制度体系，必须坚持以习近平新时代中国特色社会主义思想为指导，全面贯彻党的十九大和历次全会精神，贯彻落实中央人才工作会议精神，深入落实习近平总书记对江苏工作重要讲话指示精神，以改革开放为动力，要坚决破除所有不合时宜的思想观念、体制机制的弊端，不断适应和满足南京经济社会发展对人才的需求，找准定位，主动融入，全面实现南京人才治理体系和治理能力现代化，让南京成为建设世界重要人才中心和创新高地不可或缺的重要阵地。

锚定2035年南京建设具有中国特色、时代特征、国际影响的社会主义现代化创新名城的远景目标，结合中央人才工作会议提出的建设目标，南京人才制度体系建设可以分"三步走"：到2025年，人才制度体系建设基本完善，人才制度重点领域和关键环节改革实现重要突破，开放创新的人才发展体制机制基本建立，人才服务水平全面提升，从而保证南京市在关键领域战略科技人才、每万名劳动者中研发人员全时当量、工程师数量、高技能人才数量等八大人才发展核心指标全部取得实质性突破，进入全国全省第一方阵。到

2030年，形成更具国际竞争力的人才制度优势和创新环境优势，成为国家建设世界重要人才中心和创新高地的战略支点。到2035年，建成更加完备的人才制度体系，以保证南京的人才竞争力达到世界先进城市水平，全面建成高水平国家级人才平台，努力打造全国重要人才高地。

南京人才制度体系的"十四五"建设目标，应该紧紧围绕《南京市国民经济和社会发展第十四个五年规划和二〇三五远景目标纲要》所提出的"四高"目标展开。

一是建设适应高质量发展的人才制度体系。高质量发展是人才支撑、人才引领的发展，构建人才发展与高质量发展协同机制是推动我国人才发展再上新台阶的重要内容。南京加快推进具有全球影响力的产业科创中心和创新名城建设，着力打造"产、教、研"融合人才开发体系，构建"以用为本"教育人才培养体系，加大对企业人才培养激励力度，健全服务发展的人才评价机制，建立有序互补的高层次人才支持计划体系，形成市场主导的人才供给配置机制，构建激发活力的人才激励制度。进一步形成市场需求、市场发现、市场评价、市场认可的人才引进培育机制，建立健全由领军人才、创新人才、专业人才和实用技术技能人才构成的人才生态体系。

二是建设增强高能级辐射的人才制度体系。实行更有吸引力的人才移民政策，强化国际要素集聚能力，海内外高端人才来宁创新创业的成效初步显现，人才竞争优势明显增强。以积极推进国际一流原创性成果产生为导向，改革科研模式、成果方式和人才评价机制，保障科研的投入能够流向最有创意的人才；加快科技成果的动能转换，建立与之相适应的人才发展制度，给连续做出高质量工作的人才以持续支持；让人才制度的生产服务功能和开放引领作用明显增强，更好发挥在南京都市圈、长三角区域的辐射带动作用。

三是建设提供高品质服务的人才制度体系。人才行政服务水平全面提高，人才资本服务产业健康发展，在人才资源配置过程中突出市场的决定性作用，人才发展环境明显改善。构建国际化人才发展制度环境，进一步完善海外高层次人才（及其家人）签证、永居、移民、税收、金融、社会保障等政策体系和相关制度。重点在外国人才来华工作许可、出入境、居留、永久居留、创新创业、外汇结汇、社会保障、社会融入等方面，研究制定配套、细化政策。

四是建设强化高效能治理的人才制度体系。健全完善适应时代发展要求的人才发展治理体系，进一步增强政府部门间、政府和用人主体之间的横向治理协同能力，以及不同层级政府部门间人才政策落实的纵向治理协同能力，建立人才信息开发应用平台，逐步健全以职业为基础的人才发展治理构架，加强对人才制度体系实施情况的调研，注重细化工作部署，提升可操作性和协调配套性，打通政策落地"最后一公里"。

【资料链接】

"十四五"时期南京市经济社会发展主要目标

按照二〇三五年远景目标，综合考虑国内外宏观环境、城市竞合趋势和自身条件，今后五年南京经济社会发展的总目标是，聚力建设具有全球影响力的创新名城、加快形成以创新为第一驱动力的增长方式，聚力建设以人民为中心的美丽古都、探索走出绿色低碳发展新路子，打造富有现代化内涵、推动高质量发展的区域增长极，成为常住人口突破千万、经济总量突破两万亿元的超大城市。具体体现为"四个高"：

——建设高质量发展的全球创新城市。对标国际一流创新城市和地区，深入实施创新驱动发展"121"战略，构筑高质量发展动力系统，创建综合性国家科学中心取得实质性成效，形成一批原创性的重大科研成果；建成科技产业创新中心，形成以高新技术企业为主体、高新技术产业为支撑的现代产业体系，部分主要创新指标和整体创新能力进入全球创新型城市行列。

——建设高能级辐射的国家中心城市。经济在高质量轨道上实现稳健增长，发展速度继续走在全国同类城市前列，综合实力稳居全国前十强。战略性新兴产业支撑作用更加突出，初步建成国际消费中心城市和全国重要的金融中心、物流中心、商务中心、数据中心，国际要素集聚能力、生产服务功能和开放引领作用明显增强，更好发挥在南京都市圈、长三角区域的辐射带动作用。

——建设高品质生活的幸福宜居城市。城乡居民收入增速高于GDP增速，教育、医疗、养老、社保、住房、交通、体育等基本公共服务体系现代化、均等化、多元化走在前列。社会主义核心价值观更加深入人心，城市文化软实力进一步增强。长江南京段绿色低碳发展成效明显，市域生态环境质量持续改善。城市人居品质显著提高，乡村振兴战略高水平推进，城乡融合发展水平明显提升。

——建设高效能治理的安全韧性城市。市域治理和服务更加精准化、精细化，本质安全水平显著提升，建成国家安全发展示范城市。政府治理同社会调节、居民自治良性互动，社会治理社会化、法治化、智能化、专业化水平明显提高，治理效能迈上新台阶。国家安全和防范化解重大风险体制机制更加健全，平安南京、法治南京建设取得更大成果，市民幸福感安全感进一步提高。

资料来源：《中共南京市委关于制定南京市国民经济和社会发展第十四个五年规划和二〇三五年远景目标的建议》，《南京日报》2020 年 12 月 31 日，第 A1 版。

4.2 以内循环为主体的人才制度建设思路

南京要从我国新发展格局出发，以全球人才变局为背景，坚持全方位培养人才，坚持聚天下英才而用之，做好人才发展的战略预设，加快构建以人才内循环为主体、国内国际双循环相互促进的人才新发展格局。巩固人才根基、发扬人才优势、补齐循环短板，加强循环弱项，从人才的生产、流通和使用消费全链条上花大力气重构系统完整、功能齐全、运转高效的人才内循环体系。要构建和完善人才国内国际双循环供给体系相互补充、相互促进的机制，畅通人才国内大循环，促进人才国内国际双循环。

4.2.1 发挥教育在人才供给侧的基础作用

培养人才是国家和民族长远发展的大计，要坚持人才培养的自信。人才生产（培养）制度在中国特色人才制度体系中处于基础地位，大批量生产人才资源的主体渠道在教育。根据社会再生产原理和人才再生产理论可知，人才内循环的基础就是人才供给侧的人才生产。分析人才再生产过程的人才生产环节不难发现，教育是人才生产的主渠道。

世界上发达国家的人才史表明，现代教育和人才大循环的关系非常紧密。

教育既能为社会提供大批的一般性人才,也能为社会提供其急需的高层次人才,能够进入流通环节的人才基本上都接受过正规教育。要想畅通人才的内循环,就必须畅通人才循环供给侧的人才生产环节,而要畅通人才生产环节,就必须强化教育在人才生产环节中的主体地位。

"十四五"时期,南京要高度重视和发挥教育的人才生产功能和人才供给功能,进一步完善以教育为核心的基础性人才培养制度体系,将改革教育制度体系纳入以人才新发展格局中,使教育成为人才循环的重要环节和责任承担者。

南京一是要密切衔接人才制度体系建设与深化教育体制改革,认真贯彻中共中央办公厅、国务院办公厅《关于进一步深化教育体制机制改革的意见》,努力把教育打造成"集聚人口、吸引人才、服务产业、汇集资源"的强力磁场。二是要创新人才培养理念,开启人才培养新模式,改革相应的人才培养制度,完善教育制度体系,分层别类地培养学术人才、工程师人才和技师人才,培养大批高素质、有创新意识和创新能力的一代新人。三是要通过人才制度和人才政策引导,充分发挥高等教育尤其是"双一流"大学培养人才主力军的作用,努力提升高层次创新人才自主培养能力,全面提升高层次拔尖创新人才培养能力。四是要在政策、制度层面,明确相关规定,加大教育投资力度,提高教育投入占 GDP 的比例,加速建设世界一流大学和一流学科,使之逐步达到世界较高水平。五是要通过制度推进南京人才供给侧结构性改革步伐,加大教育改革力度,创新教育培养模式,调整高等教育专业结构,培养能够满足经济社会发展需要的具有全球竞争力的人才资源。六是与属地高校密切合作,制定扶持政策,出台优惠措施,提高南京高校对全国和各国学生的吸引力,鼓励外国学生来华留学、实习、创新创业,使南京成为外国学生眼中独具魅力的城市。

4.2.2 发挥科技、产业在人才需求侧的动力作用

如果说教育在人才大循环的供给侧生产人才,那么科技和产业就在人才大循环的需求侧使用、消费人才。要想畅通人才的内循环,最终要看循环需求侧的人才使用消费环节是否畅通,而要畅通人才使用消费环节,就必须强化科技、产业在人才使用消费环节中的主战场地位,以大量的、持续的需求,

为人才循环提供动力。

"十四五"时期,要高度重视和发挥科技和产业的人才使用消费功能和人才需求功能,要推动科教兴国战略和人才强国战略更紧密结合,深入推进科技体制改革,使科技体制改革与人才制度体系构建紧密衔接、有机统一。

一是以高水平科技平台建设为核心,在加强优势领域国家重点实验室、国家研究中心等多学科交叉平台建设的过程中,将相应的人才制度的改革与完善作为高水平科技平台建设的重要内容和支撑条件。在引导人才集聚上,明确加快中科院麒麟科技城、紫金山科技城、紫东科创大走廊、江北新区"芯片之城""基因之城"等高水平科技平台建设的方向,集聚重点领域、高端人才。在资金投入上,结合国家重大科技基础设施等重大平台在宁布局落地的机遇,由政府牵头落实支持资金,进一步发挥紫金山英才计划与重大科技平台建设的相互衔接、相互推动、相互支撑的作用,加大财政投入力度,建立企业、金融机构、社会资本等多渠道投入机制。在区域布局上,以开发园区为主体,出台有针对性的、保障充分的扶持政策,充分发挥科技平台的载体作用,让高水平科技平台成为高端人才集聚的大本营。

二是探索建立灵活高效的科技成果孵化转化制度,打造全国成果转化高地。深化职务科技成果产权制度改革,坚持科技成果项目化落地、市场化运作、企业化运营,大力推动相对成熟的科技成果首先在南京转化,对科技成果转移转化的教授和科研人员以及促成科技成果转化的机构给予奖励。建立国际技术转移专项基金,推动省部技术产权交易市场和机构在南京设立分中心,加快引进转化各类先进技术、成果和项目。

三是打造新型研发机构和产业集群的"筑巢引凤"功能。聚焦南京先进制造业集群以及集成电路、人工智能、新能源汽车等地标产业,不断完善"双招双引"机制,创新人才精准支撑服务体系,重点集聚储备颠覆性技术、引领未来创新发展的人才集群。统筹全市园区整合,依托江北新区、麒麟科学城等新兴板块,在大力推进新型研发机构建设和"招院引所"的基础上,与长三角城市群联动,错位布局国家实验室、大科学装置等,抢占未来科技创新领域的人才制高点。在资源协同上,推动人才计划与各类科技、产业计划相互衔接、互认共享,形成集成支持。

4.2.3 推进产学研人才的深度融合

南京要从参与全球制造链向参与全球创新链跃迁，重点在于促进产才融合，全力推动"以产兴才、以才促产"，推动"学产人才""央地人才""军民人才"三路大军高度融合，使得一批具有较强竞争力的产业与人才融合发展的高地率先嵌入全球的创新链，实现人才链与创新链、产业链、政策链、资金链的深度融合。

一是构建"学产人才"高度融合的人才制度体系。南京高校林立，截至2021年底，南京拥有985高校2所、211高校8所、双一流高校12所。院士扎堆，高层次人才集聚，丰富的科教人才资源是南京创新的最大优势。积极建立高校与新型研发机构的工作量相互承认、研究生培养相互通畅、科研人员相互派遣制度，让高校院所的人才和创新成果走出去，让地方的创新需求走进来，切实加强校地资源双向融通。通过政策引导，大力推进"两落地一融合"工程的落地实施，全面推进新型研发机构落地、科技成果项目落地、校地融合发展，将高校人才资源优势释放出来，将创新潜力挖掘出来，鼓励在宁高校院所成为新型研发机构组建的主力军。围绕主导产业，把教育链、人才链与产业链、创新链有机衔接起来，设立和发展急需专业，培养紧缺人才，切实让高校与地方结成"共同体"，实现产学研融合发展。

二是构建"央地人才"高度融合的人才制度体系。南京中央部属大企业众多，人才种类齐全，层次高端。南京市应打破制度壁垒，集聚全省资源，积极协调中央部属大企业、中科院等科研院所，汇力支持南京建设综合性科学中心，实现"央地人才"融合、共建双赢。搭建"央地人才"协同发展平台，发挥人才信息库的作用，解决人才与企业信息不对称、对接机制不健全问题。促进中央部属优秀杰出人才（团队）带前沿科技成果落地南京并给予重点支持，增强南京发展对中央部属单位人才及科技成果的吸引力。利用好中央部属大企业的人才优势和创新经验，推动中央与地方联合培养产业领军人才、产业技术骨干和战略性新兴产业基础人才。依托中央部属单位优质资源加强市属人才队伍建设，推进南京建设有全球影响力的创新名城。

三是构建"军民人才"高度融合的人才制度体系。南京军事科研单位、军工企业众多，科技高度密集，人才实力雄厚，为我国尖端军工发展作出了突出贡献。但是，由于军工行业的特殊性，军工人才与地方交流不多，军用技术向民用转化也不多。南京要着力打破人才培养使用上的军民二元分离状态，充分发挥军工技术和人才的资源优势，促进军民人才高度融合，促进军民人才资源双向流动、深度开发和共享利用。在人才制度建设方面，南京需打通军民人才互用的通道，搭建军民人才交流的桥梁，鼓励和引导军工科研院所和企业走出深墙大院，在合适的方面，参与南京的经济建设和发展，承担地方急需的科研和技术攻关重大课题，培养地方发展短缺的民用人才。鼓励军工企业到地方设立分支机构和创新平台，同民用企业加强人才交流，合作攻关，成果转让，把培养高端科技人才作为重要融合的实践切入点。鼓励军工人才到地方挂职，创办民用企业，在南京创新创业。

四是构建产学研深度融合的人才工作体制机制。落实企业在产学研深度融合中的人才主体地位与主导作用。强化和突出企业在产学研深度融合过程中的人才主体地位，并使其能够真正发挥主导作用。探索实践企业出题、政府立题、协同解题的产学研合作创新机制，让企业拥有科技创新的主动权，研发费用先行自主投入，后续政府补助，为企业的科技创新创造更好的条件，营造更优的氛围。多向企业征集具有科学意义且满足公共利益需求的研究课题，对具有丰富科技资源和科研机构的大型企业进行重大科技项目的研究给予支持，并合理引导人才、资金、信息等创新要素向有需求的和重点扶持的企业集聚。探索首席科学家的科技管理模式，在大型企业由首席科学家对项目负总责，并赋予一定的经费管理权限。支持产学研合作向应用基础研究领域人才延伸。高校在申请基础研究基金项目时，应当与企业联合，地方可以对由高校和企业联合研发的基础研究项目给予重点人才资助。基础研究除了支持自由探索，还有一个重要任务就是为国家需求提供支撑。高校、科研机构应当根据企业对应用基础研究的实际需求，重点关注面向南京产业发展需求的关键领域，整合知识和研发团队，建立相对稳定的"企业+高校"或"企业+科研院所"的研发人才队伍或者产业联盟团队，加快行业共性技术研究和成果转化。

4.2.4 建立与高质量发展相适应的人才培养与激励机制

人才培养和激励机制是人才循环链上不可或缺的重要影响因素，是保障人才生产和人才使用消费质量提升的关键。一方面，如前文所述，当人才在使用过程中得到培养、培训、提升时，人才所作出的贡献不断增大，以至于在现有循环体系内实现了新的供给与需求的适配，这是一个不断循环、螺旋上升的过程，换言之，就是人才得到了成长。另一方面，当人才的成长有目共睹，将会形成一个典型示范效应，向世人展现南京具有人才成长的沃土，增强南京人才集聚的竞争能力。

一是从高端人才链出发培养支持创新人才。南京要从"补短板"转向"砺尖端"，创新人才多元培养支持机制，健全高端人才链。首先，要深化产学研合作，以新型企业家精神引领培育领军企业家。深入实施创新型企业家支持计划，构建有利于企业家参与创新要素集聚的制度机制；组建产学研联盟，推进企业家与国际化人才的深度合作交流；探索企业家到高校担任产业副校长的交流机制，加快培养造就一大批能够既通晓科技、又懂得市场的复合型企业家队伍。其次，要深入实施"南京工匠"计划，完善技术技能人才培养模式。推动重点园区、科研院所、重点企业联合建设工程师学院，着力培养优秀卓越工程师；加快推进现代职业教育体系的构建，推动产教的深度融合、校企的深度合作，培育以技师工作站领衔人、首席技师、技术能手为主体的领军型高技能人才；探索设立首席技师工作室，构建传帮带机制，推进高师带徒项目。最后，要大力培养服务人才，促成科研成果的转化，以建链、强链、延链、补链为导向，注重知识产权人才、商业模式创新人才、标准制定人才、技术转移转化人才、市场营销人才、金融人才、检验检测人才等生产性服务业人才的培养。大力发展校友企业家成为高校科技成果转化的职业技术经纪人，提高科技成果的转化率。

二是深化职务科技成果产权制度改革，大力推动在宁高校院所开展赋予科研人员职务科技成果所有权或长期使用权试点，结合科研成果性质，明晰科研人员的产权归属的政策法规和实现机制，赋予科研人员所有权或长期使用权，让科研人员享有职务发明的部分专利权。允许高校和科研院所科研人员在认真履行所聘任岗位职责的前提下，利用本人及其所在团队的科技成果，在岗创业或到科技创新型企业兼职。邀请国内外知名科学家、企业家、金融家、大院大所负责人和科技人才团队，一同聚焦南京新型研发机构建设，共寻"打通科技成果转化最后一公里"的创新发展之路。

三是激发人才创新活力。破除人才培养、使用、评价、服务、支持、激励等方面的制度障碍，破除"五唯"现象，出台切实可行的措施，为人才松绑。探索高层次人才全权负责制，赋予顶尖人才创新创业自主权，使其可自主组建团队、自主支配经费、自主使用设备、自主决定技术路线，同时给予其更大的学术出国自主权。建立新型财务管理机制，进一步改进和优化高层次人才科研经费和人才资助经费的管理，提高经费使用的便捷度。建立高层次人才行政助理制度，按需配备科研支撑人员和行政服务人员。加大对高层次创新人才的激励力度，探索创新技术要素参与收入分配的机制，允许研发团队享有成果转让的所有收益。让重大基础研究和原始创新的成果优先享有参与国家科学技术奖评审的机会，同时增设省级基础研究重大贡献奖和青年科技杰出贡献奖。在科技评价方面，注重研发质量和科研投入的中长期创新绩效，采用同行评议的方式促进和提升研发质量。

四是激发用人主体和人才的积极性、主动性。人才政策要向用人主体授权，更多从激励人才向激励用人主体和多元社会力量转型，充分发挥用人主体在人才资源配置中的决定性作用。鼓励企业科技人员以客座教授、兼职研究员的身份到高校和科研院所服务，并获得适当报酬，对他们不设编制和学术成果要求。同时，推荐高校和科研院所有关科研人员到有需要的企业开展兼职服务，并获得合理报酬，摆脱企业编制和工资总额的限制。改革高校和科研院所的考核评价与激励机制，打通与企业的兼容模式。在评价标准中，鼓励产学研合作，对于高校科研项目中与企业的横向课题，要与国家的纵向基础研究项目同等对待。提高产学研在人才评价、职称晋级和评优评奖等方面的权重。完善知识产权保护，并推进科研信息数据的共用共享。高校和科研院所应把握信息发展的机遇，进行科研流程再造，为科技人员松绑，让科技人员在项目预算调剂、经费使用和系统决策方面拥有更多的自主权。鼓励原始创新，建立适应原创导向的重大科研项目形成和组织管理机制，计划安排引领前沿技术的基础研究专项。鼓励"十年不鸣，一鸣惊人"。

4.3 以竞争力为核心的外循环人才制度建设思路

习近平总书记在中央人才工作会议上指出，中国发展需要世界人才的参与，中国发展也为世界人才提供机遇。必须实行更加积极、更加开放、更加有效的人才引进政策，用好全球创新资源，精准引进急需紧缺人才，形成具有吸引力和国际竞争力的人才制度体系，加快建设世界重要人才中心和创新高地。并强调"这是做好人才工作的基本要求"[①]。在人才双循环"链"中，人才引进是南京人才外循环的主要形式，也是新发展格局下南京人才制度体系中的重要内容。面临百年未有之大变局，全球性人才竞争空前激烈、人才发展国际环境日趋复杂恶劣，世界各国大都在高端人才争夺中使出浑身解数、实施各种措施，以增强自身的竞争力。面对这样的局面，南京能否在激烈的人才竞争中取得成效、集聚能够促进南京经济社会发展的必备人才，畅通人才新发展格局的循环链，其核心就在于南京人才制度体系是否具有竞争力，尤其是否具有全球竞争力。

4.3.1 建设具有全球竞争力的人才引进制度体系

能否在全球范围内集聚一流人才，是判断人才制度是否具有全球竞争力的试金石。吸引外国的优秀人才到南京工作，可以省去培养环节，是低成本扩大高价值人才规模的捷径。这就要求南京树立全球视野和战略眼光，提高人才对外开放水平，开创人才对外开放新局面，吸引海外高层次人才回国来华创新创业和工作。全球城市中科技创新基础前沿领域的研究热点（材料与化学、电子信息、能源与环境、生物医药、物理等领域），更具集聚全球科学家和科研人员合作研究的可能，更有产生学术全球影响力和引领科研突破的前景。

一是继续实施人才工程和相关政策，高标准建设"海智湾"国际人才街区，推进国家海外人才离岸基地建设，推出"紫金山英才卡"，围绕"4+4+1"主导产业的人才需求，升级现有人才工程，优化人才遴选、支持、服务措施，构建靶向引才模式，打造聚才活动系列品牌，及时发布用人单位对高层次人才的需求信息，撮合高层次人才与重点培育企业直接对接。

---

① 习近平. 深入实施新时代人才强国战略 加快建设世界重要人才中心和创新高地[J]. 求是，2021（24）.

【资料链接】

南京构建"4+4+1"主导产业体系

2017年11月13日,南京出台了《关于加快推进全市主导产业优化升级的意见》,提出构建"4+4+1"的全市主导产业体系。

第一个"4"就是打造先进制造业,包括新型电子信息产业、绿色智能汽车产业、高端智能装备产业和生物医药和节能环保新材料产业。

第二个"4"就是打造现代服务业,包括软件和信息服务业、金融和科技服务业、文旅健康产业、现代物流与高端商务商贸产业。

一个"1"就是培育一批未来产业,在加快引进大项目做强主导产业的同时,南京还放眼"未来产业",围绕量子计算机与量子通信、干细胞与再生医学、纳米科技与石墨烯新材料等一批具有重大产业变革前景的颠覆性技术及其不断创造的新产品、新业态,加快布局人工智能、未来网络、增材制造与前沿新材料、生命健康、新金融、新零售等交叉应用领域,培育未来产业,打造发展新优势。

资料来源:《关于加快推进全市主导产业优化升级的意见》,2017年11月13日,http://sw.nanjing.gov.cn/zyfb/swwj/201712/t20171214_1960076.html。

二是拓展海外人才引进方式,探索"候鸟型""离岸式"等柔性引才机制。将目光瞄准世界科技的前沿,建立健全海外人才的联络网络体系,全面、深入地延伸引才触角;建立健全海外高层次人才信息库,充分运用大数据、云计算等技术手段,绘制海外高层次人才分布图,为人才供需的精准对接提供支撑。同时,大幅度提升从海外引进的急需、紧缺特殊人才的资助强度,对于顶尖人才实行"一事一议""一人一策",综合运用就地用才、联合引才、离岸创新等方式共享全球智力资源。

三是整合人才签证、居留、国籍、社保、教育等相关政策规定,大批量吸引外国高层次人才和紧缺人才到南京工作定居。

四是吸引国外优质教育资源、科研资源到南京落户或设立分支机构,创新中外合作办学、合作科研模式,借此引进高层次教育、科研专家来宁工作。

深入开展"百校对接"计划,促进高水平科研成果、项目和人才落户南京。

五是探索整建制引进创业创新人才团队的办法,团队中只要有一定比例以上的人才符合引进条件,其余人员可以放宽准入门槛,不受学历、职称、年龄等条件限制。

六是走出去,通过在海外设立研发机构、办学机构、人才寻访机构工作站等,网罗当地优秀人才为我所用。

4.3.2 积极参与国际竞争,开拓人才开放新通道

加强南京人才外循环,必须要积极参与国际竞争,不断开拓人才开放的新通道。

一是积极参与国际竞争合作,进一步扩大人才对外开放,打造世界级的创新"朋友圈",通过领袖峰会、双创大赛、"创客嘉年华"等系列活动,汇聚全球的精英人才,共建全球的"聚智磁场",共绘开放的创新蓝图,共享交流的合作成果。深度融入"一带一路"建设,打造海、陆、空、网四位一体的国际人才大通道。

【资料链接】

创客嘉年华

创客嘉年华是上海智位机器人股份有限公司(Zhiwei Robotics Corp.)旗下的品牌活动。创客嘉年华是一个窗口,汇聚全球极具创意的科技项目,通过展示、论坛、工作坊等多种形式,让公众近距离体验创客文化,与创客分享圈内新鲜趋势,为大众展示创客生活方式,向世界传播中国创客文化。

创客嘉年华®由蘑菇云创客空间和创智天地携手打造,是中国创客的首个原创品牌活动,也是国内规模最大的创客活动,自2012年至今已连续举办九届。

资料来源:创客嘉年华网站 http://www.makercarnival.org。

二是坚持"走出去""引进来"相结合,大力推进国际人才合作,着力建好境外人才合作园区,从人才对外交往、科技支撑、人文交流和服务支持四

个方面搭建重点开放平台。人才交流、引进既要抓重点国家，也需要把眼光瞄准全球，不能只关注到华裔人才的引进，而是要真正做到汇聚全球英才而用之。如果有不能采取刚性措施引进的人才，就充分运用远程技术手段，结合数字孪生实验室建设建立虚拟科研组织从而实现柔性引进。

三是推动南京企业参与国际标准的制定，提升南京在全球人才竞争力中的影响力，增强南京在国际上的话语权。积极尝试、升级海外工程师项目、企业外专等企业人才项目，大力支持各领域的头部企业走出去，积极在全球各类人才集聚的区域设立企业研究院、境外孵化器等载体，直接参与海外人才竞争。

四是接轨国际惯例，把工作重心放到优化服务体系、完善人才法治保障、营造优良人才发展环境上来，建设国际人才社区，完善创新创业、商务商贸、教育医疗、公共服务、生活配套以及交通、通信、文化便利等设施条件，吸引海内外高端人才来此工作和生活，使南京成为各国优秀青年心目中学习工作的向往之地。

五是鼓励本土猎头等人才资源中介机构跨国发展，支持中介组织在遵循竞业避止条款下，为用人主体挖掘全球人才。进一步解放思想，更新发展理念，提高目标定位，加快提升省会城市功能和中心城市首位度，参与全球人才竞争。

4.3.3 探索长三角一体化的人才协同发展机制

习近平总书记在中央人才工作会上指出："可以在北京、上海、粤港澳大湾区建设高水平人才高地，一些高层次人才集中的中心城市也要着力建设吸引和集聚人才的平台，开展人才发展体制机制综合改革试点。"[1]因此，南京市应该准确定位，主动融入，让南京成为建设世界重要人才中心和创新高地不可或缺的重要阵地。充分发挥南京位于"一带一路"交汇点区位作用和长江经济带建设、长三角一体化发展等重大战略叠加区的区位优势，更好发挥南京在南京都市圈、长三角区域的辐射带动作用，大力推进具有全球竞争力

---

[1] 习近平. 深入实施新时代人才强国战略 加快建设世界重要人才中心和创新高地[J]. 求是，2021（24）.

的人才制度体系建设。

一是借梯登高，推动 G42 沪宁沿线人才创新走廊纳入长三角一体化总体战略。全面接轨、融入上海，积极争取上海市与江苏省支持，在总结苏南国家自主创新示范区建设经验基础上，主动布局领衔建设 G42 沪宁沿线人才创新走廊。立足于"一廊两核多中心"的总体空间布局，既要以上海全球科创中心建设为窗口，集聚全球科技创新人才，又要率先谋划推动沿线城市人才规划接轨、人才工程互认、人才市场共建、人才资源共享，协同解决关键核心技术"卡脖子"问题，打造具有独特品牌优势的人才一体化发展平台。

二是借机改革，突出制度优势，形成人才政策势差，加强对高端人才吸引力。围绕人才战略高地的工作定位和目标，对标国际标准和通行规则，借鉴上海、苏州、杭州、合肥等城市探索经验，以更高标准、更大尺度，在更深层次上推进人才体制机制改革，提高政策"含金量"。聚焦重点领域、高端人才，进一步推进以"授权松绑"为核心的流程创新、政策创新和制度创新，形成对"高精尖缺"人才具有特有吸引力的制度优势。

三是借题联动，依托地标产业，整合园区创新载体平台，强力推进"双招双引"。注重人才链与产业链深度对接、人才发展与产业发展深度融合，聚焦南京先进制造业集群和人工智能、集成电路、新能源汽车等地标产业，建立健全"双招双引"机制，创新人才精准支持体系，重点集聚储备颠覆性技术、引领未来创新发展的人才集群。统筹南京市的园区整合，紧紧依托江北新区、麒麟科学城等一些新兴板块，不仅要大力推进新型研发机构、"招院引所"等建设，而且要与长三角城市群实施联动，错位布局建设国家实验室、大科学装置等为一流人才科研攻关和技术创新搭建高质量的平台。

【资料链接】

江宁开发区"双招双引"巧招商

江宁开发区将通过招商引资、招才引智"双招双引"全面吹响招商再突破、创新再发力的号角，推动改革创新再出发迈出更大步伐。

江宁开发区将聚焦绿色智能汽车、智能电网、新一代信息技术、航空临空等地标产业，每个主导产业聚力招引 1～2 个重特大龙头型项目和若干产业链关键项目，形成链式带动效应。同时，抢抓新型基础设施加快布局等战略机遇，在5G、工业互联网、医疗设备、特高压等园区优势领域抢先布局发力，寻找投资机会；深入挖掘T3科技平台、汽车百人会等现有资源，争取更多项目落户发展；用好用足紫金山实验等重大创新平台以及大学校友会资源，推动科技项目落户和就地产业化发展；深入开展市场化招商，用好产业基金、创投基金等招商工具，加大与招商中介、科技中介合作力度。

创新方面，江宁开发区将尽快运作驻德、驻法、驻以联络处，同步引进海外创新资源、产业资源；鼓励依托第三方机构，在美国、韩国、日本等地区新设立联络机构；加快遴选搭建驻深圳、北京招商班子，承接更多北京非首都功能和大湾区创新资源。此外，江宁开发区将全力推进78个实施类重大产业项目，同步推进33个储备类项目，实行领导挂钩联系，针对省、市重大项目和难点项目，明确责任单位和人员，挂图作战，定期调度，关键项目建立指挥部制度，确保有实质进展。

资料来源：《江宁开发区"双招双引"巧招商》，江宁新闻网，2020年3月28日，https://jiangning.longhoo.net/html/jnyw/2020/0328/12789.html。

四是借力共享，强化市场导向作用，激发龙头企业的积极性和主动性，充分利用人才溢出效应。遵循市场配置资源的规律，突出企业引才主体的地位，借助市场和社会力量实施引才、识才、用才、敬才。大力培育新型的科技企业家队伍，支持龙头企业与长三角区域领军型企业建立人才共享网络，共建创业孵化、科技服务、风险投资和产业集聚等平台型公司或者联盟，带动产业链人才创新创业。充分承接上海、杭州等城市的优势产业科技人才溢出效应，创新"人才+项目+平台"等多样化、富有特色的柔性引才、用才等新模式，破解急需紧缺人才难题。

4.3.4 从全球竞争的高度实惠高端人才

南京一定要站在全球竞争的高度，以全球竞争制胜的标准，制定大力度的实惠政策举措，吸引海内外高端人才到南京创新创业。南京科研机构林立，遍布高校、企业、科研院所，强力支撑着南京雄踞全球科研城市第8的不凡地位。

一是要加大对基础研究的投入，确保基础研究投入占市财政科技专项资金比例逐年增长。全力聚焦突破关键核心技术，在战略上努力抢占全球创新制高点。

二是聚焦重点领域和高端人才，进一步推进以"授权松绑"为核心的流程创新、政策创新和制度创新，形成对"高精尖缺"人才具有特有吸引力的制度优势。对来南京开展创新创业工作的短缺海内外人才，给予不低于15%的个人所得税减免优惠。

三是加快集成电路设计和软件产业高质量发展，关键是要推动自主创新，根本是要强化人才尤其是高端人才的支撑，必须加快该领域的人才引进和培养。要坚决支持中央为支持集成电路设计和软件产业发展，对有关企业所得税紧急做出的适当调整政策。根据国家战略重大需求，重点扶持南京的集成电路设计和软件企业及其分支机构在全世界范围内吸引和培养人才，重点鼓励扶持海内外人才在该产业领域创新创业。要梳理南京的集成电路设计和软件企业人才，研究出台精准实惠高端人才的政策。诸如给予投资奖励、房租补贴、院士工作站和博士后工作站建站资助，对高端人才按个人工薪收入所得税的高比例给予奖励等。

4.4 双循环相互促进关节点的人才制度建设思路

由人才生产、人才流通、人才使用消费诸环节构成的人才循环体系只有畅通无阻地运行，才能形成一个完整的循环系统。无论是人才国内大循环还是国内国际双循环，其畅通的关节点就是内外两个循环的交接口、链接处，也就是人才双循环体系中的流通环节，而流通环节的重中之重又在于人才的吸引。然而，不仅是南京，就全国范围来看，人才资源要素的市场发育还不够完善，人才要素流动存在一定的体制机制障碍，不同程度地影响了人才资源的市场化配置。新发展格局下南京的人才制度体系必须打通人才双循环过程中各环节存在的梗阻和堵点，尤其是打通双循环相互促进的关节点，畅通人才双循环体系，增强全球人才竞争力，从人才外循环中吸引大批世界级的人才，壮大南京的国家战略人才力量。

4.4.1 发挥政府在关节点的主导作用

在人才双循环相互促进的关节点上，政府扮演了主导角色，通过一系列人才制度的构建和完善，既引导人才双循环各环节的相互衔接，又推动人才双循环各环节有效运行。政府主导主要包含基础投入、宣传引导、综合协调、统筹安排等。突出政府公共服务的宏观管理与调控，强调政府的引领主导责任、实施管理责任、监督检查责任，最终目的就是落实、保障社会全体成员的基本权益。

一是要更加科学而清晰地把握政府在构建人才新发展格局过程中的职能定位，将工作重点更多地转向宏观规划、政策设计、统筹协调、公共服务，减少对具体事务的介入，更多利用社会组织承接政府的服务职能。更好地利用人才政策的导向作用和杠杆功能，构建高层人才和基础性人才两端兼顾的体系健全的政策架构，定期发布政府服务清单，制定相关人才政策，推进战略科技引领工程，设立重大科技创新平台专项，重点支持国家重大科技基础设施、国家实验室、国家研究中心等平台建设。

二是推进人才治理体系和治理能力现代化，要健全和完善南京人才制度体系建设工作的法制原则、具体任务、法律对策等，通过将人才制度体系建设纳入"依法治国、建设社会主义法治国家"的治国方略之中，使南京的人才发展和人才工作建立在全面、系统和有效的法治保障基础之上。要发挥社会组织的作用，探索人才自治新的组织形式，不断健全法人治理结构，逐步建成自为、自主、自律主体，以承接政府转移的职能，起到政府和市场都不具有的资源整合、综合监督、信息流通、自我服务和自我协调等作用。

三是进一步完善服务保障体系建设。南京要构建"流程便捷化、标准国际化、主体社会化"的高质量精准化服务体系，提升人才服务品质，从而为高端人才提供高质量服务。大力建设高层次人才数据库，打造市级层面的一站式服务平台，包括项目申评平台、人才管理平台、人才交流平台、人才服务平台、数据研判平台等，整合政策发布、在线咨询、项目申评、知识产权、科技金融、人力资源等全方位服务，并且定向精准推送相关信息，以"一站式"集成服务、"人才卡"优享服务、"直通车"专班服务、"店小二"品质服务为载体，全面提升人才服务质量，实现"零跑腿"。完善科技中介服务体系，发展高水平科技服务机构，培育职业化技术经纪人队伍。实施"人才安居保障"提速计划，多途径和渠道筹集人才住房，创新人才安居新模式。大力弘扬科学家精神、企业家精神和工匠精神，构建鼓励创新、宽容失败的创新创业环境。

四是开启人才融资新模式。人才要创新创业，离不开金融资源的融合。南京要进一步完善人才金融政策、创新金融产品和服务，在江苏推出"人才投""人才贷""人才保"等人才金融产品基础上，构建金融科技孵化加速、科技金融服务创新、人才创新创业保障、动能转换技术支撑四大体系，创建有坚强金融支持的高端产业人才培养基地，为各类高层次人才提供个性化、一站式金融服务。要鼓励金融机构对高层次人才的创新成果转化提供优惠的融资贷款支持，为高层次人才创新创业提供全面金融服务，营造人才创新创业的良好环境。

4.4.2 发挥市场在关节点的决定性作用

市场决定资源配置是市场经济的一般规律，市场经济本质上就是市场决定资源配置的经济。人才市场同样遵循这样的规律。市场的决定性作用贯穿人才循环的各个环节，尤其是在人才内外双循环相互促进的关节点上，市场既是人才吸引和集聚的载体和渠道，又是人才吸引和集聚的依托和依靠，是畅通人才内外双循环的关键节点。

一是人才吸引要关注市场。市场是吸引人才的关键性载体，是动态的、优胜劣汰的。南京要充分发挥市场在人才资源配置中的决定性作用，发挥市场利益机制的吸引力，着力打破体制壁垒，扫除身份障碍，促进社会各方面的人才顺畅流动，引导人才良性竞争和有序流动。探索人才共享机制，鼓励和推行人才柔性流动，在全世界范围内选才和配置人才，重点引导各类高层次人才通过柔性流动方式向支柱性产业、成长性产业、技术创新领域和现代服务业集聚，推动人才离岗创业和在岗兼职，以产学研紧密结合的方式使人才在合作过程中达到流动效果。发挥高端领军人才的创新力、影响力和带动力，为南京集聚全球一流的资源和高端要素。运用市场规律充分激发各类人才创新创造创业的动机、愿望、热情和活力，使南京成为世界各国优秀青年学习、工作和创新创业的首选之地。同时积极引导高层次人才参与国际竞争与合作，在竞争中培养、锤炼人才，提升人才使用效用。

二是人才引进要依赖市场。要树立人才引进依赖市场的人才制度建设思路，在人才引进上必须力戒人才政绩工程，引进人才不以院士、博士数量多少论成绩。支持企业及全社会各界力量包括个人、用人主体、其他组织等参与到南京创新名城建设的各方面——兴办实体、资金投入、捐赠设施、产品供给等，注重加强市场化引才，激发用人主体活力，发挥市场的供给、价格和竞争机制的作用，突出市场导向，走市场驱动的人才创新之路。总结南京江北新区人才引进工作经验，以市场需求为导向引进人才，大力推行"人才+项目""人才+产业""人才+课题"开发模式，积极引进高层次领军人才、拔尖人才、专业技术骨干和首席技师，大力推进国际人才本土化和本土人才国际化，不断完善"人才方阵"与"产业集群"良性循环，形成以产业集群为基础、以企业开路为先锋、以项目引才为抓手的人才需求机制。结合全面融入"两落地一融合"战略，以主导产业优化升级为抓手，以主导产业集群汇聚高端人才，加大技术及产业化项目支持力度，以项目带动人才，重点对接与主导产业关联度高的紧缺型产业人才、创新人才和创业人才，围绕集成电路、人工智能、新能源汽车等产业地标集群，实施专项引才计划引进产业紧缺人才，特别是顶尖科技人才、专业服务人才、技术骨干人才、科技金融人才等，实施项目和人才双向选择，提高引才的实用性和对接的成功率，以科技创新人才驱动产业创新，促进人才与产业良性互动。

【资料链接】

南京在海内外设立12个"人才驿站"

自2018年9月起，南京市人才服务中心运用市场化资源，在北京、杭州等9个国内重点城市以及澳大利亚、美国、英国等3个海外地区创新设立12个"南京人才驿站"，集政策宣传、引智引才、后续事项办理等功能于一体，通过"互联网+"人才服务，线上线下结合，为高层次人才搭建来宁创新创业国际化快速通道。

"南京人才驿站"不仅是宣传展示南京城市特色、产业特点和人才政策的平台，也是异地人才"一站式办理"就业创业服务，来宁建功立业方便快捷、后续无忧的服务窗口。比如，在全球网络互动人才招聘会上，一开始有 500 多名海外人才报名，后来通过人才驿站精选匹配，100 多名人才参与视频面谈。

南京人才驿站由南京本土企业领航集团负责运营。集团企划总监周建政介绍，最近，设在深圳的南京人才驿站帮助南京一家新型研发机构成功招聘一位总裁助理。这家新型研发机构主要开展互联网信息服务和研究。来自深圳的张先生，985 理工科本硕连读，具备 13 年以上行业内的工作经验，曾担当多个大型项目的总负责人。经过南京人才驿站牵线搭桥，目前张先生已在南京成功上岗。

"南京人才驿站"网站专区已于 2019 年 5 月正式上线，及时发布新型研发机构、重点企业对硕博中间类紧缺人才的需求，并同步搜集异地人才信息开展人岗匹配工作，已为 61 家单位合计 127 个岗位匹配人才 800 余人。

资料来源：《南京在海内外设立 12 个"人才驿站"》，2019 年 7 月 21 日，https://baijiahao.baidu.com/s?id=1639633047398894782&wfr=spider&for=pc。

三是人才集聚要依靠市场。实践表明，高层次人才的集聚与流动日益市场化，受市场配置和优化的影响越来越显性化。因此，南京进一步完善人才市场的运行机制，强化市场导向意识，着力提升企业的市场主体地位，以产业集群为基础、以龙头产业为平台，谋划实施具有示范性、导向性、引领性的人才工程项目。在人才集聚上，作为政府部门要下放权力，放开用人单位的手脚，让用人单位说话，用市场机制去选准用好人才，推动科研院所、大型企业单位自主开展职称评审，改革人才管理制度，以市场说话，用实绩选人。发挥市场对创新要素配置的功能作用，通过市场引导技术创新的方向，推动能够适应区域经济发展要求的创新技术能够及时落地，引导社会资本打造"创投基金链"，通过知识产权融资、创新引导基金、财政贴息等多种多样的方式解决用人单位融资难的问题，积极探索和完善贷款风险担保机制，给用人单位贷款提供更多灵活性，降低用人单位的市场开拓成本，以便促进其发展；探索技术转移的市场机制，促进创新成果转化，形成以产权为纽带、以市场为导向的科技成果转化新机制。

4.4.3 发挥重大人才工程在关节点的牵引作用

2021年9月，习近平总书记在中央人才工作会议讲话中回顾新时代人才工作取得历史性成就、发生历史性变革时明确指出："发挥重大人才工程牵引作用。"[①]人才工作实践表明，实施重大人才工程，对人才工作重点任务实行项目化管理，有助于增强人才工作的合力、提高人才开发的效益，对于打通人才内外双循环相互促进关节点具有重要的牵引作用。

一是发挥重大人才工程在人才双循环相互促进关节点的牵引作用，要坚持高端引领。盘点南京的人才"家底"，虽然规模客观、增量不少，但是顶尖人才和技能型人才的"双缺"现象较为明显。战略科学家、科技领军人才相对匮乏，是制约南京国际创新名城建设的重要因素，因此南京的重大人才工程需要围绕打造综合性国家科学中心、争创高水平国家级人才平台、建设全国重要人才高地的战略目标，将重大人才工程的建设目标重点瞄准在国际战略人才力量上，在人才的吸引、引进、集聚方面，完善精准引才用才机制，着力推动人才工程转型升级，引领人才队伍结构战略性调整，发挥重大人才工程的牵引作用，健全高端人才链。

二是发挥重大人才工程在人才双循环相互促进关节点的牵引作用，要舍得真金白银。人才发展上投入不足一直是制约我国人才队伍建设的重要"瓶颈"因素，实施人才工程是加大人才工作投入的有效途径。以实施重大人才工程为切入点，能够有效化解财政科研经费不能直接用于支持人才发展的难题，促进了政府、企业、社会多元投入机制的不断健全。2021年，南京的GDP已经跻身全国城市的前十名，可以说，南京在经济支撑条件方面具有较强的优势。然而，调研中有社区反映，南京人才工程的投入力度相对薄弱，如"宁聚计划"中的住房补贴相比武汉的"百万大学生计划"中以"市场价20%买到安居房"的政策来说，其对人才的吸引力度仍需提升。为此，南京要舍得真金白银，加大重大人才工程项目的投入力度，聚焦重点领域、高端人才，进一步推进以国家技术创新企业、关键核心技术攻坚、低碳创新技术应用等领域的人才工程项目，形成对"高精尖缺"人才更具吸引力的人才制度体系。

---

① 习近平. 深入实施新时代人才强国战略 加快建设世界重要人才中心和创新高地[J]. 求是，2021（24）.

三是发挥重大人才工程在人才双循环相互促进关节点的牵引作用，要优中选优。重大人才工程之所以能够起到牵引作用，是因为通过人才工程选拔的人才，能够在南京国际创新名城建设中发挥重要作用，能够通过人才工程的标准、条件，为人才发展、人才集聚提供指引。针对"人才工程项目过多过滥"的现象，南京要高度警醒，要针对人才工程实施中存在的重复支持、人才"帽子"满天飞、缺乏衔接配套等问题，加强顶层设计，加大统筹力度，提升重大人才工程实施质量与效益。要优化整合人才工程项目，分层分类建立定位清晰、梯次分明、相互衔接、覆盖不同领域人才和人才发展不同阶段的人才工程项目体系。要完善科学的人才评价体系，建立以创新价值、能力、贡献为导向的评价标准，避免简单以学术头衔、职称职务确定待遇、配置资源的倾向。要消除急功近利、浮躁浮夸等不良风气，为人才心无旁骛创新创业、发挥作用营造良好环境。

四是发挥重大人才工程在人才双循环相互促进关节点的牵引作用，要做出特色。近年来，南京市先后出台并实施了"宁聚计划""创业南京""345计划"等一系列的人才工程项目，在人才引进、人才集聚等方面取得了良好的效果。不过，一些国内外标杆城市的人才工程，比如波士顿、硅谷、日本筑波科学城等"以产业集聚吸引、促进人才集聚"的人才发展模式，深圳的"孔雀计划""双百苗圃计划""鹏城学者计划"和苏州的人才"引领工程""集聚工程""倍增工程"等定位清晰、系统配套的人才工程，也都能为南京不断强化重大人才工程提供有益参考和启示。南京重组实施的重大人才工程应该紧紧围绕对人才的吸引、引进、集聚等关节点，面向制约南京创新发展的难点、堵点和痛点，通过打造创新型链主企业、推动新型研发平台发展、聚力关键核心技术攻坚、培育壮大科技企业队伍等措施，有机嵌入重大人才工程实施方案，更好推动人才内外双循环相互促进，进而打通牵引人才国际大循环，制定"南京方案"、形成"南京经验"、凝练"南京特色"，形成具有全球竞争力的人才制度体系。

4.4.4 发挥用人主体在关节点的主体作用

用人主体是承载人才供给与人才需求适配、使用消费人才的载体，不管是市场的决定性作用也好，政府的主导作用也好，重大人才工程的牵引作用也好，最终都要落实到用人主体上，通过用人主体的主体作用才能发挥其本能作用。在人才内外双循环相互促进的关节点上，如果没有发挥用人主体的具体作用，其他作用就都是空话。所以，发挥用人主体在人才双循环相互促进关节点的主体作用具有重大意义。当然，并不是所有的用人主体在关节点上都能发挥主体作用，要重点发挥那些高水平实验室、研究中心以及新型科研机构、创新型企业等在全球范围内招才引智和人才竞争与合作的主体作用。

一是遵循市场配置资源规律，突出在宁企事业单位尤其是企业对外引才用才的主体地位，借助市场和社会力量引才、识才、用才、敬才。大力培育新型科技企业家队伍，支持龙头企业与长三角区域、国内外领军型企业建立人才共享网络，共建创业孵化、科技服务、风险投资、产业集聚等平台型公司或联盟，带动产业链人才创新创业和集聚。

二是激活用人主体，主要是企业的用人活力。加大对创新的政策支持、激励、补偿，帮助用人主体解决实际问题，激发用人主体创新活力。根据用人主体的实际情况帮助用人主体制定精准政策，吸引和扶持人才创新创业，帮助和扶持用人主体聚集人才、用好人才。针对大多数在宁用人单位尚未形成人才工作体系的情况，鼓励有条件的企事业单位成立人才工作领导小组和机构，推动南京的用人主体在人才集聚、创新发展方面走在全国全省前列。

三是在搭建产学研合作平台过程中，按照"创新在高校、创业在园区"的思路，以"政府搭台、校企共建"的项目运作方式，坚持以企业为主体，就地转化。促进大企业、大院所、大科研单位建立和发展各种形式的创新战略联盟，大力推动应用基础性、行业共性、战略性技术的研发和应用。

四是鼓励有条件的用人主体在全球范围内配置人才。广大用人主体要树立全球视野和战略眼光，强化"综合国力竞争说到底是人才竞争"的认识，牢固确立人才引领发展的战略地位，坚持人才开放性发展，不断增强汇聚全球高层次人才的竞争力，提升在全球范围内配置人才的能力。着力夯实创新发展的人才基础，根据组织发展的需要，在全球引进和培养人才，为优秀人才打造创新、创造、创业活动的充要条件。汇聚创新要素，采用事业激发和必要的物质激励等方法和手段，最大限度地激发各类人才创新、创造、创业的动机、愿望、热情和活力。

第 5 章
新发展格局下南京人才制度体系建设的主题、主线与动力

2018年12月召开的中共中央政治局会议提出，坚持新发展理念，坚持推进高质量发展，坚持以供给侧结构性改革为主线，坚持深化市场化改革、扩大高水平开放，加快建设现代化经济体系①。2020年10月召开的党的十九届五中全会通过了《中共中央关于制定国民经济和社会发展第十四个五年规划和二〇三五年远景目标的建议》，该文件提出，以推动高质量发展为主题，以深化供给侧结构性改革为主线，以改革创新为根本动力②。党中央提出的"以推动高质量发展为主题，以深化供给侧结构性改革为主线，以改革创新为根本动力"，紧紧把握了我国社会主要矛盾变化，具有很强的现实针对性和长远指导性，是我国"十四五"时期经济社会发展指导思想体现鲜明时代特色的突出亮点，也是南京构建有全球影响力的人才制度体系所必须坚持的。实现人才的高质量发展，既是新发展理念的本质要求，也是打造新发展格局的逻辑要求。坚持以推动人才高质量发展为主题、以人才供给侧结构性改革为主线、以人才发展体制机制改革创新为根本动力，是当前南京构建与引领性国家创新型城市相适应的人才制度体系、构建双循环相互促进的人才新发展格局的必然选择。

5.1 以高质量发展为主题建设人才制度体系

高质量发展是时代的要求，是新时代新发展方式的本质特征。南京在打造综合性国家科学中心、争创高水平国家级人才平台、建设全国重要人才高地的战略目标过程中，必须坚持新发展理念，推动高质量发展。人才制度体系是促进人才高质量发展的保障和条件，人才高质量发展离不开人才制度体系的高质量，只有高质量的人才制度体系才能为人才高质量发展保驾护航。因此，南京的人才制度体系建设必须以人才的高质量发展为主题展开。

5.1.1 准确把握高质量发展的内涵

高质量发展是在我国进入新发展阶段和社会主要矛盾发生变化的情况下，以习近平同志为核心的党中央对我国经济社会发展方向、重点、目标等作出的重大调整和层次提升，是适应、引领我国经济发展新时代、新变化、

---

① 中共中央政治局召开会议 分析研究 2019 年经济工作[EB/OL].（2018-12-13）[2022-05-10]. https://baijiahao.baidu.com/s?id=1619725129744728028&wfr=spider&for=pc.
② 中共中央关于制定国民经济和社会发展第十四个五年规划和二〇三五年远景目标的建议[N]. 人民日报，2020-11-04（1）.

新要求的战略选择。

  高质量发展的含义涉及诸多维度，经济、科技、教育、文化乃至整个社会，都有高质量发展的问题。从本质上说，推动高质量发展，必须要坚持发展是第一要务、人才是第一资源、创新是第一动力。无论是哪个方面的高质量发展，都必须充分发挥人才资源优势、不断优化人才发展环境、激发人才创造活力。我国只有积极地超前布局具有战略意义的教育、科技、产业和人才的高质量发展，才能在新一轮科技革命和产业变革中抢占先机，实现中华民族的伟大复兴。

  改革开放之前，我国的经济发展很是落后，教育几乎处于停滞状态。1977年恢复高考时，全国各大专院校录取的学生之和也仅有27.3万名。当时，我国人才处于奇缺状况，供给短缺是突出问题，人才发展迫切需要扩大规模和提升速度。改革开放40余年，我国的人才情况已经发生了翻天覆地的变化。中国科协发布的《中国科技人力资源发展研究报告（2020）》显示，截至2020年底，我国科技人力资源总量超过1.1亿人，位居世界首位；而且结构不断优化，年轻化特点和趋势明显，规模居世界第一[①]，这充分说明我国已经具有人才资源的规模优势和可持续发展能力。那么，这种情况下是不是意味着我国的人才发展已经走向顶端，无须再强调人才发展了呢？答案显然是否定的。一方面，在世界多极化、经济全球化背景下，发展越来越依赖于人才，越来越依赖于知识、技术、创新、创意和创业精神。人才短缺常态化趋势明显，人才的短缺会影响和加剧人才的国际流动，人才流动反过来又会对人才的短缺产生影响。近年来，各国都不愿意在其中落跑，都在以其自身的竞争优势参与全球的人才竞争。另一方面，我国高层次人才结构性短缺状况明显，高精尖领域的领军人才整体缺乏，国家的经济社会发展对人才的需求日益迫切，人才问题仍然是发展的主题。但是，当今人才的发展不再只强调单纯的规模和速度，而是更加强调质量和效益，强调高质量发展。

  在此还需要纠正一种单纯的认识，即把高质量发展简单地等同于提高产品质量，也就是说，认为人才的高质量发展，就是要提供更多的高层次、高水平的人才。这是对高质量发展的片面认识，也是没有准确把握高质量发展

---

① 《中国科技人力资源发展研究报告（2020）》发布[EB/OL].（2022-06-27）[2022-06-28]. https://baijiahao.baidu.com/s?id=1736771122983469660&wfr=spider&for=pc.

的"质量内涵"的表现。毋庸置疑，教育、培养、吸引更多的高层次、高水平人才，确实是人才高质量发展的应有之义和基本要求，但高质量发展所涉及的"质量"是"发展质量"，而不仅仅是产品质量，高质量发展应该贯穿于人才双循环的各个环节，贯穿于党中央所作出的全方位培养、引进、使用人才的重大部署之中，不仅是人才生产环节的产品质量要高，人才供给与人才需求的适配性也要高质量，人才的使用、消费更需要高质量、高效益。人才高质量发展应该充分考虑发展的全面性、充分性、均衡性、协调性、稳定性和可持续性等，所以不能把高质量发展简单等同于提高人才生产的质量。相应来说，人才制度体系的高质量，也应该是贯穿于人才双循环各个环节的制度保障的高质量。

5.1.2 以战略人才力量建设为重中之重

"十四五"期间乃至更长时间内，南京要把人才高质量发展的重点精准定位在战略人才力量建设上，加快建设国家战略人才力量，以全方位培养、吸引、使用战略人才为核心建设南京人才制度体系。

一是南京人才制度体系要坚持战略人才自主培养。南京人才制度体系在设计上，要从"补短板"转向"砺尖端"，创新战略人才多元培养支持机制，健全国家战略人才链。大力培养使用战略科学家，要坚持实践标准，在国家重大科技任务担纲领衔者中发现具有深厚科学素养、长期奋战在科研第一线，视野开阔，前瞻性判断力、跨学科理解能力、大兵团作战组织领导能力强的科学家；要坚持长远眼光，有意识地发现和培养更多具有战略科学家潜质的高层次复合型人才，形成战略科学家成长梯队。[1]打造大批一流科技领军人才和创新团队，要围绕国家重点领域、重点产业，组织产学研协同攻关，在重大科研任务中培养人才；要优化领军人才发现机制和项目团队遴选机制，探索新的项目组织方式，对领军人才实行人才梯队配套、科研条件配套、管理机制配套的特殊政策，加快"卡脖子"关键核心技术突破。[2]造就规模宏大的

---

[1] 习近平. 深入实施新时代人才强国战略 加快建设世界重要人才中心和创新高地[J]. 求是，2021（24）.

[2] 习近平. 深入实施新时代人才强国战略 加快建设世界重要人才中心和创新高地[J]. 求是，2021（24）.

青年科技人才队伍，要把培育国家战略人才力量的政策重心放在青年科技人才上，给予青年人才更多的信任、更好的帮助、更有力的支持，支持青年人才挑大梁、当主角；要完善优秀青年人才全链条培养制度，组织实施高校优秀毕业生接续培养计划，从高校、科研院所、企业遴选高水平导师，赋予高端人才培养任务。[1]培养大批卓越工程师，要探索形成中国特色、世界水平的工程师培养体系，努力建设一支爱党报国、敬业奉献、具有突出技术创新能力、善于解决复杂工程问题的工程师队伍。[2]

二是南京人才制度体系要坚持战略人才用好用"活"。要建立"卡脖子"关键核心技术攻关人才特殊调配机制，制定实施专项行动计划，跨部门、跨地区、跨行业、跨体制调集领军人才，组建攻坚团队。[3]要强化国际通行的人才创新创业机制，探索高层次人才全权负责制，赋予战略人才创新创业自主权，建立新型财务管理机制，进一步改进和优化战略人才科研经费和人才资助经费的管理，建立战略人才行政助理制度，按需配备科研支撑人员和行政服务人员。要让创新技术要素参与收入分配机制，深化探索职务科技成果混合所有制改革，根据科研成果性质，落实科研人员的产权归属机制，赋予科研人员所有权或长期使用权，让科研人员享有职务发明的部分专利权。要完善人才在不同性质体制间流动体制。支持高校、科研院所、国有企业、军工企业等企事业单位设立一定比例的动态岗位，建立人才编制"周转池"，推进高层次人才落户在高校、创业在园区的"双落户"制度，畅通人才在不同体制间的流动渠道。

三是南京人才制度体系要坚持战略人才全球配置。南京一定要站在全球竞争的高度，以全球竞争制胜的标准，制定大力度的实惠政策举措，吸引海内外高端人才到南京创新创业。聚焦重点领域和战略人才，进一步推进以"授权松绑"为核心的流程创新、政策创新、制度创新，形成对"高精尖缺"的战略人才具有特别吸引力的制度优势。要聚焦地标产业以及国际前沿技术领

---

[1] 习近平. 深入实施新时代人才强国战略 加快建设世界重要人才中心和创新高地[J]. 求是，2021（24）.
[2] 习近平. 深入实施新时代人才强国战略 加快建设世界重要人才中心和创新高地[J]. 求是，2021（24）.
[3] 习近平. 深入实施新时代人才强国战略 加快建设世界重要人才中心和创新高地[J]. 求是，2021（24）.

域,高标准地建设科学实验室,规划布局国家实验室、大科学装置以及高等级研究机构,为培育战略科学家搭建承载原始创新和产业创新的平台,加速集聚、重点支持一流科技领军人才和创新团队。南京要着力建设吸引和集聚人才的平台,开展人才发展体制机制综合改革试点,集中南京优质资源重点支持建设一批国家实验室和新型研发机构,为人才提供国际一流的创新平台,加快形成战略支点和雁阵格局。要进一步增强对全球优秀人才的吸引力,形成南京市在诸多领域的人才竞争的比较优势,使南京的战略科技力量和高水平人才队伍能够进入世界前列。南京的人才制度体系还要围绕主导产业的发展需求,发挥用人主体在全球聚才的能动性。

四是南京人才制度体系要坚持服务好战略人才。南京要构建"过程便捷化、主体社会化、标准国际化"的高质量、精准化服务体系,以提升人才服务品质,从而为高端人才提供服务。建设一站式"智慧人才平台",实现服务过程的便捷化。运用"互联网+"技术,建设战略人才数据库,整合政策发布、在线咨询、项目申评、知识产权、科技金融、人力资源等全方位服务体系,定向精准推送相关信息。培育中介服务体系,借助社会力量提供高质量服务。依托各类平台和载体,培养、引进能支持高层次人才开展技术开发、成果转化的中介服务人才,让中介服务专业化,建立为高层次人才创新、创业服务的"经理人"机制。建立领导联系重点人才企业服务制度,定期组织分管领导走访,帮助人才企业对接科研院所和上下游企业,帮助人才企业开展技术攻关;搭建人才与成熟企业的沟通桥梁,积极组织人才参加南京留交会、南京创新周等活动;促进人才链与创新链、产业链、政策链、资金链的深度融合。

【资料链接】

第十三届"南京留交会"

第十三届中国留学人员南京国际交流与合作大会(简称"南京留交会")定于6月16日至17日在南京国际博览会议中心举办。今天上午,南京市委市政府召开新闻发布会通报相关筹备情况。目前已有近2 000名海内外留学人员和博士报名参会。

本届"南京留交会"将围绕"宁聚海智英才 共圆创新梦想"主题,

聚焦泛长三角和南京都市圈产业发展、科技创新和人才引进需求，突出高端化、国际化、融合化、专业化，着力促成海内外创新资源落地转化、融合互动，持续推进南京在泛长三角城市群和南京都市圈的影响力和集聚度。大会主要内容包括开幕式、展览展示、创新创业展示和交流对接、系列专题活动等。

6月16日上午举行的开幕式发布了《2021南京创新名城生态报告》《南京市2021年度八大产业链紧缺人才需求目录》《南京人力资源产业白皮书》。当天，组委会还将在国际博览会议中心一楼中华厅设置展览展示区，多形式生动呈现创新名城建设成果、2021年"一号文"政策举措、海智湾及留学人员创业成果以及中国江苏自贸区南京片区、紫金山实验室、扬子江生态文明创新中心等，全面集中展示南京优良的人才发展和创新生态环境。

会议期间，还将开展北美、欧洲、澳洲、亚洲等海外分会场人才项目视频路演对接、"集聚海创数字引擎 助力乡村人才振兴"2021海外赤子南京对接会、"聚留学人才·融资本助力·促产业发展"投融资对接会等创新创业展示和交流对接活动。专题活动则主要包括：2021年度"赢在南京"海外人才创业大赛总决赛、首届国际区块链人才交流峰会等。

截至目前，本届大会已有近2 000名海内外留学人员和博士报名参会，大多来自美国、加拿大、澳大利亚、德国、意大利、日本等国家，博士占比近50%，行业领域涉及软件和信息服务、新能源汽车、新医药与生命健康、集成电路、人工智能、智能电网、轨道交通、智能制造装备等八大产业链。此外，还有67家国家博士后科研工作站参会，其中有46家博站单位提供了500多个项目需求，有53家博站单位提供了1 000多个岗位需求；72家优秀企业面向海内外人才推出300多个高薪岗位，年薪30万以上的岗位有220多个，年薪50万以上的岗位近40个。

自2008年开始，南京市已成功举办十二届"留交会"，成为内地城市中连续举办时间最长、吸引海外人才最多、对周边城市辐射最强的区域性国际人才交流平台之一。13年来，大会每年吸引近2 000名海内外高层次人才参会，累计为国内企事业单位引进海内外人才6 000多人，促成了 2 300 多个技术项目落地对接合作。

资料来源:《第十三届南京留交会来了! 已有近 2000 名海外人才报名,还有众多岗位等你》,我苏网,2021 年 6 月 30 日,https://www.ourjiangsu.com/wap/a/20210610/162330590136.shtml。

5.1.3 构建促进人才高质量发展的体制机制

人才高质量发展离不开人才工作体制机制的保障,为促进人才高质量发展,南京应持续构建"四大"人才工作体制机制。

一是构建产学研深度融合的人才工作体制机制。南京要强化企业在产学研深度融合过程中的人才主体地位,探索实践企业出题、政府立题、协同解题的产学研合作创新机制,让企业拥有科技创新的主动权,研发费用先行自主投入,后续政府补助,为企业的科技创新创造更好的条件,营造更优的氛围。对具有丰富科技资源和科研机构的大型企业进行重大科技项目的研究给予支持,并合理引导人才、资金、信息等创新要素向有需求的和重点扶持的企业集聚。探索首席科学家的科技管理模式,在大型企业由首席科学家对项目负总责,并赋予一定的经费管理权限。推动高校与企业联合申报基础性、原创性重大研究课题项目。引导高校、科研机构重点关注南京产业发展需求的关键领域,加快成果转化。

二是建立与高质量发展相适应的人才激励机制。南京要建立科研人员在岗创业或兼职制度,即高校和科研院所科研人员在认真履行所聘任岗位职责的前提下,可以利用本人及其所在团队的科技成果,在岗创业或到科技创新型企业兼职。鼓励企业科技人员以客座教授、兼职研究员的身份到高校和科研院所服务,并获得适当报酬。推荐高校和科研院所有关科研人员到有需要的企业开展兼职服务,并获得合理报酬。改革高校和科研院所的考核评价与激励机制,打通与企业的兼容模式。完善知识产权保护,并推进科研信息数据的共用共享。鼓励原始创新,建立适应原创导向的重大科研项目形成和组织管理机制,有计划地安排引领前沿技术的基础研究专项。在奖励激励方面,让重大基础研究和原始创新的成果优先享有参与国家科学技术奖评审的机会，允许研发团队享有成果转让的所有收益。注重研发质量和科研投入的中长期创新绩效，采用同行评议的方式促进和提升研发质量。

三是探索长三角洲一体化的人才协同发展机制。南京要推动G42沪宁沿线人才创新走廊纳入长三角一体化总体战略落实，主动布局领衔建设G42沪宁沿线人才创新走廊。立足于"一廊两核多中心"的总体空间布局，南京要率先谋划推动与沿线城市人才规划接轨、人才工程互认、人才市场共建、人才资源共享，协同解决关键核心技术"卡脖子"问题，打造具有独特品牌优势的人才一体化发展平台。探索单位间协同推进科技工作的新模式和新机制，围绕南京综合性国家科学中心建设，在紫金山国家实验室、重大科技基础设施群、紫金山生态文明创新中心以及紫金山国际医学中心的建设中形成包括目标导向、重点工作、统计考核、评价奖励的"四个协同"。

【资料链接】

G42沪宁沿线人才创新走廊

2019年9月，江苏省委组织部、省人才办、省发改委、省科技厅、省工信厅、省人社厅等6部门联合出台《建设G42沪宁沿线人才创新走廊行动方案》，提出在G42沪宁沿线建设人才战略、人才招引、人才平台、人才市场、人才资源、人才支持、人才服务和人才推进等八个一体化区域，协力在苏南五市打造产才融合发展示范区。2020年7月，省人才办组织召开苏南五市联席会议，交流区域人才一体化发展做法举措，发布实施《建设G42沪宁沿线人才创新走廊共同行动计划（2020）》，推动向东联通上海，向西延伸安徽，与浙江两翼联动，辐射带动苏中、苏北发展。省人社厅开展"G42+"重点民营企业人才人事综合改革示范基地建设工作，赋予示范基地人才人事政策集成支持，引领带动民营企业人才工作高质量发展。

资料来源：江苏省人力资源和社会保障厅，《对省十三届人大四次会议第1135号建议的答复》，2021年7月3日，http://jshrss.jiangsu.gov.cn/art/2021/7/3/art_77353_9880053.html。

四是建设具有全球竞争力的人才宏观调控体系。南京要将人才宏观调控的目标从关注总量扩张转为关注结构优化和质量提升，从速度调控转为效率调控，从面向人才个体调控转为面向用人主体调控。发挥质量型政策的作用，以内生动力的创造来促进人才的高质量发展，从人才的数量激励和增长激励转为人才的质量激励。以高质量发展为主题建设人才制度体系，推进人才发展治理体系和治理能力现代化。

5.2 以供给侧结构性改革为主线建设人才制度体系

党的十八大以来，党中央围绕落实新发展理念、推动高质量发展、扩大对外开放推出一系列重大改革举措，形成了一系列理论成果、制度成果、实践成果。这些重大改革举措的实施和成果的取得，无一不是坚持以供给侧结构性改革为主线的结果。南京创新名城建设能取得可喜的成绩，也是坚持以供给侧结构性改革为主线的结果。南京人才工作能取得可喜的成绩，更是坚持以供给侧结构性改革为主线的结果。现在，南京要构建具有全球竞争力的人才制度体系，也必须坚持以供给侧结构性改革为主线。

5.2.1 坚持以人才供给侧结构性改革为主线

早在 2016 年，习近平总书记就指出："供给侧结构性改革，重点是解放和发展社会生产力，用改革的办法推进结构调整，减少无效和低端供给，扩大有效和中高端供给，增强供给结构对需求变化的适应性和灵活性，提高全要素生产率。"[1]习近平总书记的讲话精神完全适用于人才的供给侧结构性改革。南京国际创新名城人才制度体系建设，必须坚持人才供给侧结构性改革这条主线，实现制度保障人才供给侧结构性改革。南京在构建人才双循环新发展格局过程中，要牢牢把握人才供给侧结构性改革这条主线，不断改善人才供给结构，提高人才供给质量，促进人才高质量发展。但从南京目前的实际情况看，一方面，满足需求的人才供不应求，南京高校培养的大学毕业生虽然不少，但是愿意留在南京的有限。另一方面，培养的人才供大于求，南

---

[1] 习近平. 在省部级主要领导干部学习贯彻党的十八届五中全会精神专题研讨班上的讲话[N]. 人民日报，2016-05-10（2）.

京一些高校培养的不少专业的大学毕业生还存在着严重的就业难问题。此外，人才供需结构错位严重，人才供给的专业和质量与需求之间有一定的差距，部分高校毕业生专业技能水平、创新创业能力与市场和企业的用工需求存在较大差距。这也说明南京的人才培养和发展还有很多不尽如人意的地方，人才培养并没有很好地以市场需求为导向，社会和经济环境的发展并没有得到很好的响应，人才市场存在结构性的失衡，同时并存着"供大于求"和"供不应求"的现状。

首先，南京人才制度体系建设要从制度上保证南京人才发展的高质量供给。人才供给侧结构性改革的最终目的是要满足南京创新名城建设的人才需求，主攻方向是人才的高质量供给，坚持人才质量第一，提高南京的人才质量优势。要从制度上保证南京的人才发展从规模发展向质量发展转变，从速度发展向效益发展转变。始终把人才供给侧结构性改革置于人才工作的重要位置，以人才供给侧结构性改革为主线，解决人才供给的深层次结构性矛盾，提高人才供给的质量和效益。其次，南京人才制度体系建设要从制度上保证南京人才发展的优化结构供给。南京人才供给的专业和质量与经济社会发展需求之间有一定的差距，人才市场并存着的"供大于求"和"供不应求"的结构性矛盾，就是由南京人才供给的结构严重失衡所造成的。要从制度上推动人才过剩行业加快清理，降低各类人才培养成本，促使过剩人才尽快转变专业技能。增强用人主体活力，加大力度自主培养自身需要的各层次人才。人才培养主体要提升培养链水平，注重社会人才需要信息和产业发展动向，培育和发展新的人才专业集群。最后，南京人才制度体系建设要从制度上保证能够形成高水平人才供需动态平衡。全面提升人才质量、优化升级人才结构，增强人才供给体系的韧性，形成更高效率和更高质量的人才投入产出关系，满足南京创新名城对人才供给的需求，以人才供给创造人才需求，以人才内需牵引人才供给，实现南京人才在高水平上的动态平衡。

5.2.2 处理好"有效"市场和"有为"政府的关系

深化人才供给侧结构性改革的根本途径是坚定不移地深化改革，市场要起决定性作用，政府要更好发挥作用。如果片面强调由政府出面直接解决人才供给侧结构性问题，不仅效果有限，难以持久，而且还会产生诸多后遗问题和负面效应。纯粹依靠市场自发解决人才供给侧结构性问题，不仅需要一定周期，而且可能出现的供需失衡、价格失调、不正当竞争或垄断竞争等缺陷都会造成市场失灵，人才供给侧结构性问题依然难以根治并有可能出现周期性震荡。所以，政府只有充分发挥市场在人才资源配置中的决定性作用，使"有效"市场和"有为"政府有机结合，才能真正实现人才供给侧的"结构性调整"。

1. 推动市场在人才供给侧结构性改革中起决定作用

首先要遵循社会主义市场经济规律和人才成长规律。南京要积极稳妥地培育和健全南京人才市场体系，要从广度和深度上进一步推进人才市场化改革，强化市场导向，推动人才资源配置按照市场规则、市场价格和市场竞争来实现效益的最大化和效率的最优化，以市场经济规律和人才成长规律畅通人才的供给侧，激发各类人才培养主体根据南京的市场需求培养和供给人才。其次要以市场需求推动人才供给侧结构性改革。紧扣南京的产业发展、科技进步和企业用人等方面的人才实际需求，有针对性地推出有效措施，在人才供给侧深化增需求、调结构、促就业、聚人才的改革。着力推动人才供给链与南京的产业链、创新链、资金链有机衔接，鼓励南京人才内循环的供给侧贴紧南京的经济社会发展，以人才内循环需求侧牵引供给侧的结构性改革。再次要建立市场化、社会化的人才认定机制，进一步完善并大力推行人才"举荐制"，以才引才，以才助才，以才聚才，为非共识性人才在南京创新创业开辟绿色通道。支持高水平的新型研发机构参照统一标准自主开展职称评聘工作。发挥高端领军人才的创新力、影响力和带动力，为南京集聚更多的全球一流人才和高端专家。最后要运用市场经济规律充分激发各类人才创新创造创业的动机、愿望、热情和活力。把人才培养的战略重心放到青年科技人才身上，创造脱颖而出的人才成长机制，使南京成为世界各国优秀青年学习、工作和创新创业的首选之地。

【资料链接】

不唯学历资历，2019年南京市人才举荐工作正式启动

创新创业能力和业绩都很强，但学历不够、资历不够……按照传统评审方式，这样注定与高层次人才评定无缘。这些问题时常困扰着非共识性人才。为创新人才评价体系，2019年，南京市启动高层次人才举荐工作机制，非共识性人才可以"实绩论英雄"。

2018年南京出台了《南京市高层次人才举荐办法（试行）》（以下简称"办法"），引入人才"举荐制"，通过业界"伯乐"相才荐才的方式，发现、选拔和培养一批在南京市战略性新兴产业、"4+4+1"主导产业中崭露头角、具备创新创业优势、发展潜力大的优秀人才，畅通非共识性人才成长和服务绿色通道。经认定的优秀创新创业人才，对应南京市A—D类相应高层次人才，可享受相应政策扶持，包括创新创业扶持、住房安居、子女就学、医疗保健等支持政策等。

首届南京高层次人才举荐委员27人，由世界500强等知名企业、新型研发机构、知名科技服务企业、知名金融投资机构负责人等企业界杰出人士和两院院士等学术泰斗担任。2018年首批举荐人才29名，遍及互联网、电子、通信、化工、金融、物流、生物医药等领域，既有本土人才也有海归人才，既有本科生也有博士后，既有科研人员也有企业管理人员。

2019年南京市高层次人才举荐工作已于7月12日正式启动，到9月30日截止。举荐工作将更加突出市场导向，服务产业地标打造，除了南京市战略性新兴产业和主导产业以外，进一步拓宽创新创业人才从事的领域范围，包括技术含量高或具有创新商业模式的现代服务业和文化创意产业，现代农业科技产业等。

资料来源：《不唯学历资历，2019年南京市人才举荐工作正式启动》，2019年8月7日，http://app.myzaker.com/news/article.php?pk=5d4ac3a41bc8e09329000347。

2. 使政府在人才供给侧结构性改革中更好发挥作用

市场起决定性作用，并不是要否定政府的作用，"有效市场"和"有为政府"一个都不能少，要更好发挥政府作用。政府在人才供给侧结构改革中的作用不可忽视，尤其是在人才制度体系构建过程中，更是要发挥政府的应有功能。南京在构建人才制度体系的过程中，需要确立一个基本思路，这一思路就是以"有为政府"促进"有效市场"。对政府的基本要求就是要"有为"，要能够制定准确"有为"的政策推动"有效市场"起决定性作用。

首先要突出问题导向，增强南京人才政策供给的精准性。在深化人才供给侧结构性改革过程中，需要结合南京实际情况，分析南京人才工作的优势和不足，把握南京人才制度体系改革的重点和难点，把握南京顶尖人才和技能型人才的"双缺"的问题，紧紧围绕打造综合性国家科学中心、争创高水平国家级人才平台、建设全国重要人才高地的战略目标，将人才制度调控目标从总量调控向结构调控转变、从速度调控向效率调控转变、从对人才个体调控向对用人主体调控转变。其次要注重统筹谋划，增强南京人才政策供给的系统性。进一步发挥党管人才的组织优势，充分调动各方面力量形成共同参与和推动人才工作的整体合力。强化部门协调联动和政策衔接，围绕政策出台、落实兑现、评估督导、调整优化等各环节全链条健全政策闭环管理机制。再次要注重科学管理，增强南京人才供给侧相关政策的实效性。提升政府人才供给治理能力和水平，以法治保障来完善和发展人才供给制度、推进人才供给治理体系和治理能力现代化。尊重市场经济规律和人才成长规律，通过人才政策，全力引导、扶持、帮助、激发人才培养主体、用人主体和人才的市场活力，推动市场在人才供给侧结构性调整中起决定性作用。最后要强化过程管理，增强南京人才供给政策的动态性。一般而言，任何政策都有自身的生命周期，人才供给政策也不例外，需要及时调整和完善，从早期的"紫金计划""创业南京"等，到现在的"宁聚计划""345计划"、举荐制、安居政策等，无不体现着南京人才政策不断升级、扩容、完善的过程。

5.2.3 人才内循环自主培养到位

习近平总书记在中央人才工作会议上强调，走好人才自主培养之路。他指出，培养人才是国家和民族长远发展的大计，当今世界人才的竞争首先是人才培养的竞争。中国是一个大国，对人才数量、质量、结构的需求是全方位的，满足这样庞大的人才需求必须主要依靠自己培养，提高人才供给自主可控能力。我国拥有世界上规模最大的高等教育体系，有各项事业发展的广阔舞台，完全能够源源不断培养造就大批优秀人才，完全能够培养出大师。我们要有这样的决心、这样的自信！①走好南京的人才自主培养之路，将南京强大的教育优势转化为人才供给优势，鼓励广大用人主体自主培养自身需要的各个层次人才，鼓励广大人才在干中学习、在干中成长。

一是充分发挥南京高等教育资源丰富的优势，将教育优势转化为人才供给优势。建立南京高校学科专业、类型、层次和区域布局动态调整机制，引导高等教育以市场为导向，适应社会发展的需要，构建复合型、应用型、创新型、技能型等多重人才培养模式。通过高水平建设中国科学院大学南京学院、江苏省产业技术研究院大学和南京高等职业教育创新创业园等一系列措施，加强应用型人才培养力度，不断壮大高水平工程师、高技能人才队伍。积极鼓励高等学校推进高层次人才供给侧结构性改革，优化不同层次学生的培养结构，主动适应需求，调整培养规模，适度扩大博士研究生培养规模，加快发展博士专业学位研究生教育。通过人才制度引导南京高等学校主动对接南京的经济社会发展，主动对接南京人才需求侧的科技和产业需求，为南京供给充足、对路、优质的基础性人才资源。要聚焦解决习近平总书记所说的基础研究人才数量不足、质量不高问题。要发挥南京的"双一流"大学数量在全国排第三的优势，培养基础研究人才主力军作用，突破常规、创新模式，培养南京急需的基础学科人才。南京的大学要更加重视科学精神、创新能力、批判性思维的培养教育，吸引最优秀的学生立志投身基础研究，培养高水平复合型人才。

二是鼓励广大用人主体自主培养自身需要的各个层次人才。高等教育培养的人才只是基础性的人才资源，他们虽然具有了相应的专业知识，但是尚缺乏运用专业知识的专门技能。要想获得既具有丰富的专业知识又熟谙专门技能的人才，特别是高层次人才，只能依靠具体的用人单位引进或是自主培

---

① 习近平. 深入实施新时代人才强国战略 加快建设世界重要人才中心和创新高地[J]. 求是，2021（24）.

养。人才引进是用人单位获取人才的重要路径,但要根本上解决自身各层次人才匮乏的问题,还要靠各单位自主培养。每一个具体的用人单位都要探索建立以自主培养为核心的人才培养机制,将人才培养当作本单位人才工作的重要任务。要改变用人单位普遍存在着的"重引进、轻培养""重使用、轻发展"的倾向,将人才培养权充分授给用人单位,由用人单位自主决定培养什么人才、怎样培养人才。对于高端人才,用人单位要提供平台,舍得投资,在较长周期的实践中使其锻炼成长。要完善产学研用结合的协同育人模式,大力培养高精尖急缺人才,发挥优势集成多方教育资源,制定跨学科人才培养方案,探索建立政治上过硬、行业上急需、能力上突出的高层次复合型人才培养新机制。

三是鼓励广大人才在干中学习、在干中成长。2021年9月,习近平总书记在中央党校(国家行政学院)中青年干部培训班开班式上指出,实践出真知,实践长真才。坚持在干中学、学中干是领导干部成长成才的必由之路。[①]领导干部如此,人才也是如此。广大人才要坚持在干中学、学中干,走在实践中成长成才之路。首先,要激发人才保持时不我待、只争朝夕的劲头和自强不息、自我奋进的内在动力,发扬勤学不厌、刻苦钻研的精神,在实践中自我培养。其次,要理论联系实际,将学习的着眼点放到研究解决现实问题上,把学到的知识运用到工作实践中,总结和提炼出具有普遍性、规律性、指导性的经验,提高自己的创新能力。再次,有关部门和用人主体要为广大人才创造干中学、学中干的工作环境,给人才压担子、交任务、提要求,提升他们的学习研究能力、分析思考能力、组织协调能力和执行落实能力。最后,还需要注意的是,在人才成长过程中,要鼓励广大人才继承和发扬老一辈科学家胸怀祖国、服务人民的优秀品质,坚持正确的政治方向,担负起时代赋予的神圣使命责任。

5.2.4 人才外循环引进灵活多样

习近平总书记在中央人才工作会议上强调,要结合新形势加强人才国际

---

① 信念坚定对党忠诚实事求是担当作为 努力成为可堪大用能担重任的栋梁之才[EB/OL].(2021-09-01)[2022-05-18]. https://baijiahao.baidu.com/s?id=1709763478738257931&wfr=spider&for=pc.

交流，坚持全球视野、世界一流水平，千方百计引进那些能为我所用的顶尖人才，使更多全球智慧资源、创新要素为我所用。①南京在立足人才内循环、优化人才供给结构和提高人才供给质量的同时，也要充分将自身得天独厚的条件，融入国内人才大循环、链接国际人才大循环，突出精准和柔性引进人才，增强人才供给结构对需求变化的适应性和灵活性。

一是围绕南京"4+4+1"主导产业的人才需求，构建"靶向"引才模式，打造集聚人才活动的系列品牌，及时公开发布用人单位需求信息，为高层次人才与重点培育单位对接穿针引线、牵线搭桥。积极支持用人单位根据实际工作需要，采用灵活多样的引才模式在全球市场上集聚高层次人才，并且对引进的高端人才给予激励和配套服务。

二是量身定制事业发展平台，高标准打造源头创新载体。聚焦南京的地标产业以及国际前沿技术领域，高标准建设科学实验室，规划布局国家实验室、大科学装置和高等级研究机构，为战略科学家搭建原始创新和产业创新平台。支持南京有实力的企业牵头组建创新联合体，滚动实施"揭榜挂帅"攻关计划，推行"人才+项目""人才+产业""人才+课题"等创新引才模式，支持企业采取载体引进、团队集体引进、核心人物带动引进、高新技术项目开发引进等方式，并对优秀人才及团队给予税收减免扶持政策。

三是拓展海外人才引进方式，探索"候鸟型""离岸式"等柔性引才机制。瞄准世界的科技前沿，建立健全海外人才联络网络体系，全面深入地延伸引才触角；建立全球高层次人才信息库，充分运用大数据、云计算等技术手段，绘制海外人才分布图，从而为人才供需的精准对接提供基础支撑。以南京创新周活动为平台，打造各类国家级、国际性的高层次人才交流大会和学术会议等平台，拓宽人才交流渠道。同时，大幅度提高对从海外引进的急需、紧缺、特殊人才的资助强度，对于顶尖人才实行"一事一议""一人一策"，综合运用就地用才、联合引才、离岸创新等方式共享全球智力资源。

---

① 习近平. 深入实施新时代人才强国战略 加快建设世界重要人才中心和创新高地[J]. 求是，2021（24）.

5.3 以改革创新为根本动力建设人才制度体系

习近平总书记多次强调，改革创新是我国经济社会发展的根本动力。习近平总书记在中央人才工作会议上指出，坚持深化人才发展体制机制改革是做好人才工作的重要保障。党的十八大以来，我们在改革人才培养、使用、评价、服务、支持、激励等机制方面下了很大功夫，取得了积极成效。同时，人才发展体制机制改革"破"得不够、"立"得也不够，既有中国特色又有国际竞争比较优势的人才发展体制机制还没真正建立。要坚持问题导向，着力解决多年困扰、反映强烈的突出问题。①"十四五"时期，南京的人才制度体系建设要以改革创新为根本动力，以制度推动人才体制机制更深层次改革，破除制约人才高质量发展的体制机制障碍，释放内需潜力、激发市场活力、增强内生动力，为人才工作和人才发展做好坚实保障。

5.3.1 推动体制机制改革向纵深发展

经过持续的努力，南京在人才发展体制机制改革方面取得了多方面的可喜成绩。南京认真贯彻落实中央决策部署，突出科技创新和体制机制创新"双轮驱动"，实施"121"战略，出台"宁聚计划"，吸引国内名校和在宁高校毕业生。在2018年新年第一会上，南京在创造性提出"创新名城，美丽古都"、将创新纳入城市建设的最高定位的同时，出台了一系列重大人才政策，如对在南京从事高精尖技产业的个人所得税从45%降到20%；对常规性的人才给予无条件落户，大学生可在南京领5年住房补贴；推进"两落地一融合"（推动科研成果项目落地、新型研发机构落地，以及南京与在宁高校院所的融合发展）战略，让高校院所人才的科研成果走出去，让南京的创新需求走进去；等等。但是，面临新阶段、新形势、新问题、新要求，南京人才发展体制机制改革还需要不断地向纵深发展。

一是建立市场导向和市场驱动的体制机制。南京的人才工作要从政府推动模式向市场决定模式转换，坚守中国特色和优势，重构市场功能和社会功

---

① 习近平. 深入实施新时代人才强国战略 加快建设世界重要人才中心和创新高地[J]. 求是，2021（24）.

能，充分发挥市场在人才资源配置中的决定性作用，依据市场规则、市场价格、市场竞争来配置人才资源。贯彻人的价值高于一切的理念，以此来设计人才发展的体制和机制，通过市场实现人才发展效益最大化和效果最优化。为用人主体充分授权，为人才充分松绑，将人才工作着力点下移到与市场面对面、与人才面对面的各类园区、基层社区和各种创新平台，充分激发市场主体、用人单位尤其是企业和人才个人的活力。完善人才中介服务体系，发展高水平人才服务机构，培育职业化技术经纪人队伍，强化市场化经营和职业经理人制度建设。扶持和壮大高端人才服务业，引进国外知名人才服务机构和企业。

二是建立以价值为人才标准的体制机制。南京要创新人才评价体系，健全人才激励和保障体系，构建以能力、业绩为评价依据、能够体现知识、技术等人才价值的收益分配机制。要使人才的选拔和培养方向更加多样化，彻底改变以职位晋升为职业生涯发展唯一途径的陈旧观念，鼓励人才努力向能力型方向发展，营造淡化职务、权力的氛围，强化目标、强化责任，实行问责制。建立以能力和岗位为基础，以履职为核心，以科学的素质模型为标准，以现代人员测评技术为手段的人才评价任用机制。打破以学历、资历、职称、身份等为标准的传统观念，把能力、业绩作为人才的核心标准，树立"大人才观"。推进人才资源与人才资本的多元化价值分配体系，满足多样化的人才需求。深化职务科技成果产权制度改革，推动在宁高校院所开展赋予科研人员职务科技成果所有权或长期使用权试点，建立健全尽职尽责的免责机制，加快探索形成以增加知识价值为导向的分配机制。针对人才缺失和流失、恶性挖墙脚、不负责任离辞等现象，要进行人才信用与道德体系的创新。

三是建立系统性管理人才的体制机制。南京需要有效克服政出多门、政策多样、政策碎片化等现象，探索在不同体制间、不同隶属间和不同行政职能部门间协同推进人才发展的工作新机制，形成政策、制度联动，人才链、创新链、产业链、资金链紧密衔接的制度体系。彻底改变当前广泛存在的人才管理制度不适应科技创新要求、不符合科技创新规律的现象。构建科学的人才管理机制，创新与此相配套的评估机制、培养机制、责任机制、运行机制等，做到人尽其才，才尽其用。营造良好的人才工作环境、学习环境、生活环境，建立健全统一开放、竞争有序的南京现代人才市场体系。

四是建立人才公平竞争的体制机制。南京要建立和完善充满活力、能上能下、能促进优秀人才脱颖而出的用人体制机制,实行公平与效率相统一、激励和监督相结合的竞争机制,考试录用、竞聘上岗、试用考核、离岗培训必须形成体系和常态。推行效率优先、兼顾公平,按劳分配,把管理、技术、专利、发明等要素纳入收益分配体系,重实绩、重贡献,向优秀人才和关键岗位倾斜。

五是实施人才国际化战略的体制机制。南京要从全球视野的角度广纳人才,建立多样化的人才通道,通畅有利于人才快速流动的高速公路和绿色走廊。通过系统的体制机制创新,实行更加开放的人才政策,进一步增强国内和国际人才联动效应,统筹兼顾人才的发展和安全,全面防范人才的风险挑战,聚天下英才而用之。积极参与全球人才竞争,真诚促进国际人才合作,实现互利互赢。积极参与公正合理的全球人才治理体系构建,推动国际人才流动便利化,增强人才对外综合竞争力,构建面向全球的高标准自由贸易人才区网络。

5.3.2 推动制度改革着力点持续延伸

多年来,南京始终坚持问题导向,注重人才制度体系建设,着力从科研领域向经济、生态、社会等各相关领域逐步延伸,受惠面也从科创企业、科技人员、高校院所向广大人民群众不断拓展。"十四五"期间,为适应新发展阶段要求,南京人才制度体系改革着力点仍然需要不断延伸。

一是准确把握南京人才新发展格局下制度体系改革着力点。这是靶向定位、提升人才体制机制改革效益的关键。要从资本要素、创新资源、信息资源和文化资源等全方位要素配置力的角度考察构建南京人才新发展格局下制度体系的改革。坚持内向度与外向度并举,双界面拓展;坚持本土化与国际化并重,双轮驱动。发挥特大中心城市、副省级城市和省会城市的作用,构建人才创新的生态体系,集聚人才创新要素,以系统化、市场化、法治化和国际化的思维来提高南京的全球人才资源配置能力,抢占全球人才价值链高端,提高南京全球人才竞争的参与度与话语权。在全球范围内聚集优质人才资源,有效组织创新资源,提升南京人才制度体系的竞争力和辐射力。

二是坚持问题导向的动态治理机制。要把制约南京人才发展和人才优势转化的瓶颈、短板以及影响到全局、区域、行业的"公共问题",作为南京人才新发展格局下制度体系改革的逻辑起点,针对南京人才发展的突出关键节点,适时、适当调整人才制度政策,畅通人才双循环的制度通道。同时坚持以用为本,以人才成长全周期的需求导向分类分层推动体制机制改革,重点提升改革的可操作性和有效性。建立第三方评价咨询制度,委托第三方专业机构对制度创新进行跟踪、评估、诊断和反馈,从而掌握人才制度改革的有效性和问题、原因,形成"跟踪问效"的长效机制和闭环管理。

三是坚持重点突破的创新机制。人才制度体系是一个涉及面广、系统性强的复杂系统,从人才循环视角看,涉及人才的生产、流通、使用消费;从制度的内容看,既涉及人才培养、引进、使用等环节,又涉及人才环境、人才服务、扶持政策等内容。人才制度体系改革不可能做到面面俱到,既需要抓住影响南京人才发展的主要因素,如"人才引领、创新驱动",有利于人才创新的评价激励制度,激发各类人才创新创造创业的动机、愿望、热情和活力,发挥市场人才配置的决定性作用,等等,又需要认清南京人才制度体系建设令人不太满意的因素,如切实减轻企业用才成本、加强人才工作的考核激励力度、实现人才贡献得到合理回报等,做到重点突破。同时,统筹把握重点突破与整体推进的关系,以人才评价机制、人才激励机制改革为基础和核心,以"点"上突破带动人才的培养、引进、使用等人才发展机制的全面创新。在评价导向上注重创新创造,要从重学历、资历、论文数量等转向重能力、业绩、贡献,强化市场、行业组织、用人单位的主体作用,建立"问东家""问行家""问专家"的多元评价机制。

四是建立有机衔接的人才制度体系。人才双循环新发展格局是一个有机统一的整体,其循环链上的各个环节都需要保持良好的衔接和畅通,人才新发展格局才能够健全完善。当前,南京的人才制度改革处于一个密集实施的阶段,不可避免地出现出台政策多样、政出多门,各项政策之间缺少联动机制,人才链、创新链、产业链、资金链衔接不够紧密,人才结构、产业结构和城市功能缺少有效互动,人才供需相脱节等现象。人才制度体系的构建就是要针对那些政策割裂、缺乏配套、互不衔接的"政策孤岛",建立区域合作机制、部门合作机制、供需适配机制和各种要素互动协调机制、共建共治共享机制等，有效缓冲和化解利益冲突，实现人才的资源共享、统筹协调、制度衔接、服务贯通，从而最大限度地发挥人才制度的保障作用。

5.3.3 以创新贯穿人才制度体系建设

改革创新，改的是体制机制，创的是活力能力。党的十九大报告指出，创新是引领发展的第一动力。坚持走深化改革、扩大开放、创新突破之路，推出更多有利于优化人才资源配置、激发创新创造活力、促进人才发展的改革举措，是构建南京人才制度体系的必然选择。南京构建人才制度体系，首先要实现创新，将创新贯穿于人才制度体系建设始终。

一是创新人才发展的统筹协调机制。坚持党管人才的原则，加强党对人才工作的全面领导，加强对人才工作的统筹规划、协调推进、监督考核等。将南京建设创新名城人才制度体系的战略目标分解和细化，建立完成目标的组织架构和任务体系，让各部门、各层面、各单位明确任务和责任，确保人才制度体系在顶层设计上的统一性、整体性、衔接性、适配性，避免出现政策割裂、缺乏配套、互不衔接的现象。

二是创新人才发展的供需适配机制。南京要构建以企业为主体、市场为导向、产学研相结合的人才创新体系。按照国际高标准的要求，不断推动市场、创新和制度型的"三开放"，加大自贸试验区南京片区的建设力度，深化南京片区与相关板块园区联动创新发展。加快中科院麒麟科技城、紫金山科技城建设，进一步发展紫东科创大走廊、江北新区"芯片之城""基因之城"。充分发挥海外协同创新中心作用，积极推动与世界上的科技强国创新合作。深入开展"百校对接"计划，促进高水平科研成果、项目和人才落户南京。鼓励和吸引知名跨国公司、研发机构在南京设立高端研发机构，支持在南京的企业设立境外研发机构，支持在宁高校院所积极参与国际大科学计划和大科学工程。把南京创新周打造成全球创新品牌，承办更多有影响力的国际重大创新活动。继续实施紫金山英才计划，吸引科技顶尖专家、产业支撑人才、海外人才、青年人才来南京工作和创业。

【资料链接】

南京建 19 个海外协同创新中心

作为 2019 年中国南京创新周重要海外活动，南京市海外协同创新中心近日在硅谷揭牌成立。2018 年以来，南京市各高新区深入全球科技创新"腹地"，已挂牌成立 19 个"南京海外协同创新中心"。

南京创新名城建设推进办相关负责人介绍，建立海外协同创新中心，是南京集聚创新资源，参与国际创新活动，深度融入全球创新链的重要路径，也是为南京企业走出去、国外技术引进来铺设快捷通道。

荷兰埃因霍芬市高新科技园被称为"欧洲最智慧的一平方公里"，是全球人均产生专利数量最高的地区之一。2018 年 12 月，南京麒麟高新区专程出访，与埃因霍芬智慧港、荷兰华人学者与工程师协会、当地科技媒体"欧洲科技圈"等合作，成立埃因霍芬南京海外协同创新中心，7 名来自当地科技机构、创新园区、协会组织负责人被聘为南京创新发展专家顾问。最近，荷兰一家轮船叶片 3D 打印公司通过该创新中心在南京对接上一家大客户。

南京国家级新区江北新区先后在美国硅谷、英国牛津剑桥、瑞典斯德哥尔摩等国际创新资源集聚地，建设新区海外创新中心，累计对接海外项目 150 余个。

此后，南京市又陆续推进链接全球创新资源、搭建开放创新"桥头堡"建设。截至 2020 年底，南京市 29 个海外协同创新中心促成 297 个项目，成为集聚海外创新资源的重要纽带。

资料来源：①江苏省人民政府，《南京建 19 个海外协同创新中心》，2019 年 6 月 24 日，http://www.jiangsu.gov.cn/art/2019/6/24/art_65450_8368940.html。②南京市人民政府，《链接全球创新资源 搭建开放创新"桥头堡"29 个海外协同创新中心促成 297 个项目》，2021 年 4 月 29 日，https://www.nanjing.gov.cn/njxx/202104/t20210429_2900544.html。

三是创新人才发展的融资机制。人才的创新创业，一刻也离不开金融资源的融合。因此，南京要进一步完善相关的人才金融政策、创新金融产品及其相应的服务机制，创建有坚强金融支持的高端产业人才培养基地，为各类高层次人才提供个性化、一站式的金融服务。要鼓励金融机构能够对高层次人才创新成果转化提供优惠融资贷款支持，进一步强化"南京金服平台"的政策对接、金融服务、信用支撑功能，为高层次人才提供全面的金融保障服务，从而营造人才创业的良好环境。在积极探索对高端人才提供"零抵押""零担保"贷款的基础上，进一步构建科技金融服务创新、金融科技孵化加速、动能转换技术支撑、人才创新创业保障四大体系，形成政策聚焦、机构集中、业态集聚的发展格局。建立"价值评估+融资担保+科技信贷+投资基金+成果交易"的融资新模式，努力打造"评、保、贷、投、易"五位一体的科技金融服务体系，从而打通人才链与创新链、金融链、产业链的联系通道。优化新兴产业、科技创新等政府投资基金的运作管理机制，优化股权投资基金的开办奖励政策，通过人才金融线上综合服务平台，整合各类金融资源，为人才的创新创业融资需求提供更加便捷的服务。积极参与长三角区域科创金融改革联动项目，对接长三角区域科技资源共享服务平台，支持"创新券"跨区域用于大型实验仪器设备共享、试验项目检测检验、文献查询等服务。

四是创新人才发展的服务机制。南京要加快服务型政府建设，打造更加优越的创新生态，建立权责清单和服务清单，清理规范人才招聘、评价、流动等环节中的行政审批和收费事项，为高层次人才量身定制服务政策，促进便利服务和一站式服务，减少面对面审批，利用信息技术，实现网上审批和申请，减少中间环节和时间成本，构建多元化、精细化的管理制度，提高人才管理的针对性和便捷性，推动政府职能从研发管理向创新服务转变。高标准建设"海智湾"国际人才街区，推进国家海外人才离岸基地建设，在各类园区因地制宜地建设海外人才开放创新集聚试验区、人才服务产业集聚区、人才特别社区和人才管理改革实验区，改善创业、居住、学习和工作环境，促进国际化的公共服务、便利服务和一站式服务。推出"紫金山英才卡"，集成提供创新创业、子女教育、医疗保障、品质生活等特色精准服务。实施人才安居保障提速计划，多措并举筹集人才住房，创新人才安居模式。健全国际人才服务体系，推动创设适宜国际人才工作生活的"类海外"环境，探索建设国际人才社区，推行境外人才办事综合服务"一卡通"，全面优化人才来华工作管理服务。完善与国际接轨的商务商贸、教育医疗、公共服务、生活配套等设施，有序推动国际教育、医疗、养老、社会保障及人才服务与发达国家有效对接。进一步实施法治服务环境提升计划，加大知识产权保护力度，完善外籍人才签证、永居、移民、入籍、税收、金融等政策体系和相关法律法规，健全符合国际惯例的人才管理法规配套制度。大力弘扬科学家精神、企业家精神和工匠精神，构建鼓励创新、宽容失败的创新创业环境。同时，充分发挥社会组织的作用，培育、扶持人才自治新组织，不断健全现代法人治理结构，构建自主、自为、自律主体，让其承接政府所转移的职能，从而起到政府和市场都无法起到的综合监督、资源整合、信息流通、自我服务和自我协调等作用。

第 6 章

新发展格局下
南京的人才供给治理

人才供给环节又称人才生产环节或人才培养环节，是人才社会再生产单循环的初始环节，被称为人才供给侧。在人才生产环节，集聚完备的人才生产要素，培养出经济社会发展所需要的各类人才和各个档次的人才，开启了人才的社会再生产。南京是中国东部地区重要中心城市、长三角唯一特大城市，也是我国的科教名城。南京的人才社会再生产体系相对完善，人才供给优势突显。南京在深入实施人才强市和创新驱动战略过程中，以人才供给侧结构性改革为主线，增强人才自主培养能力，加快构建人才新发展格局，拓展人才供给治理新局面；从"补短板"转向"砺尖端"，进一步整合南京教育科研、产业企业、社会等多领域人才开发的资源，推进人才培养体系、职业培养体系和创新名城建设体系实现融合、协调发展；人才生产能力结构进一步优化，人才资源总量稳步增长，急需紧缺人才和重点领域人才供给得到有力保障，从而打通人才经脉、提高人才供给体系质量、畅通人才大循环，将南京建设成为引领性国家创新型城市。

6.1 南京人才供给治理的背景、意义与主要任务

"十四五"时期，我国开启全面建设社会主义现代化国家新征程，向第二个百年奋斗目标进军。面对日趋复杂的人才发展环境、空前激烈的全球性人才竞争、更加繁重的深化改革任务和创建有国际影响力的创新名城期待，南京必须把握机遇、应对挑战，坚定不移落实新发展理念，建设高质量的人才供给体系。

6.1.1 南京人才供给治理的背景

南京高校林立、科研机构众多、人才辈出，人才供给得天独厚。经过多年的改革和发展，南京已经成为我国少有的人才生产中心和集散中心，高层次人才实力雄踞全国第三。南京人才供给优势凸显，供给短板也不容忽视。南京现有人才供给的优势与短板并存，这是南京人才供给治理的直接背景。

1. 南京人才供给治理的优势背景

南京人才供给治理的优势背景主要表现在两个方面：一是基础实力雄厚，二是南京市委市政府重视。

南京号称"天下文枢""东南第一学",文学昌盛,俊彦辈出,历史上就是人文荟萃之地。南京是全国重要的教育科研重地,截至2020年底,南京拥有南京大学、东南大学等53所高校,600多家科研机构,91.81万在校大学生,每十万人口大学生数量达9 856.48人①。2021年,南京有14人当选中国科学院、中国工程院院士,当选人数仅次于北京,居全国第二;全社会研发经费支出占GDP比重达3.6%,万人发明专利拥有量达95.4件、居全国第三,技术合同成交额保持全省第一。②同时,南京也是中国三大科研中心之一,还有大量的军工人才、央企人才。2020年,南京有24项成果获国家科学技术奖③。2022年2月,教育部公布了第二轮"双一流"建设高校及建设学科名单,南京有13所高校榜上有名,数量仅次于北京和上海。④这些都是南京得天独厚的人才资源供给基础条件。

2018年起,南京连续五年发布的市委"一号文"都聚焦"创新名城建设",在每一个年度"一号文"的"政策套餐"和"政策链条"中,人才创新都是重中之重。2022年新年过后的第一个工作日,南京召开的第一个会议就是市委人才工作会议暨引领性国家创新型城市建设大会。这次大会的召开,不仅凸显了"党管人才",而且持续拓展了"人才引领发展"的战略局面。这次大会还发布了名为《关于深入推进引领性国家创新型城市建设的若干政策意见》这一新的市委"一号文",同时发布了《关于加快打造高水平国家级人才平台推进新时代人才强市建设的意见(征求意见稿)》。第五个南京市委"一号文"围绕打造国家区域科技创新中心、争创综合性国家科学中心这一总目标,确立了争创高水平国家级人才平台、建设全国重要人才高地的战略目标。南京市委将人才工作与创新型城市建设紧密结合在一起,人才工作不再是一句空话,人才发展成为2022年南京的开门头等大事,南京人才供给治理有了明确的奋斗方向,也有了坚强的政治保障。

---

① 南京市统计局."十三五"南京教育事业发展统计报告[EB/OL].(2021-08-19)[2022-05-20]. http://tjj.nanjing.gov.cn/njstjj/202108/t20210819_3106868.html.
② 南京市人民政府.2022年南京市人民政府工作报告[EB/OL].(2022-05-18)[2022-05-20]. https://www.nanjing.gov.cn/zdgk/202205/t20220518_3421551.html.
③ 最全!2020年度国家科学技术奖励名单[EB/OL].(2021-11-03)[2022-05-20]. http://www.stdaily.com/index/kejixinwen/2021-11/03/content_1229764.shtml.
④ 第二轮"双一流"建设高校及建设学科名单公布 南京13所高校上榜,位列全国第三[N].南京日报,2022-02-15(A1).

2. 南京人才供给治理的短板背景

南京人才供给治理优势突出，但短板也不容忽视。南京人才供给治理的短板，是制约人才强市战略实施和创新名城建设的重要因素。南京人才供给治理的短板背景主要表现在五个方面。

一是对人才供给的短视。长久以来，南京人都习惯把非南京管属的人才摆在"客家"的地位，缺少"大人才观"。天长日久，中央部属、江苏省属的高校、科研院所、国有企事业单位等用人单位与南京联系少，感情淡薄，甚至是互不往来。虽然近年来，南京市委市政府反复强调"大人才观"，上述情况在很大程度上得到改善，但省部属单位与南京"两张皮"的现象仍然存在。

二是人才供给优势转化难。"谁能把人才优势转化为知识优势、科技优势、产业优势、谁就能够赢得竞争的主动权。"[①]2012年，赵永乐教授领导的研究团队曾开展的一项研究得出结论：我国在能够转化为知识优势的人才方面具有一定的优势，但还缺少能够摘取诺贝尔奖桂冠的世界顶级科学家；能够转化为科技优势的人才优势相对不足，高层次的创新人才匮乏，成果转化率不高；能够转化为产业优势的人才则无论是在数量上还是在质量上都不具有与我国在世界上的经济地位相匹配的优势，尤其是高层次的创新型创业领军人才更没有优势。我国教育资源丰富，人才资源密集，但教育和人才的优势很难转化为本地发展的优势，不少大中城市都有此通病，南京尤为明显，因此一些学者将这一现象称为人才问题的"南京现象"，或直接称为人才的"灯下黑"。十年过去了，南京以建设创新名城为契机，在人才供给侧方面连年出台多项重磅举措，虽然在一定程度上扭转了"南京现象"，但人才优势转化仍是人才供给侧结构性改革亟待解决的深层次顽症。

三是人才政策特色不强。近年来，各地"抢人大战"激烈，部分一二线城市更是明确提出建设青年友好型城市或青年发展型城市来争抢青年人才。南京现有的人才政策措施虽然较多，但其政策内容往往都聚焦在优秀人才和海外人才引进、顶级人才及其团队的资助、青年人才扶持、人才安居优惠政策、高

---

① 中共中央文献研究室. 十六大以来重要文献选编（上）[M]. 北京：中央文献出版社，2005：570.

层次人才职称破格认定等方面。相比全国其他大中城市人才政策，南京的人才政策没有明显体现出南京的特色和地域文化，不具有独创性和新颖性。2021年，中高端人才流入率最高的五个城市分别是上海11.11%，北京9.08%，深圳7.0%，广州5.77%，杭州4.46%，均远远超过南京2.79%。[①]南京城市辐射带动力、影响力和吸引力不够强，集聚人才的资源环境受到较大的外溢和稀释效应影响，难以聚集足够的人才支撑南京市引领性国家创新型城市建设。

【资料链接】

中国城市人才吸引力排名发布 南京位居全国第八

5月17日，智联招聘联合泽平宏观发布了《中国城市人才吸引力排名：2022》，报告显示，从人才吸引力指数观察，2021年北京、上海、深圳、广州、杭州、成都、苏州、南京、武汉、长沙位居全国前十，其中南京位居第八。

报告显示，南京2017—2021年人才净流入占比均为0.9%，始终为正且较稳定，主因是高技术产业发展迅速且南京"宁聚计划"实施，落户政策宽松，吸引人才能力改善。从人才流入流出看，2017—2021年南京人才流入占比从3.0%降至2.5%，人才流出占比从2.1%降至1.6%，人才流入占比明显大于人才流出占比，使得南京人才净流入占比一直保持0.9%的水平，基本稳定。

资料来源：南京市发展和改革委员会，《中国城市人才吸引力排名发布 南京位居全国第八》，2022年5月25日，https://www.nanjing.gov.cn/bmdt/202205/t20220525_3427313.html。

四是长期存在的"有高原无高峰"现象。南京人才不少，但仍缺乏一批掌握关键核心技术的原创型产业科技领军人才。当前，南京对科技顶尖专家的资助力度仍显不足，同时缺少相应的载体扶持与产业配套等强有力支持。因而，在高精尖科研领域，南京仍缺乏具有全视野、能够参与国际竞争的领

[①] 2021年人才走向：上海流入最多，北京薪资最高[EB/OL].（2022-01-18）[2022-05-20]. https://baijiahao.baidu.com/s?id=1722274293094443912.

军人才，人才供给侧的"有高原无高峰"现象仍将是困扰南京的重大问题。

五是科技领军人才与南京主导产业发展的需求匹配度不强。南京由于缺乏契合"4+4+1"主导产业发展需求的人才，因此在新经济、新业态等领域的产业引领作用不高。有专家反映，南京有些产业在全国发展势头看起来不错，但就是难成大气候，其原因就在于缺少高层次的科技领军人才或是领军人才严重不足。因此，提升高层次科技领军人才自主培养能力，引导和激励南京人才尤其是高层次人才与主导产业匹配对接、紧密对接仍将是南京人才供给治理必须解决的攻坚课题。

以上五个方面的问题是南京人才供给治理的主要短板，不同程度地制约和削弱了全市人才治理的成效，也为南京人才供给侧改革提出了亟待解决的重大课题。

6.1.2 南京人才供给治理的意义

世界上发达国家的人才史表明，现代教育与人才大循环供给侧的关系非常紧密。教育既能为社会提供大批的一般性人才，又能为社会培养急需的高层次人才。当前，我国正处于经济发展转型期，创新型驱动发展正向各个关键领域延伸，无论是基础研究还是应用研究，都需要大量战略科技人才、复合实用人才、高水平创新团队。[①]南京人才供给治理以习近平总书记关于人才工作的重要论述为指导，充分认识人才生产、发展的内涵和特征规律，以高质量人才供给满足日益升级的城市科技、产业和社会的人才需求，为南京实施人才强市战略、建设创新名城提供坚强的人才和智力支撑，不仅具有重大的现实意义、广泛的普适意义，而且具有深刻的理论意义。

1. 重大的现实意义

南京人才发展普遍存在着"四快四慢"的问题，即规模数量增长快而人才质量提升慢、人才投入增加快而人才优势转化慢、国内人才影响发展快而国际竞争力提升慢、人才各项政策出台快而政策落实见效慢，直接影响了南京创建全球创新名城的进程。这"四快四慢"都与南京人才的供给侧直接有关。对南京人才供给环节加强治理，能够促使南京的人才生产、流通、使用

---

① 孙学玉. 深入实施人才强国战略[N]. 学习时报，2021-02-24（A1）.

消费诸环节形成衔接和循环。针对南京实际存在的"四快四慢"人才问题提出系统和可操作的人才供给治理政策建议，依托省内、国内市场，提升人才供给体系对南京人才需求的适配性，以高质量人才供给满足日益升级的南京科技、产业和社会的人才需求，对南京建设具有全球影响力的创新名城、提升城市竞争力具有重大的现实意义。

2. 广泛的普适意义

人才问题的"南京现象"，并不是南京的特殊现象，其实像武汉、西安、广州、天津这些地区性的科教中心，甚至北京、上海这样的国际大都市，都或多或少存在着"南京现象"的某些特征。因此，人才供给问题是我国很多中心城市需要解决的大问题。对南京人才供给加强治理，不仅能解决南京本身存在的人才供给问题，也能为我国在新发展阶段坚持以人才供给侧结构性改革为主线构建人才双循环新发展格局提供真实鲜活的南京智慧和南京经验。立足中心城市强大的教育和学科优势，最大限度地激发和释放中心城市丰富科教资源的人才供给价值，将人才供给的优势转化为科技优势和产业优势，把各类优秀人才集聚到党和国家的事业上来，为我国的"十四五"规划和2035年远景目标的实现以及社会主义现代化强国建设提供更坚实的人才支撑，无疑具有广泛的普适意义。

3. 深刻的理论意义

从人才循环的角度研究南京的人才供给治理，强调了人才供给在人才生产、人才流通和人才使用消费诸环节循环往复过程中的重要作用，将从理论上破解南京"人才从哪里来""需要生产什么人才""怎样激励人才为南京所用"等一系列人才供给重大问题。以南京为研究对象，探讨如何打通南京人才再生产中的人才生产和南京现实中的人才流通、人才使用消费环节的通道关系，形成与人才需求高水平动态平衡匹配的充足、高质的人才供给，对于践行习近平总书记关于人才工作的重要论述，进一步丰富中国特色人才再生产理论，具有深刻的理论意义。

6.1.3　南京人才供给治理的主要任务

《南京市城市总体规划（2018—2035）》明确了"创新名城，美丽古都"

的发展愿景:"创新名城"即落实国家创新驱动发展核心战略,立足南京的科教资源优势,进一步塑造城市竞争力,增强全球影响力;"美丽古都"则是落实习近平生态文明思想,立足南京生态人文优势,丰富拓展美丽中国建设的南京实践。①"创新名城,美丽古都"的坚强智力支撑就是充足的、优质的人才供给,这就需要以人才供给侧结构性改革为主线,在发挥南京现有人才比较优势的同时,提升人才自主培养能力,强化人才生产环节,打通人才生产与其他环节的关节通道,形成人才良性循环。南京人才供给治理的主要任务体现在以下三个方面。

1. 按照中央重大部署构建南京人才供给体系

党的十八大以来,党中央作出全方位培养、引进、用好人才的重大部署。习近平总书记在中央人才工作会议上再次强调要深入实施新时代人才强国战略,加快建设世界重要人才中心和创新高地。②根据中央"在一些高层次人才集中的中心城市建设吸引和集聚人才的平台"战略布局,南京不失时机地作出"加快打造高水平国家级人才平台"的战略抉择,江苏省第十四次党代会明确表态支持南京建设国家级人才平台。为加快打造高水平国家人才平台,南京必须按照中央的重大部署,以"全方位培养人才"构建南京人才供给体系。

南京要充分利用自己独有的人才资源供给优势,加快构建人才供给体系。首先,要体现全方位培养的思想,既要强调以教育为主体的基础性人才培养,又要强化用人主体的内部人才自主培养。不仅要以教育为主要形式和渠道为南京提供大批的基础性人才,而且要提升用人主体自主培养人才的能力,发挥用人主体在人才培养、引进中的积极作用,为人才的实践成长提供发展空间。同时还要鼓励产学研合作培养人才,依托高校特别是"双一流"大学培养高层次的基础研究人才。其次,南京的人才供给体系要与人才流通体系、人才需求体系无缝对接,全方位培养、引进、用好人才。既要改变产学研脱节、人才培养和人才使用"两张皮"的现象,也要改变现有用人主体普遍存

---

① 南京城市总规 2035 正式跟公众见面 五个"度"描摹南京未来城市发展[N]. 南京日报, 2018-12-25(A2).

② 习近平. 深入实施新时代人才强国战略 加快建设世界重要人才中心和创新高地[J]. 求是,2021(24).

在的"重使用、轻培养、轻发展"的人才管理倾向。深化人才供给侧结构性改革，优化需求侧人才管理，形成以人才内需牵引人才供给、人才供给创造人才需求的高水平人才供需动态平衡。再次，要树立"南京是中国的南京"的意识，将南京建设成为国家的重要教育基地和高能级辐射的人才聚散中心，一方面吸引全国优秀生源来宁学习和工作，另一方面满足国家经济社会发展和重点建设项目与工程对人才的需要，满足建设做强全国人才统一市场的需要。在大力培育契合产业结构本地人才的基础上，为畅通国内人才大循环做贡献。最后，提高南京对世界各国优秀学生的吸引力，鼓励外国优秀学生来宁留学、实习、创新创业，使南京成为亚洲乃至世界各国青年求学的首选之地，以此打造南京人才国内国际循环相互合作促进的人才供给新格局，聚天下英才而用之。

2. 坚持人才自主培养，建立人才资源竞争优势

习近平总书记在中央人才工作会议上强调，"我们必须增强忧患意识，更加重视人才自主培养，加快建立人才资源竞争优势""必须坚定人才培养自信，造就一流科技领军人才和创新团队，培养具有国际竞争力的青年科技人才后备军"[①]。面对国家的人才需求，南京责无旁贷。

人才的培养形式是多样化的，除了教育培养，还有实践培养。教育培养出来的人才只能是基础性的人才资源，硕士、博士大部分也是不同层次的基础性人才资源，学术教育和专业教育都是基础性人才培养手段。用人主体需要的实用性人才要在高校毕业的基础性人才资源的基础上进行再培养，这个再培养就是用人单位的自主再培养，培养的是本单位需要的人才。用人主体的人才自主培养，是在对单位现有人才的使用中进行提升培养、发展培养，而不是一般意义上的教育。坚持以教育培养、实践培养和产学研合作培养等形式自主培养人才，形成南京人才资源竞争优势。到 2025 年，南京全社会研发经费投入占地区生产总值比例将达到 4%左右，整体创新能力进入全球创新型城市行列，科技创新主力军队伍建设取得重要进展，顶尖科学家集聚水平明显提高，人才自主培养能力不断增强，在国家重大科技任务中拥有一批战略科技人才、一流科技领军人才和创新团队。到 2030 年，南京要基本形成适

---

① 习近平. 深入实施新时代人才强国战略 加快建设世界重要人才中心和创新高地[J]. 求是，2021（24）.

应高质量发展的人才制度体系，创新人才自主培养能力显著提升，对全国和全球优秀人才的吸引力明显增强，在主要科技领域有一批领跑者，在新兴前沿交叉领域有一批开拓者。到2035年，南京在诸多领域形成人才竞争比较优势，国家战略科技力量和高水平人才队伍位居全国前列。

3. 坚持"四个面向"，提供高质量的人才供给

习近平总书记在中央人才工作会议上强调，人才工作要"坚持面向世界科技前沿、面向经济主战场、面向国家重大需求、面向人民生命健康"[①]。他指出，"这是做好人才工作的目标方向"[②]。南京的人才供给侧结构性改革要牢固确立人才引领发展的战略地位，把自主培养人才当作南京人才发展的战略支撑，坚持"四个面向"，把好人才培养的目标方向，满足南京经济社会发展的需求，以高质量的人才供给打通从人才强到科技强、经济强、国家强、人民强的通道，加快建设人才强国。

南京是全国重要的教育科研重地，具有先天出众的人才资源禀赋，人才的供给必须牢牢锁定人才发展的主攻大方向。第一，要坚持面向世界科技前沿，瞄准"高精尖缺"，重点培养、吸引、集聚和支持世界，一流的科技领军人才和创新团队，为国攻占世界科技创新的制高点。第二，要坚持面向经济主战场，培养大批的包括研究开发人才、经营管理人才、卓越工程师和高技能人才等经济产业人才，服务南京的经济建设，推动南京的产业发展，为南京开启全面建设社会主义现代化国家新征程和攀登世界制造业价值链的高端提供坚强的人才和智力支撑。第三，要坚持面向国家重大需求，满足国家发展的战略需要，激发人才培养的内生动力，培育具有爱国、创新、求是、奉献、协作、育人六大精神和勇于奋斗、敢于担当的战略科学家，承担国家重大科技任务，攻克关键核心技术难关，在南京创新名城建设中起到顶梁柱的作用。第四，要坚持面向人民生命健康，深入贯彻以人民为中心的发展思想。坚持用以人民为中心的发展思想塑造人才，以人为本、人民至上，为人民生命健康保驾护航，为人类造福。

---

① 习近平. 深入实施新时代人才强国战略 加快建设世界重要人才中心和创新高地[J]. 求是，2021（24）.

② 习近平. 深入实施新时代人才强国战略 加快建设世界重要人才中心和创新高地[J]. 求是，2021（24）.

6.2 强化人才供给侧结构性改革

人才供给侧结构性改革是人才发展的主线，也是人才治理的主线。新发展格局下南京的人才供给治理决定了国际创新名城建设能否得到可靠的人才供给，而要得到可靠的人才供给，就必须以人才供给侧结构性改革为主线，强化南京的人才供给治理。

6.2.1 人才供给侧的人才培养

人才再生产理论认为，人才再生产单循环过程包括人才生产、人才流通、人才使用消费三个环节，这三个环节的周而复始地运转就形成了人才再生产的大循环。人才生产环节是人才再生产单循环的起始环节，亦称人才培养环节或人才教育环节，其实就是人才的供给侧。人才供给侧的作用主要表现在三个方面：一是使人才生产的诸因素结合起来，形成人才培养能力。二是通过人才生产，使被培养者成为具有专业知识和专业技能的人才资源。三是在规模、质量和品种上满足经济社会对人才的需求。人才的生产必须与社会上各生产要素的生产协调发展，各生产要素的生产过程即是人才的使用消费过程，也就是人才需求侧的使用消费。一定规模的人才生产无疑能促进生产要素生产的发展，反过来，一定规模的生产要素生产又会向人才生产提出生产人才的要求。人才生产向生产要素生产提供人才支撑，而生产要素的生产不仅会向人才生产提出需求，而且还会向人才生产提供相应的物质基础，因而人才生产必须超前于生产要素的生产，并满足生产要素的生产对人才在规模、质量和品种上的不断增长的需求。[1]

经过人才生产过程培养出来的人才，还不能称为现实的生产力要素人才，只能称为基础性的人才资源。这是因为人才资源还没有同其他生产要素相结合，还不是现实的生产力要素。人才生产过程培养出来的人才，只有经过人才流通环节进入人才使用单位，与其他生产要素紧密结合，才能成为现实的生产力要素。

---

[1] 赵永乐，张娜，王慧，等. 人才市场新论[M]. 北京：蓝天出版社，2005：25.

以教育为主体培养人才是人才生产的主要形式，也是人才供给的主渠道，培养出的是供社会上流通的基础性人才资源；以用人单位为主体自主培养的人才是人才生产的重要形式，也是人才供给的重要渠道，培养出的是单位自主使用消费的人才。这两种形式，前一种是社会化的大批量人才生产，而后一种则是单位内部以"需"定制的限量人才生产。一般来说，教育培养在前，是基础性供给培养；单位培养在后，是实用性需求培养。但也有单位培养之后又回到学校再培养，或是教育和用人主体联合起来培养，称为产学研深度融合培养。

人才供给侧的结构性改革就是对南京人才生产环节的人才培养体系和过程进行结构性改革，用改革的办法推进南京人才结构战略性调整，提高南京人才供给的质量和效率，减少无效和低端供给，扩大有效和中高端供给，增强人才供给结构对南京人才需求变化的适应性和灵活性，为建设国际创新名城提供坚强的人才支撑。要以南京人才供给侧的人才培养体系构筑畅通的人才内循环体系和稳固的基本盘，对接、融入和促进我国人才的国内国际双循环大格局，特别是要加大对外开放力度，引进那些能为南京所用的顶尖人才，使更多全球智慧资源、创新要素为南京所用。

6.2.2 推动供给侧结构性改革

专家们都熟知南京人才发展存在着"四快四慢"问题，即规模数量增长快而人才质量提升慢、人才投入增加快而人才优势转化慢、国内人才影响发展快而国际竞争力提升慢、人才各项政策出台快而政策落实见效慢，这都与南京的人才供给有关。南京的人才供给与人才需求的矛盾主要表现为人才供给与经济高速发展的需求存在严重错位，人才市场上"供大于求"和"供不应求"长期并存，供给结构性矛盾突出，结构性失业常态化，高层次创新人才匮乏短缺。南京要实现有效的人才供给，必须以人才供给侧结构性改革为主线，将供给侧作为改革的突破口，在发挥南京现有人才比较优势的同时，强化人才生产环节，打通人才生产与其他环节的关节通道，重组人才供给的资源和要素，提高人才供给质量，补全南京人才供给的短板，确保人才供给满足经济社会发展的需求。

一是要调整基础性人才供给的结构性矛盾。人才培养要以满足南京的经济社会发展为导向，想方设法增加人才有效供给，减少人才无效供给，提高人才供给结构的适应性和灵活性，构建和完善南京市内外循环和国内外循环人才供给体系相互补充、相互促进的机制。①调整南京的高等教育专业结构，面向行业企业和社会需求，完善以社会需求和学术贡献为导向的学科专业预警及动态调整机制。调整高校招生比例结构，针对研究对象模糊、设置重复、培养质量差、社会需求和就业率极低的学位授权点和专业点，要大幅度缩减其学生招生规模，甚至停招或撤销，扩大自然科学、工程技术和急需紧缺技能人才招生比例。大力支持南京高校与企业合作办学，调整高等教育专业结构，人才培养体系、职业培养体系与产业体系基本实现融合、协调发展，急需紧缺人才和重点领域人才供给得到有效补充②。

二是以优化专业结构创新人才培养模式。既要尊重学校办学定位和学科发展规律，又要优化学科专业结构。在保留优势学科的基础上，一是处理好交叉学科与传统学科的关系，二是促进基础学科、应用学科交叉融合，瞄准前沿学科和交叉学科，寻找、发现、培育新的学科生长点。启动顶尖学科建设计划，以创新人才培养模式为重点，依托科技创新平台、研究中心等，整合多学科人才团队资源，加大对原创性、系统性、引领性研究的支持，着重围绕大物理科学、大社会科学为代表的基础学科，生命科学为代表的前沿学科，信息科学为代表的应用学科，组建交叉学科，促进哲学社会科学、自然科学、工程技术之间的交叉融合，③加快实现原始创新重大突破。

三是要促使用人主体自主培养人才。习近平总书记在中央人才工作会议强调"发挥用人主体在人才培养、引进、使用中的积极作用"④，毕业之后参加工作的人才的培养主体是用人单位，发挥具体用人单位在人才培养中的积极作用是人才自主培养的主要形式。尤其是高端人才的培养，更需要用人单位提供平台，舍得投资，使人才在较长周期的实践中锻炼成长。针对现在很

---

① 赵永乐. 畅通人才大循环，构建人才新发展格局[J]. 群众，2021（1）：57-58.
② 孙学玉. 深入实施人才强国战略[N]. 学习时报，2021-02-24（A1）.
③ 教育部 财政部 国家发展改革委印发《关于高等学校加快"双一流"建设的指导意见》的通知[EB/OL].（2018-08-27）[2022-05-21]. http://www.moe.gov.cn/srcsite/A22/moe_843/201808/t20180823_345987.html.
④ 习近平. 深入实施新时代人才强国战略 加快建设世界重要人才中心和创新高地[J]. 求是，2021（24）.

多用人单位"重使用、轻培养、轻发展",各级党委、政府和行政部门要将人才培养权充分授给用人单位,真授、授到位,培养什么人才、何时培养、在哪里培养、怎么培养,都由具体的用人单位自主决定。用人主体要发挥主观能动性,增强服务意识和保障能力,建立有效的自我约束和外部监督机制。①各级党委、政府和行政部门要用正向激励和反向倒逼的方式促使用人主体自主培养人才,对用不好人才培养授权和人才培养履责不到位的单位要问责。

6.2.3 分层次培养高层次人才和一线应用型人才

2018年,教育部、财政部、国家发展改革委联合印发的《关于高等学校加快"双一流"建设的指导意见》指出,推进高层次人才供给侧结构性改革,优化不同层次学生的培养结构,适应需求调整培养规模与培养目标,适度扩大博士研究生规模。根据该文件的要求,南京人才供给侧结构性改革必须加强统筹规划、分类指导,突出经济社会发展需求导向,分层次推进研究型、应用型和技能型高校实现创新发展,分层别类地培养学术人才、工程师人才和技师人才,一方面要培养高层次创新人才解决"高精尖"问题,另一方面培养满足行业一线需求的、人数众多的应用型人才。

【资料链接】

关于高等学校加快"双一流"建设的指导意见(节选)

(七)增强服务重大战略需求能力

需求是推动建设的源动力。加强对各类需求的针对性研究、科学性预测和系统性把握,主动对接国家和区域重大战略,加强各类教育形式、各类专项计划统筹管理,优化学科专业结构,完善以社会需求和学术贡献为导向的学科专业动态调整机制。推进高层次人才供给侧结构性改革,优化不同层次学生的培养结构,适应需求调整培养规模与培养目标,适度扩大博士研究生规模,加快发展博士专业学位研究生教育;加强国家战略、国家安全、国际组织等相关急需学科专业人才的培养,超前培养

---

① 习近平. 深入实施新时代人才强国战略 加快建设世界重要人才中心和创新高地[J]. 求是,2021(24).

和储备哲学社会科学特别是马克思主义理论、传承中华优秀传统文化等相关人才。进一步完善以提高招生选拔质量为核心、科学公正的研究生招生选拔机制。建立面向服务需求的资源集成调配机制，充分发挥各类资源的集聚效应和放大效应。

（十六）拓展学科育人功能

以学科建设为载体，加强科研实践和创新创业教育，培养一流人才。强化科研育人，结合国家重点、重大科技计划任务，建立科教融合、相互促进的协同培养机制，促进知识学习与科学研究、能力培养的有机结合。学科建设要以人才培养为中心，支撑引领专业建设，推进实践育人，积极构建面向实践、突出应用的实践实习教学体系，拓展实践实习基地的数量、类型和层次，完善实践实习的质量监控与评价机制。加强创新创业教育，促进专业教育与创新创业教育有机融合，探索跨院系、跨学科、跨专业交叉培养创新创业人才机制，依托大学科技园、协同创新中心和工程研究中心等，搭建创新创业平台，鼓励师生共同开展高质量创新创业。

资料来源：《教育部 财政部 国家发展改革委印发〈关于高等学校加快"双一流"建设的指导意见〉的通知》，2018年8月27日，http://www.moe.gov.cn/srcsite/A22/moe_843/201808/t2018 0823_345987.html。

在"高精尖"急需紧缺人才培养方面，南京的教育主管部门和高校要加强对各类需求的针对性研究、科学性预测和系统性把握，主动对接国家和南京的重大战略，完善以社会需求和学术贡献为导向的学科专业动态调整机制。推进高层次人才供给侧结构性改革，优化不同层次学生的培养结构，适应需求调整培养规模，适度扩大博士研究生规模，加快发展博士专业学位研究生教育。大力培养南京和社会高精尖急缺人才，多方集成教育资源，制定跨学科人才培养方案，探索建立政治过硬、行业急需、能力突出的高层次复合型人才培养新机制。要强化科研育人，结合国家和南京重点、重大科技计划任务，建立科教融合、相互促进的协同培养机制，促进知识学习与科学研究、能力培养的有机结合。

在应用型人才培养方面，要根据南京产业要求和企业提出的人力资源及技术需求，推进相同科类各层级人才贯通培养，打造从基层一线到创新卓越的人才培养体系。通过这一培养体系，将普通一线技术工人培养成为具有突出技术创新能力的高级工程师。同时，有关部门和学校要从供给侧入手，一起研讨如何做好产教融合、促进校企合作。通过校企共同制定人才培养方案，共建大型公共实习实训基地和生产性实训基地，满足一线技术工人的培养需求。通过实施"卓越工程师教育培养工程"，用人主体要建立专业学位研究生实践基地，培养具有突出技术创新能力的高级工程师。需要注意的是，目前应用型本科学校的师资队伍建设还难以满足供给侧结构性改革的需要。应用型本科学校的教师绝大多数为学术型应届硕士、博士生毕业后进入学校工作，对应用型本科教育和应用型人才培养不了解、不熟悉，既没有实践教学的理念又缺少实践操作能力。因此，要坚持以产教融合、校企合作为核心路径，加强对教师的培养，让教师到生产、服务、管理一线学习，以增强应用能力。

6.2.4 促进人才供给侧结构性改革与需求侧管理相结合

从人才经济学可知，供给和需求是人才再生产的两个不可或缺的环节。没有高质量的人才供给，市场对人才的需要就得不到满足。没有需求侧的人才消费需求牵引，再高质量的人才供给也是无效的。要将扩大人才内需与深化结构性改革有机结合，注重需求侧管理，加快培育南京的人才内需体系，形成以人才内需牵引人才供给、人才供给创造人才需求的高水平人才供需动态平衡。

1. 提升人才供给对人才需求的适配性

只有提升人才供给对人才需求的适配性，才有可能形成高水平人才供需动态平衡。而要提升人才供给的适配性，就必须优化人才的供给结构。首先，在学科层面，要依托南京优质教育资源优势，以国家和江苏省、南京市经济社会重大发展战略为导向，围绕"4+4+1"的主导产业体系，将学术探索融合于地方需求，调整学科结构，建立新型电子信息、绿色智能汽车、高端智能装备、生物医药与节能环保新材料等先进制造业的支撑学科群，巩固特色学科优势、加强薄弱学科建设、布局急需紧缺学科，从而实现学科建设与产业振兴全面对接。其次，要重视产教融合，促进学科交叉融合。以服务需求为目标，以问题为导向，以科研联合攻关为牵引，以创新人才培养模式为重点①，充分发挥高校院所在人才集聚、科技创新中的"桥头堡"功能，支持在宁高校、科研院所建设与发展需求相匹配的若干优势学科，集成校地政策和平台共同引育高端人才，促进人才链、创新链与产业链的深度融合。再次，在创新型人才供给方面，要加大对南京的新兴产业、重点领域以及企业急需紧缺人才的支持力度，以"国家高层次人才特殊支持计划"、"创业南京"英才计划、"345"海外高层次人才引进计划、人才"举荐制"为载体，建立南京的基础研究人才培养长期稳定支持机制，进一步完善对南京的战略科学家、科技领军人才、青年拔尖人才的培养支持体系。同时，还要避免一味追求高大上的办学之风，避免在宁高校、科研院所的同质化竞争，充分发挥企业的作用，强化专科教育，促进专业性人才培育。通过优化人才供给结构，保障人才供给质量，提升人才供给对人才需求的适配性，满足创建创新名城日益增长的人才需求。

2. 扩大人才内需与深化人才供给侧结构性改革有机结合

通常认为，现代的人才资源基本上都是由专门的教育机构培养出来的，但是在人工智能时代，教育机构不再是人才资源的唯一来源，"人才"也可以直接由企业快速"量产"。机器人"人才"的制造开辟了人才来源新模式。有研究预测，到2030年，全球将有8亿个工作岗位会被机器人替代，未来中国被替代的工作岗位将达到77%。一般来说，机械性的、重复性的、例行性的工作可以通过机器人"人才"来替代；相反，创造性的、灵活性的、例外性的工作则必须由人或由人操控完成。被制造的人才越多，围绕被制造人才衍生出来的工作岗位就会越多。②人机共存的时代，提出了高技能人才培养使用管理的新课题：并不是所有的岗位都需要人才来亲自操作。因此，必须强化人才使用消费环节，通过科学预测列出南京新发展格局对人才发展的需求清单，加快培育人才内需体系，促进人才供给侧结构性改革与需求侧管理相结合，以防止人才短缺和人才冗余并存。尤其是在高技能人才供给方面，要建

---

① 教育部 财政部 国家发展改革委印发《关于高等学校加快"双一流"建设的指导意见》的通知[EB/OL].(2018-08-27)[2022-05-21]. http://www.moe.gov.cn/srcsite/A22/moe_843/201808/t20180823_345987.html.
② 孙学玉. 深入实施人才强国战略[N]. 学习时报，2021-02-24（A1）.

立紧缺人才预警机制、专业重点建设机制，结合南京经济社会发展和人才需求，对高技能人才岗位需求进行精准预测，确保高技能人才供给和需求动态平衡。

6.3 走好人才自主培养之路

习近平总书记在中央人才工作会议上指出："培养人才是国家和民族长远发展的大计，当今世界人才的竞争首先是人才培养的竞争。中国是一个大国，对人才数量、质量、结构的需求是全方位的，满足这样庞大的人才需求必须主要依靠自己培养，提高人才供给自主可控能力。"[1]南京要打造高水平国家级人才平台，建设成为引领性国家创新型城市，就必须走好南京的人才自主培养之路，全方位培养具有国内乃至国际竞争优势的人才资源大军，培养造就能够抢占世界科技、产业战略高地的一流英才。

6.3.1 以教育为人才供给主体

构建以教育为主要形式和渠道的人才供给体系是实现人才自主培养的不可替代之选。习近平总书记多次强调，高等教育是国家发展水平和发展潜力的重要标志，要求提升教育服务经济社会发展能力。[2]南京要充分发挥科教资源优势，高度重视和发挥教育的人才生产功能和人才供给功能。

首先，南京要将教育纳入南京的以人才内循环为主体、国内国际双循环相互促进的人才新发展格局中，使教育成为南京人才循环的重要环节和责任承担者，进而畅通南京的人才内循环，从根本上解决长期以来南京人才供给和人才需求"两张皮"的尴尬局面。要把新发展理念贯穿于南京人才生产环节的全过程和各领域，构建多层次、多形式、全覆盖的高质量终身学习的现代教育网络系统，形成从学前教育到高等教育、从基础教育到专业教育、从学校教育到社会继续教育的高质量终身教育体系，让南京人从小就接受良好的系统教育，形成南京当地人才资源可持续发展的基础性可靠保证。同时，要在社会上形成热爱学习、奋勇成才的良好风尚，鼓励广大市民特别是青少

---

[1] 习近平. 深入实施新时代人才强国战略 加快建设世界重要人才中心和创新高地[J]. 求是，2021（24）.
[2] 全国高校思想政治工作会议12月7日至8日在北京召开[EB/OL].（2016-12-08）[2022-05-22]. http://www.gov.cn/xinwen/2016-12/08/content_5145253.htm#1.

年主动学习，不断提升自身的知识水平和专业能力，为打造高水平国家级人才平台、新时代人才强市建设做奉献。

其次，南京要主动与在宁高校对接，尤其是主动与在宁的部属高校对接，提出南京经济社会发展的人才需求，提出建设具有全球影响力的国际创新名城的世界一流人才水平要求。专业结构要对接，学历层次也要对接，素质要求更要对接。南京当前高等教育的发展还存在两方面的问题，一是整体教育结构不能满足南京经济社会发展的要求，二是整体的教育质量难以支撑国际创新名城建设的要求。南京和各个高校都要探索教育和经济如何深度融合，实现人才培养与市场需求有效对接。要重点支持一批高水平应用型本科高校，引导他们面向南京主导产业和战略性新兴产业、设置产业迫切需要的应用型专业和专业集群，扩大自然科学、工程技术、急需紧缺技能人才招生比例。提高南京就业人员平均受教育年限和提升高等教育毛入学率，提高人才供给的数量和学历层次。

再次，要以高层次人才培养为主加大教育投资。"十四五"期间，江苏要高质量建设沿沪宁产业创新带和沪宁沿线人才创新走廊，共创沿沪宁综合性国家科学中心示范带。2021年7月，科技部已批复同意《南京市加快引领性国家创新型城市建设行动方案》，南京将成为我国创新驱动发展的主阵地之一。为此，南京必须加大教育投资力度，和有关高校密切合作培养"高精尖"的高层次创新人才。南京还要调动好高校和企业的积极性，推动产学研合作，培养大批南京急需的卓越工程师。高校要深化工程教育改革，加大理工科人才培养分量，探索实行高校和企业联合培养高素质复合型工科人才的有效机制。①政府要当好"红娘"，引导企业把培养环节前移，同高校一起设计培养目标、制定培养方案、实施培养过程，实行校企"双导师制"，实现产学研深度融合，解决工程技术人才培养与生产实践脱节的突出问题。②南京拥有规模巨大的高等教育体系，有各项事业发展的广阔舞台，完全能够源源不断培养造就大批优秀人才。

---

① 习近平. 深入实施新时代人才强国战略 加快建设世界重要人才中心和创新高地[J]. 求是，2021（24）.

② 习近平. 深入实施新时代人才强国战略 加快建设世界重要人才中心和创新高地[J]. 求是，2021（24）.

最后,要扩大高校毕业生的接收数量,诚心做好服务安置工作,妥善留住各类人才。只有心诚,才能把更多的毕业生留在南京,才能真正将南京的人才培养优势转化为南京的人才供给优势。南京拥有53所高等院校,每万人大学生和研究生数量均居全国第二。曾经,南京高校毕业生留宁率不到两成,人才外流严重,自2017年底南京市提出建设具有全球影响力的创新名城后,局面终有好转,南京对于高校毕业生的吸引力也越来越强。2019年,南京全市新增就业参保大学生达到39.1万人,比2017年的21.3万人增加了84%,其中硕士及以上人才增长了一倍以上[1],大学毕业生这一青年精英人才群体成为落户南京就业的绝对主力军。近三年来,南京新增就业参保大学生110多万人,扶持大学生创业近2万人。但这还远远不够,南京一方面还要继续调整接受政策、扩大接受数量,让更多的大学生有机会落户南京;另一方面要精准吸纳高层次人才,从"大水漫灌"转向精准选才留才。

6.3.2 提升用人主体人才自主培养能力

习近平总书记在中央人才工作会议上强调,"发挥用人主体在人才培养、引进、使用中的积极作用"[2]。但南京长期以来的实际情况却是,很多用人单位特别是企业对于本单位的人才实行"重引进、重使用;轻培养、轻发展"的权宜之计,舍不得投资对人才进行培养,忽视人才在本单位的发展,其结果是人才与单位"人心背离",人才价值难以发挥,人才也难以留住。如果用人主体不重视人才的培养,南京费尽心机留下再多应届毕业生到头来也是竹篮打水一场空。教育培养出来的人才只能是基础性的人才资源,还不能称为真正的具有现实生产力性质的人才,真正的具有现实生产力性质的人才,尤其是高端人才,必须经过用人主体在实践过程中自主培养才能够脱颖而出。因此,南京要鼓励各类用人主体强化人才自主培养意识,提升人才自主培养能力,多形式多渠道自主培养人才。

首先,发挥用人主体在人才培养中的积极作用。南京要根据需要和实际

---

[1] "十三五"成就看南京系列新闻发布会创新发展专题发布[EB/OL].(2020-10-27)[2022-05-22]. https://www.nanjing.gov.cn/hdjl/xwfbh/sswcjknjxlxwfbhcxztfb/.

[2] 习近平. 深入实施新时代人才强国战略 加快建设世界重要人才中心和创新高地[J]. 求是,2021(24).

向用人主体充分授权，督促激发用人主体在人才培养上发挥主观能动性，将下放的培养权限接住用好，对用人单位不履行人才培养责任或履责不到位的要问责。南京的用人单位尤其是广大企业，要制定本单位人才职业发展规划，加强人才生涯管理，重视人才职业能力开发，为人才提供职业生涯通道。做好人才培养制度建设和基地建设，加大对人才开发的投资力度，实行人才导师制和培养责任制，开发适合本单位人才的有效途径和方式。

其次，探索创新人才联合培养新机制。一是深化"双元化"培养模式，坚持学历教育与在职培养相结合、外部引进与自主培养相结合，形成配置优化、结构合理的人才发展体系。二是把优势产业、重点企业作为高端技术人才培养基地，优化"教育链—人才链—产业链"的结合，抢占产业技术专项人才培育的制高点。三是以高层次人才为培养重点、以创新创造创业为培养核心、以事业项目和重大科研任务为培养平台，瞄准问题和需求，大力度精准培养人才。四是鼓励用人主体将人才"送出去"，进行跨国跨境培养，精心选拔人才前往海外的高校或科研院所进修，学习海外最新的研发、管理理念、知识和技术。

再次，在产学研深度融合中培养企业人才。强化和突出企业在产学研深度融合人才培养中的主体地位，使企业在人才培养过程中发挥主导作用。一是探索企业出题、政府立题、协同解题的产学研合作培养机制，请大学、科研单位派导师到企业以科研方式培养企业人才，或派培养对象到大学、科研单位参加项目。二是企业与大学、科研单位合作建立研发机构，企业出资金、出题目，大学、科研单位出专家、出技术，研发机构完成项目，在完成项目的实践过程中，专家通过言传身教培养企业的人才。三是企业聘请大学、科研单位的专家到企业兼职，担任导师培养企业人才。四是企业和大学、科研单位根据国家需要，联合申报重点研究项目，整合知识和研发团队，建立相对稳定的"企业+大学"或"企业+科研单位"的研发人才队伍或者产业联盟团队，在开发项目的过程中联合培养企业人才。

最后，建设海内外人才离岸创新创业基地。推动用人主体主动"走出去"，设立研发机构、工作站或离岸孵化基地，特别要加强联合研发平台、技术转移中心、国际化新型研发机构、海外协同创新中心、离岸创新创业基地等科技创新平台的建设，畅通对外交流渠道。通过用人主体与海内外高校院所共建校地、校企合作联盟，与国内外知名企业、高端平台、科研机构深化合作开展各类产学研对接活动，促进全球高校院所高端人才及团队的科技成果在宁转化，挖掘潜在创新资源。截至 2020 年底，南京各区通过"生根出访"，累计建立 29 个海外协同创新中心，促成 297 个项目，成为集聚海外创新资源的重要纽带。这一数字在省会城市中遥遥领先。①鼓励、推动用人主体走出去设立分支机构，淡化政府主导引才用才观念，既能打破西方国家对稀缺人才的垄断，也可以在一定程度上规避美国等国家在我国引才上制造的风险。

【资料链接】

29 个海外协同创新中心促成 297 个项目

由南京市海外协同创新中心（以色列）引进的江苏爱瑞基金顺利通过中国证券投资基金业协会备案，爱瑞投资执行董事娄东来表示，基金目前已在境外募资 1 亿美元，将和南京相关区合作，成立政府引导型基金，投资生命科学、人工智能等领域。

建立海外协同创新中心，是南京深入全球科技创新"腹地"、集聚创新资源、参与国际创新活动、深度融入全球创新链的重要路径，也是为南京企业走出去、国外技术引进来搭建绿色通道。

在创新名城建设推进过程中，我市启动实施"生根计划"，各板块结合各自主导产业，差异化分别深度对接全球主要创新国家（地区）开展深度交流，已挂牌设立 29 个"南京市海外协同创新中心"，促成一批合作项目在宁落地生根，南京创新"桥头堡"亮相全球。

"南京雄厚的产业基础、丰富的科教资源为我们提供了充足的人才储备和产业配套资源。"北星空间信息技术研究院相关负责人告诉记者，2019 年，北星的创业团队受南京市海外协同创新中心（墨尔本）邀请参加交流活动，与浦口高新区"生根"出访团成功对接。去年，团队项目成功在高新区孵化器落地。

南京市海外协同创新中心（墨尔本）相关负责人介绍，中心和墨尔

---

① "十三五"成就看南京系列新闻发布会创新发展专题发布[EB/OL]. （2020-10-27）[2022-05-23]. https://www.nanjing.gov.cn/hdjl/xwfbh/sswcjknjxlxwfbhcxztfb/.

本市政府、澳中科协、浦口高新区等联合成立墨尔本—南京城市创新创业联盟，去年成功引入 11 家企业落地浦口高新区，项目总金额超 2 亿元。

南京清湛人工智能研究院是中国科学院院士、清华大学人工智能研究院院长张钹在国内参股领衔创办的人工智能应用型研究院，在 2019 年的中以人工智能高端创新论坛上与南京"结缘"。研究院相关负责人告诉记者，项目落地后，南京市海外协同创新中心（以色列）一直帮助加深清湛与以色列方高层次技术学者的深度交流，让清湛与南京的这段"良缘"持续升温。

南京市海外协同创新中心（以色列）负责人杨磊介绍，中心每个月都会安排企业通过线上视频会议的方式，与以色列理工、以色列魏兹曼研究院的相关人工智能学者，以色列 drive 加速器等创新型服务机构所孵化的项目创业者开展深度交流，了解全球创新趋势。2020 年，已有近 30 个项目在线上进行互相交流。

记者了解到，截至 2020 年底，我市 29 个海外协同创新中心开展海外宣传推广活动 274 场次，促成签约合作项目 297 个，成为集聚海外创新资源的重要纽带。今年，市科技局将会同有关部门不断推进做实做强我市各海外协同创新中心，打造南京链接全球的开放创新纽带与桥梁，助力建设具有全球影响力的创新名城。

资料来源：南京市人民政府，《链接全球创新资源 搭建开放创新"桥头堡"29 个海外协同创新中心促成 297 个项目》，2021 年 4 月 29 日，https://www.nanjing.gov.cn/njxx/202104/t20210429_2900544.html。

6.3.3 以优秀人才为自主培养重心

"十四五"期间，南京市委、市政府最高领导层直接推动实施积极的创新人才战略，奋力建设全国的创新之都和重要人才高地，形成优秀人才的雁阵格局，以优秀人才为自主培养重心，让人才成为南京高质量发展最鲜明的标识。

"高等教育毛入学率"是衡量是否建成教育强国的重要指标，也是衡量是否建成人才强国的重要指标。2020 年我国高等教育毛入学率已经达到了 54.4%，标志着我国已经进入了高等教育的普及化时代，而江苏省高等教育毛入学率达到了 60.2%。近日公布的南京市人口变动抽样调查结果显示，2021年年末南京市常住人口为 942.34 万人，与 2020 年年末 931.97 万常住人口相比，增加 10.37 万人。①根据南京市出台的《关于加快打造高水平国家级人才平台 推进新时代人才强市建设的意见（征求意见稿）》，到 2025 年，南京全市人才资源总量要达到 440 万人，关键领域战略科技人才、工程师数量等人才核心指标要进入全国、全省第一方阵。因此，南京还必须进一步提高南京的高等教育毛入学率，积极发展高等教育、支持职业教育，重点打造一批高水平应用型本科高校，接受更多的优秀学子留在南京工作，不断提升南京就业人员中受过高等教育人数的比例。

2022 年 1 月，南京市委召开人才工作会议暨引领性国家创新型城市建设大会，明确提出要围绕打造国家区域科技创新中心，进而争创综合性国家科学中心这一总目标，突出引领性国家创新型城市建设的主抓手，打造具有全球竞争力的创新之都。②这预示着南京即将进入一个新的创新驱动、高层次人才引领的历史坐标。2021 年，南京市研发经费支出占 GDP 比重达 3.38%；在全球科研城市 50 强中，南京市跃升至 2020 全球创新指数排名第 21 位，列国家创新型城市排行榜第 4 位③。这些无疑主要是来自高层次人才的奉献。然而，2021 年 11 月，2020 年度国家科学技术奖揭晓，共评选出 275 个项目（人选、组织），北京、上海、南京的获奖项目分别为 64、46、24 项，从获奖数量上也可以看出南京的高层次人才与北京、上海相比仍存在很大差距。④

南京拥有众多的高校、国家级研发平台和两院院士，紫金山实验室进入国家实验室序列，紫金山科技城、麒麟科技城着力建设应用基础研究创新技术集聚区和战略科技力量承载区。南京有责任也有能力为国家培养输出更多的大师大家和领军人才，实现战略人才的自主可控。因此，南京要充分发挥"双一流"大学的作用，加速建设世界一流大学和一流学科，静下心来支持"双

---

① 2021 年南京常住人口增加 10.37 万城镇化率全省第一[EB/OL].（2022-02-22）[2022-05-23]. http://www.jiangsu.gov.cn/art/2022/2/22/art_33718_10362507.html.
② 加快建设全国重要人才重地 奋力打造具有全球竞争力的创新之都[N]. 南京日报，2022-01-05（A1）.
③ 南京市人民政府. 2021 年南京市人民政府工作报告[EB/OL].（2021-01-22）[2022-05-23]. http://www.nanjing.gov.cn/zdgk/202101/t20210122_2801157.html.
④ 最全！2020 年度国家科学技术奖励名单[EB/OL].（2021-11-03）[2022-05-23]. http://www.stdaily.com/index/kejixinwen/2021-11/03/content_1229764.shtml.

一流"大学建设一批基础学科培养基地,制定实施基础研究人才专项。南京要加大高层次人才的培养力度,培养能够抢占世界科技、产业战略高地的一流英才和战略科学家,进而实现若干重大发展课题独创自主解决,通过高层次人才推进南京的科技创新由追随模仿走向前沿突破,大力推动南京走入综合性国家科学中心的行列。

南京还要着力提升创新策源功能,大力培育高层次服务人才,重视商业模式创新、知识产权、技术转移转化、标准制定、金融、品牌管理和检验检测等领域高层次专业服务人才的选拔培养,通过培养优秀的专业服务人员,促进科研成果的转化和创新之都的建设。

6.3.4 以精心服务多举措留住人才

人才供给不仅是要培养人才,而且还要有效供给人才,这就要求人才要能够自主培养,不仅要能够培养得出还要能够留得住。留住人才对南京来说,却是严峻的考验。南京地处长三角,虽然是我国重要的人才聚集区,但也一直面临着上海的虹吸效应和杭州、苏州崛起的冲击。2018年10月,中央巡视组曾直言,南京省会功能发挥不足、首位度低。此后,江苏明确提出了强省会战略,要提升南京的引领和辐射作用。南京要乘长三角一体化和南京都市圈发展规划的东风,化被动为主动,因地制宜打造具有竞争力的人才制度体系,通过为本土人才搭建全方位、高水平的服务载体和发展平台,增进人才和城市之间的"黏度"。

首先,要进一步完善高校毕业生留宁创业就业的政策体系,降低高校毕业生在宁创新创业门槛,降低企业对高校毕业生的就业吸纳成本。建设人才创业园,加大"产业博士后"集聚开发力度,强化博士后"人才战略储备库"功能,吸收本土优秀青年人才从事博士后研究工作。

其次,要做好服务,留住基础性人才。南京要深化政企合作模式,提升人才服务质量。通过深化政府与企业的合作,进一步降低企业的留才成本,建立政府主导、企业联动、社会参与的永久居留企业人才融入服务模式。优化留人环境,强化"人才一件事"政务服务,集成提供紫金山英才卡服务,完善分层分类服务保障机制,营造人才宜居宜业的环境,让所有选择南京的人才都能够实现自我价值、受到广泛尊重,把南京打造成为全球英才向往的创新之都。

最后，要聚焦重点领域、高端人才，形成对"高精尖缺"人才具有特别吸引力的制度。南京强调以"科技+"的理念推动社会的全面创新，2019年，已有8位诺贝尔奖及图灵奖得主、115位国内外院士来宁创新创业。2021年，南京完成了6 797家高新技术企业申报，高新技术企业数预计超过8 000家，入库科技型中小企业1.68万家，国家级专精特新"小巨人"企业达150家，独角兽企业17家，瞪羚企业210家，居全省前列。然而，南京拥有的"独角兽"企业数量仅为杭州的46%，"瞪羚"企业数量仅为广州的28%，产业创新后劲和竞争力还存在很大的提升空间。因此，要加大力气优化"高精尖缺"人才工程和相关待遇，制定对高层次领军人才具有吸引力的政策举措。要推动在具备条件的行业骨干企业建设"企业院士工作室"，吸引海内外高端人才到南京创新创业，形成各具特色的"人才特区"。对于来宁的高层次领军人才，要完善党委联系服务专家制度，大力支持领军人才搭建平台、组建团队。重点扶持在宁高层次人才创新创业基地，给予特殊政策支持，提升高层次人才归属感。对来南京工作的短缺海内外人士，给予最大力度的个人所得税减免优惠。

【资料链接】

2021年南京市独角兽瞪羚企业发布

6月23日，南京市举行2021年独角兽瞪羚企业发布会。2021年，南京市共有独角兽企业17家，其中新晋5家；培育独角兽企业306家，新晋230家；瞪羚企业210家，新晋146家，总计533家。

发布会上发布《2021年南京市独角兽、瞪羚企业发展白皮书》。白皮书显示，2021年，南京市创新名城建设已满3年，独角兽、瞪羚企业系统性培育工作取得良好成效。面向世界，用"独角兽"速度奔跑的南京已成为全球独角兽企业的新兴地。

今年南京17家独角兽企业分布于8大行业。其中生物医药企业4家、新零售企业3家，二者占比41.2%。其次，在智慧物流、汽车、互联网、IT行业，各有2家企业。

将分析样本进一步扩大,今年南京市 323 家独角兽、培育独角兽企业分布于 18 个行业。整体来看,IT、生物医药、电子及光电设备、科技服务、互联网等行业企业数量最为集中,与南京市正在打造的地标产业吻合度极高。与此同时,全市 210 家瞪羚企业分布于 12 个行业。与独角兽、培育独角兽企业相比,瞪羚企业和实体经济联系更为紧密,装备制造业企业数量最多,共 67 家企业,占总数的 31.9%。其次分别为节能环保、电子及光电设备、生物医药、IT 及互联网,共 112 家企业,占总数的 53.3%。

高成长性企业是吸引社会资本的强磁场。融资方面,在最近一年内,有 185 家独角兽企业、培育独角兽企业完成新融资,累计获得融资金额 514.5 亿元,反映出独角兽企业备受资本市场青睐,融资能力普遍较强。

独角兽、瞪羚等高成长性企业是衡量地区创新发展水平的风向标。2018 年 4 月,南京市发布首批独角兽瞪羚企业榜单,系统性开展独角兽瞪羚企业的培育工作。经过 3 年多的持续推动,南京市已发布 5 批独角兽瞪羚企业名单,高成长性企业数量迅速增长。

资料来源:江苏省人民政府,《2021 年南京市独角兽瞪羚企业发布》,2021 年 6 月 24 日,http://www.js.gov.cn/art/2021/6/24/art_34169_9862949.html。

6.4 坚持全方位精准培养人才

党的十九届五中全会通过的《中共中央关于制定国民经济和社会发展第十四个五年规划和二〇三五年远景目标的建议》明确提出,要"全方位培养、引进、用好人才,造就更多国际一流的科技领军人才和创新团队,培养具有国际竞争力的青年科技人才后备军",要"加强创新型、应用型、技能型人才培养,实施知识更新工程、技能提升行动,壮大高水平工程师和高技能人才队伍"[1]。南京的新发展格局以高质量发展为主题,以引领性国家创新型城市

---

[1] 中共中央关于制定国民经济和社会发展第十四个五年规划和二〇三五年远景目标的建议[N]. 人民日报,2020-11-04(1)。

建设为主抓手，打造有全球竞争力的创新之都，人才供给侧结构性改革必须坚持全方位精准培养人才，要锻造国家战略人才力量、培养创新创业人才、强化企业自主培养人才主体地位、培养造就大批社会科学和文学艺术人才。

6.4.1 锻造国家战略科技力量

习近平总书记在中央人才工作会议上指出："战略人才站在国际科技前沿、引领科技自主创新、承担国家战略科技任务，是支撑我国高水平科技自立自强的重要力量，要把建设战略人才力量作为重中之重来抓。"[①]南京要充分利用自己的科教优势，扩大科技顶尖专家、产业支撑人才、海外人才、青年人才规模，形成优化合理的人才梯次结构和培养成长链，推动人才总量实现翻番，为建设国际创新名城提供高质量的人才供给。

1. 大力培养战略科学家

2022年伊始，南京市委发布"一号文"，提出要锻造国家战略科技力量，打造综合性国家科学中心核心承载区，推动高水平实验室建设，全面提升基础研究能力。南京要把建设战略人才力量作为重中之重来抓，围绕创建国家级人才平台目标任务，优化升级紫金山英才计划，"一事一议"给予顶级支持，"一人一策"配置创新资源，市领导直接联系服务，从而建设好战略人才力量培养、国际人才首选发展、人才发展改革试验、区域资源集聚辐射四大平台。

2. 打造大批一流科技领军人才和创新团队

南京要充分利用南京的科教优势，尤其是发挥"双一流"大学、中央部属大企业、军工科研单位和企业的作用，瞄准"高精尖缺"实施紫金山英才高峰计划，未来五年着力集聚100名（个）高峰人才（团队）。南京要加快完善人才创新激励机制，将一流科技领军人才和创新团队优先纳入市级重点人才计划，积极推行"揭榜挂帅"制、"赛马"制，招揽海内外人才组建关键核心技术协同攻关团队，共享全球智力资源。

---

① 习近平. 深入实施新时代人才强国战略 加快建设世界重要人才中心和创新高地[J]. 求是，2021（24）.

3. 打造规模宏大的青年科技人才队伍

青年科技人才是科技创新的助力军,要加强青年科技人才培育工作,完善从象牙塔到创新创业主战场的"全链条"培养体系,以更大的平台、更优的机制,培养具有国际竞争力的青年科技人才后备军。要优化升级"宁聚计划",实施紫金山英才宁聚计划,重点支持青年大学生在宁就业创业,支持青年人才留在南京挑大梁、当主角,形成人才的雁阵格局。到2025年,全市青年大学生创业企业要突破10万家,当年新增就业参保大学生达到50万人。

4. 培养大批卓越工程师

结合南京经济社会发展需求,首先要支持和引导学校紧密结合南京的产业发展需要办学,围绕南京的产业发展结构"校准"人才培育方向,把重点放在新能源汽车、集成电路、人工智能、软件和信息服务、生物医药等产业上,有的放矢,培育一支与南京产业发展需求相匹配的卓越工程师队伍。其次要推动园区、高校、企业共建联合培养基地,联合培养卓越工程师,建设一支爱党报国、敬业奉献、具有突出技术创新能力、善于解决复杂工程问题[①]的"宁家军"工程师队伍。

6.4.2 大力培养各类创新创业人才

产业转型升级和新兴技术转化不仅需要具有战略眼光和管理能力的企业家人才,还需要金融人才、商业模式创新人才、知识产权人才、检验检测人才等各类创新创业人才的催化撮合。

当前,南京面临"创新多、创业少,科技多、产业少,专利多、产品少"的结构短板,本地研发投入四成集中在高校院所,但其中七成左右的职务发明专利没有得到转化和应用,创新成果与产业发展对接不紧密。与深圳、杭州等兄弟城市相比,南京缺乏善于撮合技术交易、技术转化的技术经纪人、商业模式创新人才、技术孵化人才等专业服务人才,缺乏天使投资者和科技金融人才,科技金融和风投机构的发展仍显薄弱,科技成果转化服务供给不足,屡屡出现"南京研发、异地转化"的现象,难以在本土诞生诸如阿里巴

---

① 习近平. 深入实施新时代人才强国战略 加快建设世界重要人才中心和创新高地[J]. 求是,2021(24).

巴、科大讯飞、小米等处于全国领先地位的科技企业。这一表现和南京科教强市的地位是极不匹配的。

作为全国唯一的科技体制综合改革试点城市，南京要打造国家战略科技力量、着力提升创新策源功能，必须加强各类创新创业人才的有效供给。南京要做好两方面的工作：一是大力培育服务人才，重视商业模式创新人才、知识产权人才、技术转移转化人才、标准制定人才、金融人才、品牌管理人才、检验检测人才等专业型人才的选拔培养，筹建国家产品质检中心、计量中心等平台，服务科研成果的转化。尤其应充分利用南京高等教育资源带来的丰富校友资源，建立向校友借智借力的有效网络，大力发展校友企业家成为高校科技成果转化的职业技术经纪人，提高科技成果的转化率①。二是注重相关行政部门和用人单位相关部门负责人的专业能力建设。专业型人才的培养、科技成果的研发与转化都必须从顶层设计抓起，有关行政部门要从宏观形势、资源对接、市场管理等方面做好育才引才规划和体系设计，用人单位相关部门要从市场和竞争的角度提高负责人和工作人员的专业能力，从理论教育到双招双引技能培训，从课堂教学到现场教学，应建立起多层次、多渠道的培训体系，对已有的人才工作队伍进行升级改造。

6.4.3　强化企业自主培养人才主体地位

习近平总书记多次强调，要根据需要和实际向用人主体充分授权，发挥用人主体在人才培养、引进、使用中的积极作用②。进入新时代，教育机构和政府相关部门早已经不是人才培养的唯一渠道，企业作为创新的主体，也成了人才培养的主体。

1. 推动企业成为自主培养人才主体

一直以来，人才培养都被视为教育系统和政府相关部门的任务，企业只是引才用才单位，很少提及企业的育才功能。同时，由于企业自主育才难度

---

① 赵永乐，徐军海，黄永春，等.基于问题与需求的南京市人才制度体系建设方略[J].北京教育学院学报，2020（3）：47-54.
② 习近平.深入实施新时代人才强国战略　加快建设世界重要人才中心和创新高地[J].求是，2021（24）.

大、见效慢,对外引才速度快,加上企业担心自己辛辛苦苦培养的人才被挖走,企业自主培养人才的积极性严重缺乏。事实上,企业自主培养人才是人才供应链中的重要一环,华为和格力就是企业自主育才的典型代表企业。随着我国建设世界重要人才中心和创新高地的战略布局,南京政府要强化企业创新主体地位,落实政策、搭建平台,推动企业成为自主培养人才主体。

2. 推动企业自主培养科技企业家

通过产学研走深、走实之路,促进教育链、人才链与产业链、创新链有机衔接,培育科技型企业家,是南京面临人才新发展阶段必须解决好的重要问题。南京要引导企业树立自主创新意识,深入实施科技企业家支持计划,构建有利于科技企业家参与创新要素集聚的制度机制;组建产学研联盟,增建城市"硅巷",推进企业家与科研人员的合作交流和考察学习等;探索领军科技企业家到高校担任产业副校长的交流机制,促进科研成果转化的同时培养科技企业家,以新型企业家精神引领培育领军企业家。

3. 推动企业自主培养研究开发人才

2022年1月,南京市委"一号文"提出要强化企业创新主体地位,推动企业利用当地丰富的科教资源,将研发、教学与市场紧密结合,优化创新创业布局,加快江北新区自主创新先导区和剑桥大学科创中心的建设。要加快紫金山科技城、中科院麒麟科技城建设,打造紫东科创大走廊、G312产业创新走廊,大力引进科技型企业,促进产学研融通创新,推动企业自主培养研发人才。要落实好研发费用加计扣除、高新技术企业所得税减免等政策,支持科技型中小企业、高新技术企业等加大研发投入,培养研发人才。

4. 推动企业自主培养经营管理人才

最好的经营管理人才,是企业自主培养的人才。要营造良好的企业自主培养人才氛围,让企业学会做好经营管理人才的自主培养。首先要选"好苗子"。要建立企业自己的经营管理人才数据库,从有成功实践经验的人中选拔有潜力的人才,选好经营管理方面的"好苗子"。其次要让这些"好苗子"从基层开始逐步锻炼成长,不断为他们搭建更高的成长平台,直至他们成为企业经营管理的中流砥柱。

5. 推动企业自主培养技能人才

2019年，国务院发布《国家职业教育改革实施方案》，要求"引导行业企业深度参与技术技能人才培养培训，促进职业院校加强专业建设、深化课程改革、增加实训内容、提高师资水平，全面提升教育教学质量"[①]。要围绕南京的产业发展结构，大力推动科研院所、重点园区、重点企业联合建设工程师学院，支持创建集科研、教学、培训、交流于一体的国家级技能人才综合发展基地。完善产业人才培育制度，实施科技产业创新人才补短板工程，支持江苏省产业技术研究院大学、南京高等职业教育创新创业园等培养产业创新人才，建设一批新技术学院和新工科专业，壮大高水平工程师和高技能人才队伍，推动产业工人队伍建设改革。推行企业新型学徒制、"双导师制"和"双元制"职业教育，设立首席技师工作室，推进高师带徒项目，让企业代替学校成为技能人才培养的主力军，培育以技师工作站领衔人、首席技师、技术能手为主体的领军层级高技能人才。

6.4.4 培养造就大批社会科学和文学艺术人才

文化是民族的精神命脉，党的十八大以来，党中央高度重视社会科学和文艺事业，习近平总书记指出："正本清源、守正创新，一个国家、一个民族不能没有灵魂，作为精神事业，文化文艺、哲学社会科学当然就是一个灵魂的创作，一是不能没有，一是不能混乱。""文化文艺工作、哲学社会科学工作在党和国家全局工作中居于十分重要的地位，在新时代坚持和发展中国特色社会主义中具有十分重要的作用。"[②]近年来，各大城市人文社会科学研究普遍落后于自然科学研究，社会科学和文学艺术人才的培养大大落后于自然科学人才的培养，精神文明建设明显滞后于物质文明建设，这一现象让人担忧。事实上，社会科学和文学艺术十分重要、大有作为。

南京是著名的世界历史文化名城，文化底蕴深厚，在做好自然科学研究和创新人才培养的同时，也要充分利用南京城市资源禀赋和独特品牌，培养、造就一大批德才兼备、符合城市需求的社会科学和文学艺术人才，打响城市

---

① 国务院印发《国家职业教育改革实施方案》[EB/OL].（2019-02-13）[2022-05-24]. http://www.gov.cn/xinwen/2019-02/13/content_5365377.htm.
② 习近平. 一个国家、一个民族不能没有灵魂[J]. 求是，2019（8）.

文化特质品牌。2022年南京市人民政府工作报告提出，要打造思想文化引领高地，彰显历史文化名城厚重底蕴，推动文化事业全面繁荣，促进文旅产业提质增效。首先要深入贯彻党的方针政策，坚持走中国特色社会主义文化发展道路，尊重和遵循社会科学和文艺规律，推动形成具有南京特色的社会科学研究、文化产品创作生产引导体系，繁荣社会科学研究和文化创作生产传播。其次要发挥重大工程项目带动作用，组织实施南京社会科学研究项目、文化艺术精品创作扶持工程，识才、爱才、敬才、用才，支持青年人才挑大梁、当主角，培养优秀的社会科学和文艺人才。再次要加大财政资金支持力度，增加对社科基金和艺术基金的投入，激发社科研究、文艺作品创新增优的积极性，引导资源向精品聚集，突出成果的社会效益，培养一批具有国际知名度的社会科学和文艺人才，扩大南京在世界重要国家和地区的文化影响力，深化世界文化之都的建设。

第 7 章

新发展格局下
南京的人才流通治理

人才流通环节亦称人才配置环节，也曾被人称为人才市场环节、人才劳动力交换环节。人才流通环节是人才社会再生产单循环的中间环节，也是人才内外双循环的交叉节点。人才流通上承人才供给，下联人才需求，是人才生产和使用消费的媒介，其主要表现形态是社会人才流动和市场配置。所谓的畅通人才循环，不管是国内循环还是国际循环或是双循环，其关键点其实都在人才流通之处。流通不通，任是各种循环，自然都不通。改革开放以来，南京是全国最早出现人才流动的大城市之一。新发展格局下南京人才流通治理，要以"党管人才"为核心，积极推动市场在人才流通领域中起决定性作用，在有效市场和有为政府的统筹作用下，建立政府行政部门宏观调控、用人主体自主使用人才、人才自主选择职业、中介机构提供服务的通畅的人才流通治理体系，打造与创新名城相符的高端人才服务业体系。

7.1 南京人才流通治理的背景、意义与主要任务

"十四五"期间，南京要以畅通人才循环为根本任务，推动市场在人才循环中起决定性作用，着力破除体制机制障碍，向用人主体充分授权，切实为人才松绑。要以改革精神推进人才职能优化协同高效，最大限度地减少不必要的行政行为，着力解决对市场干预过多和监管不到位的问题，推动人才治理重心下移，力行简政放权，突出市场导向，激发各类用人主体的活力。

7.1.1 南京人才流通治理的背景

南京历来重视市场在人才工作中的重要作用，早在 20 世纪 80 年代末 90 年代初就形成了人才市场雏形，在全国比较早地打破了传统僵化的人才分配配置模式。党的十八大以来，南京在人才流通治理方面勇于探索、大胆实践，获得了不少成功的经验、取得了显著的成效，有力地推动了南京经济社会的发展，为南京国际创新名城的建设提供了强有力的人才支撑。但不可忽视的是，南京还存在着不少亟待解决的问题。新发展格局下南京人才流通治理的背景可以从优势和短板两个方面展开叙述。

1. 南京人才流通治理的优势背景

南京人才流通治理的优势背景主要表现在两个方面，一是党管人才、政

府重视，二是建立多样化政策体系。

南京是全国较早重视、推进人才市场建设的大城市。改革开放40多年以来，南京市委、市政府一直高度重视人才工作，不断加强改革探索实践，创新人才发展体制机制，大力引进海内外高层次人才，营造人才发展良好环境，推动人才优势向科技优势和产业优势转化，取得了许多宝贵的经验。每年新年伊始，南京市委都会发布"一号文"，在推进创新名城建设的同时对全市人才工作作全面、详细的部署，南京市委书记、市长亲自任人才工作领导小组组长、副组长，坚持党的全面领导，牢固确立人才引领发展的战略地位。南京市委市政府出台的一系列的人才工作文件，促使了有关部门协调配合的人才工作格局的形成。2021年5月9日晚，南京为在宁高校全体毕业生举办了一场别开生面的毕业典礼，江苏省委常委、南京市委书记韩立明在现场向在宁高校即将毕业的26.3万应届毕业生发出最诚挚的邀请：你们是南京最想留住的幸运。2022年1月4日，南京市委人才工作会议暨引领性国家创新型城市建设大会在新年第一个工作日召开，强烈彰显人才和创新双主题。会议吹响了南京打造高水平国家级人才平台，建设全国重要人才高地的"冲锋号"，发出了"加快把南京打造成为全球英才向往的创新之都"的动员令。

【资料链接】

南京市委书记寄语26万大学毕业生：

你们是南京最想留住的幸运

2021年5月9日晚，南京为26.3万名在宁高校应届毕业生准备了独一无二的毕业盛典——2021届南京·大学生毕业典礼。江苏省委常委、南京市委书记韩立明发表热情洋溢的致辞，寄语全体毕业生。

韩立明深情地说：这场毕业典礼，既是来自大蓝鲸（谐音大南京）的祝福，祝福大家奔向星辰大海，开启新的人生精彩，也是来自大南京的盛邀，邀请大家与宁同行，追逐梦想。

韩立明和同学们分享了三句话。第一句话：遇见"宁"最有缘。第二句话：奋斗者最美丽。第三句话：创新梦最南京。韩立明告诉同学们，现在的南京，平均每个工作日注册市场主体960家，落户就业参保大学生 1500 人，诞生大学生创业企业 70 家。专业机构数据显示，南京位居 2020 年高校毕业生吸引指数第 5 位。

今年，南京再次整合优化各类政策，推出"紫金山英才宁聚计划"，全力为大家搭建就业好平台、创业大舞台，加快建设青年和人才友好型城市。如果你留在南京，落户、租房、购房等一系列政策，将最大限度免除大家的后顾之忧；如果你在南京就业，面试补贴、见习培训等支持措施，将助你事半功倍；如果你在南京创业，将享受到最便捷的准入、最低廉的成本、最完备的配套、最贴心的服务。

我们热忱期待，各位学子能够在南京开启人生新的里程，让青春在奋斗中绽放绚丽光彩，与我们共同绘就中华民族伟大复兴中国梦的南京篇章！

资料来源：《市委书记深情寄语，今晚南京这场毕业典礼超燃！》，南报网，2021 年 5 月 9 日，http://www.njdaily.cn/news/2021/0509/3318550083901297017.html。

在南京市委的领导下，南京初步建立了多样化的政策体系。南京的人才政策既注重对外来人才的引进，也兼顾既有人才储备的培养和扶持；既引进优秀的高层次人才，也注重大学生的引进和发掘；既有对顶尖人才团队的大力资助，也出台明确的标准对人才类别进行严格界定，并针对不同类型的人才提供不同的安居政策等；既有政策支持，又有经济奖励。同时，打破户籍、地域、人事关系等制约人才流动的刚性因素，制定提高高层次人才横向和纵向流动的柔性引才用人政策，创新人才举荐制。此外，南京还全方位实施人才环境优化工程，人才安居、子女教育、医疗保健等服务保障力度持续加大，重点计划人才对南京人才发展环境满意度超 9 成。在人才选择落户南京的因素中，城市吸引力占 70.42%。通过多年苦心耕耘，南京人才流通治理的成效逐年显现，2021 年全社会研发经费支出占 GDP 比重达 3.6%，万人发明专利拥有量达 95.4 件、居全国第三；新增两院院士 14 名、居全国第二；实施紫金山英才计划，集聚顶尖人才 30 名，引进高层次创新创业人才 234 名，培养创新型企业家 200 名；净增高新技术企业 1 300 家、总数达 7 800 家，新晋独角兽企业 5 家、瞪羚企业 146 家，入库科技型中小企业 1.68 万家；全市高新技术产业产值达 1.3 万亿元，南京高新区全国排名提升至第 12 位。①在"自然指数—科研城市"2021 榜单中，南京跻身全球第 8，比 5 年前提升 11 位。②

2. 南京人才流通治理的短板背景

然而，南京人才流通治理的短板也很突出，对内还存在着政府和市场的角色边界不清，政府管得多、市场作用发挥不足等问题，对外还存在着内外循环相互促进不够、全球人才竞争力不强等问题。南京人才流通治理的短板背景主要表现在三个方面。

一是政府主导特色明显，但在推动构建具有全球竞争力的人才制度体系建设过程中发挥市场作用还不到位。分析南京人才制度体系发现，现行的人才制度体系从构建到实施，更多体现了政府主体的角色，是政府主导、政府控制、政府推动、最终成为政府绩效的人才制度体系。孙锐、吴江曾经对"强政府"行政主导模式进行了描述：人才工作中存在"政府独大"、职能部门边界不清晰、事业单位人事管理"官本位"行政化、市场配置人才的决定性作用发挥不足、人才法治建设滞后等问题。同时，政府内部也存在部门改革动力不足，政策缺乏统筹协调、可操作性差和人才需求回应性不足等问题。③目前南京体现的仍然是传统的"强政府"行政主导模式。

二是人才市场主体的作用没有充分得到体现。南京人才制度的最大短板是市场机制作用发挥不够，市场调节作用未能真正发挥出来。这不仅意味着政府和市场的关系还有待进一步理顺，而且意味着作为市场主体的用人单位还有相当一部分未进入到构建国际创新名城的人才市场竞争的热潮中去，相当一部分企业还躲在热潮外面徘徊乘凉。在调研过程中，一些专家包括一些基层工作者反映，南京的"345"海外高层次人才计划、"创业南京"计划、科技顶尖专家集聚计划等人才专项计划，大多以人才数量为建设目标，对引进扶持多少高层次人才、支持创立多少基地和机构提出的目标都有具体的数

---

① 南京市人民政府.2022 年南京市人民政府工作报告[EB/OL].(2022-05-18)[2022-05-27]. https://www.nanjing.gov.cn/zdgk/202205/t20220518_3421551.html.
② 省委常委、南京市委书记韩立明接受省主要媒体专访[EB/OL].（2021-12-20）[2022-05-27]. http://zgjssw.jschina.com.cn/shixianchuanzhen/nanjing/202112/t20211220_7354607.shtml.
③ 孙锐，吴江. 创新驱动背景下新时代人才发展治理体系构建问题研究[J]. 中国行政管理，2020（7）：35-40.

量要求，然而，这些数量和目标的确定并不完全都是建立在市场需求基础上，相当一部分都带有明显的计划指令痕迹，而不少的用人单位却游离在市场需求之外。在人才的流通治理中，计划经济色彩不时会浮出水面，计划思维管理人才的惯性也仍然很大，市场功能作用偏离，用人主体的积极性未能发挥出来，因而市场对人才资源的配置作用也未能真正落到实处。

三是人才内循环和外循环的交叉节点作用未能突出。南京人才内循环和外循环尤其是国际循环相互促进的关节点在人才流通环节处，在坚持畅通南京人才内循环、全方位自主培养用好人才的同时，要积极参与国内国际人才的合作与竞争，以提升人才吸引力为主要方式，加大人才对外开放力度，精准引进大批南京国际创新名城建设紧缺的顶尖人才。南京在人才引进上下了很大功夫，取得了不菲的成绩。但是，不论是人才开放力度还是人才引进规模和精准度，南京的优势都不明显：人才国际治理缺少清晰的战略布局，全球竞争力与国内北京、上海、广州、深圳等一线大城市相比相差不小，即使是与武汉、成都、杭州、合肥等省会城市相比也不敢说强多少；创新人才引进的环境，国际化程度不够高，办事效率和水平也有待于进一步提升改进；国际化社区不多，工作条件和生活环境类国际化不高；人才工作没有走出去，人才走出去的也不够，人才到国外去使用消费和使用消费外国人才更是有限；人才内循环和外循环的交叉节点还不够通顺。严格来讲，南京的人才国际循环尚未形成体系。

7.1.2 南京人才流通治理的意义

人才流通是人才再生产单循环的中间环节，直接影响人才配置效果和人才使用效果。只有顺畅、良性、有序的流通，才能实现人才要素的优化配置和人才价值最大化。人才资源只有经过流通环节，与用人单位进行人才资本的市场交换，才能成为现实的人才生产力。南京人才流通治理以习近平总书记关于人才工作的重要论述为指导，充分认识人才发展的内涵和特征规律，深化人才流通领域改革，打通流通堵点，补齐流通短板，贯通人才的生产、流通、使用消费各环节，无缝对接人才供给、需求两侧，形成更高水平的动态平衡，为南京实施人才强市战略、建设创新名城提供了坚强的人才和智力支撑，不仅具有重大的现实意义、广泛的普适意义，而且具有深刻的理论意义。

1. 重大的现实意义

南京人才流通治理存在的三大问题,是制约和削弱了全市人才治理成效的大问题。对南京人才流通环节加强治理,能够增强南京人才供需两侧的联系和动态平衡,也有利于人才内外循环的相互促进,使市场在人才流通领域起决定性作用和更好发挥政府作用,不仅能够促使人力资源成为现实生产力、优化人才社会结构,而且能够扩大人才开放、聚天下英才而用之。通过人才流通治理,可以推进人才体制机制深化改革,破除人才流通领域的各种弊端,有效沟通和协调人才供需两侧的管理和发展,增进市场活力,提高流通效率,营造良好人才创新生态环境,推动人才资源配置依据市场规则、市场价格、市场竞争实现效益最大化和效率最优化[①]。这对于南京建设具有全球影响力的创新名城、提升城市竞争力具有重大的现实意义。

2. 广泛的普适意义

"政府热、市场冷",市场在人才资源配置中作用的有效发挥受到诸多制约,这些问题并非南京一家独有,很多一二线城市也同样存在。因此,人才的流通治理是我国很多中心城市需要解决的大问题。对南京人才流通进行治理,不仅可以解决南京本身存在的问题,而且也能为我国在新发展阶段处理好市场在人才资源配置中起决定性作用与政府更好发挥作用的关系提供普适性的经验和样本。在这一过程中,如何加快转变政府人才管理职能,如何加快人才流通的市场化和国际化转变,如何建立一套与城市战略相吻合、具有全球竞争力的人才流通治理体系,并在此基础上形成通畅的相互促进的内外人才双循环体系,发挥人才内外双循环交叉节点的链接作用,为我国社会主义现代化强国建设提供更坚实的人才支撑,无疑具有广泛的普适意义。

3. 深刻的理论意义

从人才循环的角度研究南京的人才流通治理,强调了人才流通在人才社会再生产诸环节循环往复过程中的重要作用,将从理论上破解南京"人才如何流通""人才如何成为现实生产力""市场在人才流通领域怎样起决定性作

---

① 赵永乐,陈培玲. 深化改革:人才优势转化为发展优势的根本动力[J]. 人才,2014(3):52-53.

用""人才内外双循环交叉节点怎样发挥链接作用"等一系列人才流通的重大问题。以南京为研究对象，探讨如何打通南京人才再生产中人才流通和南京现实中的人才生产、人才使用消费环节的通道关系，加快建立人才流通的市场制度规则，打通制约人才双循环的关键堵点，促进人才资源在南京范围内畅通流动，对于践行习近平总书记关于人才工作的重要论述，进一步丰富中国特色人才再生产理论，具有深刻的理论意义。

7.1.3 南京人才流通治理的主要任务

以人才供给侧结构性改革为主线，南京需要在发挥科教名城现有人才生产优势和使用消费吸引优势的同时，畅通人才流通渠道，使市场在人才资源配置中起决定性作用和更好发挥政府作用，在稳固壮大南京人才循环基本盘的基础上，促进国内国际人才循环体系，面向世界吸引顶级人才，为建设"创新名城，美丽古都"提供坚强的人才和智力支撑。南京人才流通治理的主要任务体现在以下三个方面。

1. 推动人才市场高效畅通和规模拓展

南京是改革开放初期我国最早出现人才流动、突破人才单位所有的城市之一，也是我国最早萌发人才市场雏形的地方之一，我国最早的人才再生产理论和人才市场理论也诞生于南京。首先，南京要进一步强化人才流通领域的治理，使市场在人才资源配置中起决定性作用和更好发挥政府作用，形成有效市场、有为政府。加快转变政府职能，用足用好南京大规模市场优势，让人才需求更好地引领优化人才供给，让人才供给更好地服务扩大人才需求。其次，要以市场作用促进人才竞争，深化分工，优化结构。南京要以市场竞争集聚人才资源、推动人才增长、激励人才创新，实现人才市场交换、人才供需平衡、主体利益协调和人才价值增值等。再次，要进一步激发用人单位和人才等市场主体活力，构建畅通高效的人才内循环。壮大和保护人才市场主体，提升人才市场效率，提升人才供给质量，促使人才需求优化升级，打通各种市场要素、市场功能、市场效能之间的联系和通道。最后，要努力形成人才供需动态平衡，人才生产与使用消费两旺，人才市场规模不断拓展的人才流通态势。要不断培育发展人才市场，构建世界级的人才市场高地、国家级的人才流通调节枢纽和长三角地区人才聚散中心，保持和增强对国外人才的强大吸引力。

2. 营造稳定、公平、透明、可预期的营智环境

南京的营商环境在全国一直处于第一方阵，2018年排名第九位，2019年获评"中国营商环境标杆城市"称号，排位第六。在2020年江苏省营商环境评价中，南京获得设区市最高分。在2021年度"万家民营企业评营商环境"调查中，南京营商环境得分在全国主要城市中排名第七。[1] 自2018年起，南京连续出台了三个优化营商环境政策100条，2021年3月出台了优化营商环境办法50条，里面都涉及人才治理环境政策。创新名城建设不仅需要优化营商环境，更重要的是还需要优化营智环境，完善和优化南京人才流通环境，建设市场化、法治化、国际化的营智环境。首先，南京要从政府推动模式向市场决定模式转换，重构市场功能，为市场主体放权，充分发挥市场在营智环境建设中的决定性作用，以市场主体（用人主体和人才）需求为导向，力行简政之道，坚持依法行政，公平公正监管，持续优化服务。充分发挥南京人才比较优势，推动营智环境系统的流动自由化、便利化，因地制宜为各类人才或团队创新创业营造良好市场生态。其次，要全面推进依法治"智"、依法治理营智环境建设，健全营智环境法治体系，加快形成完备的营智环境法律规范体系、高效的营智环境法治实施体系、严密的营智环境法治监督体系、有力的营智环境法治保障体系，切实保障各类营智主体、法人和其他组织的合法权益。最后，要坚持国际化原则，加快推进营智环境制度型开放，推动建设更高水平开放型营智环境，更大范围、更宽领域、更深层次扩大营智环境对外开放，加大对外引智力度，聚天下英才而用之。

【资料链接】

南京市优化营商环境办法
第三十三条

第三十三条 市、区人民政府和江北新区管理机构建立健全人才培养、选拔评价、激励保障机制，通过政策和资金扶持吸引高层次人才创新创业，支持市场主体与高等院校、研究开发机构联合培养高层次人才。

---

[1] 全国工商联发布2021年"万家民营企业评营商环境"调查结论[EB/OL].（2021-11-03）[2022-05-27]. https://baijiahao.baidu.com/s?id=1715386660936437124&wfr=spider&for=pc.

人力资源和社会保障行政主管部门应当会同有关部门提供人才引进、落户、交流、评价、培训、择业指导、教育咨询等便利化专业服务，落实高层次人才引进促进政策。人才引进支持政策对各类市场主体应当一视同仁。

资料来源：南京市人民政府，《南京市优化营商环境办法》，2011 年 1 月 29 日，https://www.nanjing.gov.cn/xxgkn/gzk/202201/t20220104_3251117.html。

【资料链接】

南京市优化营商环境政策 100 条（2021 年版）
有关人才的条款

63. 强化高层次人才服务。建立以企业薪酬、风投注资、运营绩效、知名榜单、专家举荐、企业举荐等为主要依据的市场化综合量化评价体系。优化高层次人才激励机制，根据不同产业链领域薪酬水平，按对本市经济贡献给予奖励。推出"紫金山英才卡"，围绕创新创业、子女教育、健康医疗、品质生活等方面，集成提供特色精准服务。（责任单位：市委组织部）

64. 打造"海智湾"国际人才街区。面向海外科技领军人才、高层次双创人才、产业技术人才，分类匹配事业平台，精准推送支持政策，提供"一站式"落地服务和生活保障。为国际人才打造"类海外"环境、提供"一站式"服务，提供全方位、全链条支持。（责任单位：市委组织部、市科技局、市人社局、各区政府、江北新区管委会）

65. 实施"人才安居提速计划"。按照"产城融合，职住平衡"原则，布局规划建设人才安居社区；积极探索"先租后售，租购并举"人才安居模式。支持国有平台在地铁沿线建设租赁住房，增加低租金人才住房供给。（责任单位：市房产局、市规划资源局）

67. 大力推行职业技能等级评价制度。积极鼓励各级各类规模以上企业自主开展技能人才等级认定，在国家职业技能标准和行业企业评价规范框架下，评价方式和评价内容由评价机构自主确定，评价与培养、使

用、激励相衔接，畅通技能人才发展通道。（责任单位：市人社局）

68. 深化"生根计划"。鼓励各板块、企业联合"生根"，推动海外人才离岸创新创业基地、海外协同创新中心等平台建设，建立"双向孵化"机制，全力引进海外优质创新资源。（责任单位：市科技局、市政府外办、市科协）

73. 支持中小企业信贷融资。提高"宁创贷"对科技型中小企业、新型研发机构、海外人才创业企业和知识产权质押企业的支持力度，单户贷款授信上限提高至2000万元。发挥民营企业转贷互助基金作用，对初创科技型企业、科技型中小企业、高新技术企业、新型研发机构及其孵化企业建立绿色通道，提升效率。推动金融机构落实小微企业贷款阶段性延期还本付息政策，加大小微企业信用贷款支持力度。（责任单位：市财政局、市科技局、市金融监管局、人行南京分行营管部）

100. 探索国际人才管理改革试点。为在自贸试验区工作和创业的外国人提供入出境、居留和永久居留便利。探索开展职业资格国际互认，探索放宽自贸试验区聘雇高层次和急需紧缺外籍专业人才条件限制。（责任单位：江北新区管委会、市委组织部、市公安局、市科技局、市人社局）

资料来源：南京市发展和改革委员会，《南京市优化营商环境政策100条（2021年版）》，2021年2月24日，http://fgw.nanjing.gov.cn/njsfzhggwyh/202102/t20210224_2830009.html。

3. 培育参与国际人才竞争合作新优势

习近平总书记在人才工作会议上强调，加大人才对外开放力度。他指出，要结合新形势加强人才国际交流，坚持全球视野、世界一流水平，千方百计引进那些能为我所用的顶尖人才，使更多全球智慧资源、创新要素为我所用。[①]南京要坚持全球视野，聚天下英才而用之。首先，南京要以人才内循环和人才大市场为支撑，有效利用全球人才要素、创新要素和市场资源，使国内国际人才市场更好联通，增强在全球人才链中的影响力。其次，要构建与国际通

---

① 习近平. 深入实施新时代人才强国战略 加快建设世界重要人才中心和创新高地[J]. 求是，2021（24）.

行规则相衔接的人才流通制度体系和监管模式，真诚促进国际交流合作，推动国际人才和智力的流动便利化，增强南京对外人才综合竞争力。再次，要吸引外国一流生源到南京留学和工作，吸引顶级人才来南京创新创业和交流、访问、合作，营造世界一流工作条件和生活环境。实施"紫金山英才计划"，建设"海智湾"国际人才街区，推进海外人才离岸基地建设。最后，要坚持以企业为主体，以市场为导向，内引外联，在全球范围内放开手脚引才引智，建立引进来人才使用消费和走出去人才使用消费（包括走出去使用消费自己的人才和走出去使用消费他国的人才）的内外循环相互促进的机制，突破人才所在国家和城市的限制，建设一支与创新名城地位相当、能够满足经济社会发展要求、世界一流水平的战略人才力量。

7.2 完善人才流通领域的宏观治理

对人才流通领域进行宏观治理的主体有两个，一是政府，政府要有为；二是市场，市场要有效。但是市场这个主体并不是一个实体而只是一种关系，因此要突出市场导向就必须做到两个充分：一是充分激发市场运行主体——用人单位和人才自身的活力，以及市场服务主体——人才服务产业的活力；二是充分发挥市场的供求、价格和竞争三大机制的作用。南京对人才流通领域的宏观治理要解决的就是两个主体如何定位关系，两者如何分工，各自怎样进行治理的问题。

7.2.1 人才流通领域的人才配置

人才流通环节是人才配置环节，既是人才社会再生产单循环的中间环节，也是人才内外双循环的交叉节点。人才流通环节的人才流通具有连续性和直接的生产性，对人才生产和人才社会再生产都具有反作用，与整个社会再生产的经济流通相一致。人才流通环节的作用主要表现在四个方面：一是壮大人才规模、提升人才质量，优化人才结构，形成社会上的人才队伍。二是完成社会的人才资源配置，形成流通领域的人才市场。三是调节人才再生产的供需关系，形成人才需求牵引人才供给、人才供给创造人才需求这一更高水平的动态平衡。四是打通人才内外双循环交叉节点，提升人才内循环对人才

第7章
新发展格局下南京的人才流通治理

内外双循环的适配性。

人才流通的形式主要分为两种，一种称为人才就业，或称初次人才配置；另一种称为人才流动，或称为再次人才配置。人才生产环节培养出来的基础性人才资源还不能称之为人力资源中能力和素质较高的劳动者，他们只有进入人才市场，与具体的用人单位相结合，完成初次市场配置的就业过程，才能成为现实的生产力要素——人才。基础性人才资源中的创业者虽然没有进入用人单位，但其创业的结果是创立一个新的组织，这也是一种形式的就业过程。不管是哪种就业，人才流通环节都是基础性人才资源的必由之路。已经成为生产力要素的人才，脱离原有的用人单位，重新进入人才市场与别的用人单位相结合，这种人才二次或多次再配置的过程被称为人才流动。一般而言，人才流动可以改善人才配置关系、提升人才的资本含量。但盲目流动或频繁流动也会造成人才价值贬值。在经济变动时期，人才流动能够起到动态适应生产力变化、科技进步、企业发展与重组等宏观因素所带来的变化，当然也包括个人职业发展和家庭变更等微观因素所带来的影响。

人才市场的流通不同于商品市场的流通。首先，商品在市场上的流通是被动的流通，而人才在市场上的流通则是能动的流通。其次，商品在市场上流通之后所有权随即发生转移，而人才则不管是在流通前还是在流通后，所有权都是归人才个人所有，并不发生转移，经过流通，用人单位只是获得人才使用消费的让渡权，或者说，经过流通，用人单位只是获得人才劳动力或人才资本使用消费的让渡权。最后，虽然可以认定人才劳动力或人才资本是商品，但人才劳动力或人才资本与一般商品根本不同，是无形的，不能独立存在，必须依附在人才身上才能存在和发挥作用。人才流通之后，人才仍然是一个自由人，但他必须依据劳动关系的合约在一个用人单位里工作。这就说明，人才流通是具有能动性的领域，所有的用人单位都必须尊重人才的人格，尊重人才的知识，尊重人才的劳动，尊重人才的创造。

人才流通环节最重要的作用，就是以市场的方式调节社会上的人才供需关系。社会上人才供需的不平衡首先会在人才流通环节表现出来。此时，人才流通环节就会发出信号，预告人才的供给和需求情况以及各专业的发展情况，有关部门应该及时调节人才的生产和使用消费，从而在宏观上达到人才供给和需求的平衡。

7.2.2 转变人才流通治理方式

充分发挥市场在人才资源配置中的决定性作用和更好发挥政府作用，这既是社会主义基本经济制度的要求，也是我国基本人才制度的要求。政府是"看得见的手"，市场是"看不见的手"，要使"看得见的手"有为，使"看不见的手"有效，这就要转变人才流通的治理方式。

党的十九届五中全会提出，推动"有为政府"和"有效市场"更好结合。政府对人才流通领域的治理必须是有为的，更好发挥"有为政府"在人才流通领域宏观治理中的管理和服务作用，推动市场在人才流通领域治理过程中起决定性作用。市场对人才流通领域的治理必须是有效的，充分使"有效市场"在人才流通领域治理过程中起决定性作用。为此，南京要以改革为根本动力，加快转变人才流通治理方式，厘清政府和市场关系的边界，简政放权，减少行政的过度干预。要根据实际需要向用人主体充分授权，确立用人主体在人才流通领域中的市场主体角色，发挥用人主体在人才流通领域中的积极作用。政府要明确"谁管、管谁、管什么、怎么管"，以"有为政府"角色定位，构建新的人才流通治理体系，统筹发挥"有效市场"和"有为政府"二元治理主体作用，增强人才流通治理体系的完备性和科学性。

南京要进一步转变人才流通治理方式，优化职责体系，减少政府对人才资源的直接配置，规范人才宏观管理、政策法规制定、公共服务和监督保障四大职能，充分发挥政府的组织保障优势，构建目标优化、职责清晰、协同高效、依法行政的人才治理行政体制。南京市政府通过规划、政策、投资、税收、社会基本保障、公共服务等公权力和调控手段，确保南京人才流通领域的稳定和发展。同时，南京市政府作为南京经济社会利益的集中代理，要与其他行政区域在人才流通领域展开竞争与合作，以获取南京本地人才流通利益最大化和与其他行政区域共同发展。

转变人才流通治理方式的关键在于转变政府职能。在治理人才流通上政府要关注五件大事：一是打通堵点，畅通南京的人才流通环节。二是动态平衡南京的供需关系，以人才内需牵引人才供给、人才供给创造人才需求来调整供给需求两侧的发展关系。三是调节南京的两个市场运行主体，即用人单位、人才和一个市场服务主体，即人才服务产业企业的利益关系，最大限度地激发市场活力。四是以人才流通领域的人才吸引为交叉节点融合南京的人才内循环和外循环,尤其要融合人才国际循环。五是建设南京高标准人才市场体系,完善公平竞争制度,实现价格市场决定、流动自主有序、配置高效公平。加强市场监管,维护市场秩序,着力解决南京人才市场体系不完善、政府干预过多和监管不到位问题。

7.2.3 以人才内循环为主体,畅通人才流通

南京的人才流通可以分为三个层次,内层的人才流通是南京生产的人才在南京使用消费的人才流通和在南京不同用人单位之间使用消费的人才流通,中间层的人才流通是国内其他地方生产或使用消费的人才来南京使用消费的人才流通,外层的人才流通是境外生产或使用消费的人才来南京使用消费的人才流通。三个层次的人才流通分别属于南京的人才内循环范畴、国内人才循环范畴、国际人才循环范畴。在这三个层次的流通中,内层人才流通是人才流通的基本盘,必须以人才内循环为主体来畅通人才流通。如果连内循环的人才流通都不畅通,比如南京自己生产的人才都不愿留在南京,何谈人才吸引和引进。

近年来,各大中城市相继出台力度空前的人才吸引措施,各地抢人大战白热化。南京地处长三角核心地带,高校林立,科研单位众多,人杰地灵,自然是各大中城市抢夺人才的目标。多年来,南京是守着人才金山得不到金,其实还是南京自己的人才流通领域和人才需求领域有问题,其中人才流通领域的堵点是绕不开的大问题。

首先是从理念上提高对内循环人才流通重要性的认识。南京以往的人才政策措施虽然较多,但其政策内容往往都聚焦在国内优秀人才和海外人才的引进、顶级人才及其团队的资助、人才安居优惠政策等方面,重"外引进"、轻"内流通"。南京要重视和完善人才的内循环。内循环人才流通是所有循环人才流通的基础。要彻底改变"唯引进是人才工作核心"的传统观念,将人才工作的重心放到以内循环人才流通的基本盘上,以体制机制创新为动力,坚持市场在人才流通领域的决定性作用,建设强大的南京人才市场,畅通南京内循环的人才流通领域。要以包括用人单位和广大人才的市场主体需求为导向,强化有关行政部门、用人单位特别是广大企业与南京高校之间的面对

面联系，加强人才培养与用人主体之间的协同，使人才资源配置更加及时、更加合理。要对标国际先进水平，深化推动简政放权改革，进一步发挥"宁满意"品牌优势，加大简政放权力度，深化涉企人才事务审批制度改革，通过建立权责清单和服务清单，对人才的招聘、评价、流通等环节中的行政审批和收费事项进行清理和规范。要细化精准监管举措，优化政务服务体验，提升流通保障能级，加快法治化建设进程，做好南京人才市场体系的基础建设工作。

其次是畅通南京生产供给的基础性人才资源在南京的流通渠道。高校毕业生是青年人才的中坚力量，也是城市最为核心的竞争力之一，对城市的价值和意义非同一般。南京拥有 53 所高校，每年有 20 余万高校毕业生学成毕业。南京要加大宣传力度，晓之以理、动之以情，想方设法将自己培养的高校毕业生尽可能多地留在南京。凝聚青年人才，就是凝聚创新动能，只有激发青年人才的内生动力，才能更好地释放人才活力。要深入推进"宁聚计划"，凝聚青年人才。南京的各行政部门要主动出击，走进高校，说明职责所在，宣传办事指引，为毕业生提前办理有关事宜。要为毕业生设立服务专区，线下人社服务大厅设立高校毕业生就业创业服务专区，为青年大学生提供"一站式"就业创业政策业务办理和咨询服务；线上开发"我的南京"APP 大学生服务专区，全面梳理各项政策事项，拓展功能、简化流程、高效服务。要鼓励组织南京的用人主体特别是广大企业超前到高校寻才觅才揽才，实行"线上+线下"双向联动，线下适时组团赴知名高校面对面招聘，线上常态化开展云招聘，让毕业生不出校门家门、精准就业。要完善高校毕业生留宁创业就业的政策体系，畅通高校毕业生就业创业通道，适度调整学历落户条件，降低企业对高校毕业生的就业吸纳成本。要对"产业博士后"加强集聚开发，强化和发挥博士后"人才战略储备库"功能，大力吸收本土优秀青年人才从事博士后研究工作。

曾经，南京高校毕业生留宁率不到两成。自 2017 年底，南京市提出建设具有全球影响力的创新名城，南京对于高校毕业生的吸引力也越来越强。2020 年，全市新增就业参保大学生 40.15 万人，实现高位连增。[①]南京要继续以最

---

① 2020 年南京新增就业参保大学生超 40 万 [EB/OL].（2021-01-31）[2022-05-30]. http://js.people.com.cn/n2/2021/0131/c360301-34557130.html.

优政策举措和优质服务把更多优秀青年人才留在南京,成为"创新名城、美丽古都"建设的强大生力军。

【资料链接】

战疫情、稳就业,2020年超40万大学生选择留宁

2020年高校毕业生就业形势复杂严峻,数据显示,2021届全国高校毕业生达909万人,比2020届多35万人。同时,受疫情影响,企业新增岗位需求不足和网上对接不能面谈导致人岗匹配难、签约难,等等。这些都给大学生就业增加了难度。

疫情防控期间,南京招人举措不断升级,诚意持续加满。为大学生推出至少20万个岗位、打造24小时线上招聘平台、"一把手"在线直播带岗……2020年,南京市全市新增就业参保大学生40.15万人。十万研究生宁聚行动有力推进,累计筹集开发见习岗位11万个,组织见习89 022人。

资料来源:《战疫情、稳就业,2020年超40万大学生选择留宁》,2021年1月12日,http://www.wxrb.com/doc/2021/01/12/59631.shtml。

再次是为南京现有存量人才畅通在南京的流通渠道。南京"学字头""央字头"和"军字头"的人才实力雄厚,但学产人才、央地人才和军民人才融合不够。譬如,在军民人才资源方面,存在诸多"民参军""军转民"障碍,军地信息不通畅、军民机制不匹配等因素都制约着"民参军"企业的发展,阻碍着军民人才的双向融合流动、深度开发和共享利用。再如,南京央企聚集,市场化的混改、重组在央企改革中需要加快推进。作为南京市经济发展的一个缩影,央企过去几年取得了骄人的成绩,通过"进""退""转"三方面的工作,央企积极向重要行业、构建领域、新兴战略行业集中。综上可知,科教优势、军工人才优势、央企人才优势是南京市创新的最大优势,这些优势目前并没有完全发挥出来。要完善学产人才、军民人才、央地人才在不同体制间流动的体制,建立人才编制"周转池",通过大力实施"两落地一融合"工程,全面推进科技成果项目落地、新型研发机构落地、校地融合发展,搭建央地人才协调发展平台,清除"民参军""军转民"障碍等措施,切实推动

校地融合、校企融合、军民融合,发挥南京在以产兴才、以才促产方面具有的天然优势。

最后是以产学研合作创新的方式畅通南京柔性的流通渠道。南京要将教学、研发与市场紧密结合,成立校企产业联盟作为连接高校和科研机构的创新源头和产业转化的桥梁,引导学校知识产权事务机构、风险投资服务机构和企业互信机构合作,推动企业和高校、科研机构结成紧密的共同体,以创新为平台纽带,畅通供需渠道,形成新的商业价值。支持在宁重点高校建设大学创新港,促进产学研融通创新;深入实施科技企业家支持计划,构建有利于科技企业家参与创新要素集聚的制度机制;组建产学研联盟,增建城市硅巷,推进企业家与科研人员的合作交流和考察学习;探索领军科技企业家到高校担任产业副校长的交流机制,促进科研成果转化的同时培养科技企业家,以新型企业家精神引领培育领军企业家。同时,优化创新创业布局,加快江北新区自主创新先导区和剑桥大学科创中心的建设;加快紫金山科技城、中科院麒麟科技城建设,打造紫东科创大走廊、G312产业创新走廊,大力引进科技型企业和人才。

7.2.4 打通双循环交叉节点聚天下英才而用之

人才内外循环的流通环节就是双循环的相交之处,突出的交叉节点对于内循环而言就是人才吸引,将南京需要的人才从外循环通过交叉节点吸引到内循环中来。要以人才流通领域的人才吸引为交叉节点融合南京的人才内循环和外循环,尤其要融合人才国际循环,聚天下英才而用之。

首先是要加大人才对外开放力度,在坚持全方位自主培养用好人才的基础上,以南京的人才内循环和人才大市场为支撑,有效利用全球人才要素、创新要素和市场资源,使国内国际人才市场从制度上更好联通。要加快打造更强磁场,精准引进高层次人才。进一步推进以"放权松绑"为核心的流程创新、政策创新和制度创新,形成对"高精尖缺"人才具有特别吸引力的制度优势。[1]实施"紫金山英才计划",构建高峰、先锋、宁聚、菁英人才计划体系,打响"海智湾"品牌,大力引聚全球顶级专家、高层次产业人才和紧

---

[1] 徐军海. 在长三角人才市场一体化进程中展现新作为[J]. 群众, 2019 (8): 65-66.

缺人才到南京定居。积极构建长三角科创圈，推进南京都市圈创新一体化建设，加快 G312 产业创新走廊建设，对接参与长三角区域科技资源共享服务平台和科创金融改革试验区建设。

其次是利用南京科教发达的得天独厚的优势，吸引国内外的优秀生源和人才到南京来留学、实习、创新创业和工作。一要鼓励南京的高校加大力度吸收国内外优质生源来南京学习并鼓励他们毕业后留在南京工作。大力做好南京的对外宣传，使南京成为国内外青年人眼中独具魅力的城市，尽可能多地吸引国内外优秀生源到南京来求学、留学、实习、创新创业，给外来人才注入"南京基因"，使他们毕业后留在南京创新创业或工作。二要发挥用才主体的引才能动性。围绕南京市"4+4+1"主导产业的人才需求，及时发布用人单位对高层次人才的需求信息，组织高层次人才与重点培育企业直接对接。鼓励和保护高校、企业、科研院所行使好引才自主权，鼓励和引导高校、企业、科研所积极参与全球人才竞争，支持相关单位根据市场需求与创新需要，采用刚柔并济的引才模式在全球市场集聚高层次人才，并且对单位引进的高端人才给予激励和配套服务。三要探索机构化、成建制引进国际一流科研机构，支持推动国际一流组织、实验室、国际科技组织等在南京设立分支机构或合作共建研发机构，支持国际高水平学术会议（学术组织）和人才大会等在南京举办或永久落地。通过在南京逐步设立国际科技组织，还可以邀请外籍科学家在科技学术组织任职，使南京成为全球科技开发合作的广阔舞台。四要创建国家级人力资源产业园、留学人员创业园，推进国家级孵化器建设，建好"海智湾"国际人才街区，吸引更多的海外名校毕业生在湾落地发展、创新创业。

再次是走出国门，到国外使用消费自己的人才或到国外去消费他国的人才。人才不仅要引进来，也要走出去。随着信息技术的发展和国际环境的变化，人才获取、消费和占有的方式将发生根本性改变，智力流动成为人才价值体现和保值升值的主要方式。南京要积极主动地加入人才主权时代，加大人才的柔性消费、获取人才共享的红利。一要瞄准世界科技前沿和国际顶尖水平，运用大数据、云计算等方式绘制海外人才分布图，建立健全海外人才联络体系和信息库，为人才供需精准对接提供支撑。二要完善实行全球人才"揭榜挂帅"制度，加大海外人才的资助强度，并且通过远程在线指导、离岸孵化载体建设、离岸创新等多种方式建立国际人才虚拟集聚平台，从而借用全球高层次人才和团队的智慧，解决重点发展领域关键核心技术问题，共享全球智力资源。推动"揭榜挂帅"式人才遴选和科技管理体制的改革创新，组织南京重点企业列出技术需求榜单，向全球人才和团队发出"英雄帖"，通过在全球范围内使用消费人才，完成关键核心技术的攻关。三要建设好南京国际人才驿站，通过短期兼职、项目合作、科技咨询、候鸟服务、技术入股、合作经营等多种柔性方式，让全球人才资源为宁所用。

最后是建设国家级人才平台，集聚国内外顶级人才，建设国家战略人才力量。南京要"筑巢引凤"，着力建设国家级人才平台，集聚国内外顶级人才建设南京。要建好源头创新平台，吸引国内外优质教育资源、科研资源到南京落户或设立分支机构。充分发挥53所高校、120多个国家级研发平台的优势，聚焦地标产业以及国际基础前沿技术领域，布局建设高水平人才集聚平台，高标准建设科学实验室，规划布局国家诺贝尔奖科学家实验室和基础研究机构，将紫金山科技城、麒麟科技城建设成应用基础研究创新技术集聚区和战略科技力量承载区。2022年伊始，南京提出打造高水平国家级人才平台"三步走"建设目标：预计到2025年，人才资源总量达440万人，关键领域战略科技人才、每万名劳动者中研发人员全时当量、工程师数量、高技能人才数量等八大人才发展核心指标全部取得实质性突破，进入全国全省第一方阵。到2030年，形成更具国际竞争力的人才制度优势和创新环境优势，成为国家建设世界重要人才中心和创新高地的战略支点。到2035年，人才竞争力达到世界先进城市水平，全面建成高水平国家级人才平台，努力打造全国重要人才高地。

7.3 推动市场在人才流通领域起决定性作用

南京构建具有全球竞争力的人才制度体系，最突出的问题是市场的决定性作用还没有能够充分发挥出来。关于这一点，不论是与国际上的创新名城还是与国内的深圳、杭州等大城市相比，南京确实存在一定的差距。要发挥市场在人才流通领域的决定性作用，必须遵从"政府推动、企业参与、市场运作"的基本方针，充分激发用人主体活力，培育和健全运行高效的人才市场体系，畅通人才流通渠道。

7.3.1 激发用人主体市场活力

早在 2014 年，习近平总书记就指出，择天下英才而用之，关键要遵循社会主义市场经济规律和人才成长规律[1]。人才工作要按社会主义市场经济规律办事，就要使市场在人才资源配置中起决定性作用，而市场是否起到决定性作用，关键要看用人主体是否激发出市场活力。

现代社会的人才，绝大多数都在一个组织中工作和生活，这个组织就是用人主体，即使是人才在组织之外自主创业，最终也会形成一个组织。形形色色的用人主体都是市场主体，在人才市场上是人才的具体需求单位。用人主体具有充分的市场活力，就代表着市场能够起到决定性作用。因此，要解放思想、释放活力，把人才工作的着力点真正落到各类用人主体身上，使用人主体成为活跃在人才流通领域的主角，成为人才流通治理的重心。要创新管理体制，深化人事制度改革，完善用人机制，就必须向用人主体充分授权，落实用人主体的用人自主权，充分激发用人主体的市场活力。

习近平总书记在中央人才工作会议的讲话中指出，当务之急是要根据需要和实际向用人主体充分授权，真授、授到位。[2]作为南京的政府行政部门，当务之急是要向用人主体充分下放权力，真下放权力，权力下放到位。要像习近平总书记强调的那样，应该下放的权力都要下放，用人单位可以自己决定的事情都应该由用人单位决定[3]。要赋予用人单位在岗位设置、招聘引进、薪酬分配、职称评聘、职务晋升和人员调配等方面更充分的用人自主权，用人单位还可以设置特设岗位专门用于引进高层次人才。不仅要充分发挥用人主体在人才流通领域的积极作用，而且要监督用人主体接好权、履好责。对用不好授权、履责不到位的用人单位要问责。作为南京的用人主体，要发挥主观能动性，切实履行好主体责任。要增强服务意识和保障能力，建立有效的自我约束和外部监督机制，确保下放的权限接得住、用得好。[4]通过政府行

---

[1] 仲祖文. 遵循人才成长规律[N]. 人民日报. 2014-08-19（2）.
[2] 习近平. 深入实施新时代人才强国战略 加快建设世界重要人才中心和创新高地[J]. 求是，2021（24）.
[3] 习近平. 深入实施新时代人才强国战略 加快建设世界重要人才中心和创新高地[J]. 求是，2021（24）.
[4] 习近平. 深入实施新时代人才强国战略 加快建设世界重要人才中心和创新高地[J]. 求是，2021（24）.

政部门的授权、放权和用人主体的接权、用权，在人才流通领域建立行政部门和用人主体之间权力交接的运行机制，从正向激励和反向倒逼两个方面激发用人主体自身的市场活力。

7.3.2 构建运行高效的人才市场体系

建设现代市场体系的有效人才市场，南京要实行"政府推动、主体参与、市场运作"的治理方针，增强市场主体对人才市场需求变化的反应和调整能力，发挥市场在人才配置中的决定性作用，形成"市场化"的人才配置新机制，加快建设符合国际惯例要求的人才市场体系。

1. 以市场需求为导向吸引人才

市场是供需双方之间的交换关系，作为一种关系而非实体存在。南京要使市场在人才资源配置中起决定性作用，就要突出市场导向，充分激发用人主体活力，发挥市场的供求、价格和竞争三大机制的作用，走市场驱动的人才创新之路。要打破重数量轻质量的传统，引进人才不要只看院士、博士数量，而要更加重视质量和效益。要充分调动社会力量广泛参与到人才资源配置中，支持企业及全社会各界力量，包括个人、法人单位、其他组织等参与南京国际创新名城建设的各方面，注重加强市场化引才，以市场需求为导向聚才。要大力推行"人才+课题""人才+项目""人才+产业"等开发模式，吸引集聚战略科学家、一流科技领军人才和创新团队、青年科技人才和卓越工程师，形成南京的国家级战略人才力量。要大力推进国际人才本土化和本土人才国际化，不断完善"人才方阵"与"产业集群"良性循环，形成以产业集群为基础、以企业开路为先锋、以项目引才为抓手的人才需求机制。要围绕人工智能、集成电路、新能源汽车等产业地标集群，实施专项引才计划引进产业紧缺人才，特别是引进顶尖科技人才、专业服务人才、技术骨干人才、科技金融人才等，项目和人才进行双向选择，让企业能够找到需要的人才，人才能够找到发挥价值的平台，以科技创新人才驱动产业创新，促进人才与产业良性互动。

【资料链接】

支持名校名所与名城融合发展，推动科技成果和新型研发机构落地

通过构建融合发展平台，加强名校名所与地方双向融通，既让高校院所的创新成果走出来，也让地方的创新需求走进去。鼓励高校院所围绕南京经济社会发展需要，依托优势学科和国家级平台，建立新型研发机构；围绕主导产业，设立和发展急需专业，培养紧缺人才，实现产学研融合。对与国际名校合作在宁举办特色学院和高端服务机构，最高给予1亿元支持。支持国内外研发机构、知名跨国公司等在宁落户或设立研发机构，最高给予3 000万元支持。设立紫金山科技创新基金会，募集社会资金用于科技创新活动。定期举办紫金山科学家国际峰会。

探索建立成果转移转化新机制，促进科技成果、新型研发机构落地。鼓励新型研发机构建立人才（团队）持有多数股份，政府科技创新基金、投资平台和社会资本等多方参股的股权结构，政府股权收益部分不低于30%奖励高校院所，政府科技创新基金、投资平台所占股权可按协议约定转让。对新型研发机构按绩效择优给予每家每年最高500万元奖励。引进国内外知名科技服务业企业总部、地区总部及具有独立法人资格的机构（企业），按照投资总额及服务效能，最高给予1 000万元奖励。对实行连锁经营的科技服务企业，允许企业总部及下属分支机构统一在市级部门办理工商登记和经营审批手续。支持省技术产权交易市场在宁设立分中心，一次性给予最高100万元奖励。建立国际技术转移专项基金，支持引进国际先进技术、成果和项目。对科技成果转移转化收入50万元以上的科研人员，根据其对地方经济贡献，实行一定比例奖励。对促成向本市企业转化科技成果的技术转移机构，按照年度合同登记认定的技术交易额的2%给予最高50万元奖励，主要用于奖励对技术转移作出突出贡献的团队。

资料来源：《南京市委市政府印发〈关于建设具有全球影响力创新名城的若干政策措施〉》，2018年1月2日，https://ndsc.nju.edu.cn/96/2b/c11305a235051/pagem.htm。

2. 依靠市场进行人才配置

人才市场既是指人才的供给需求关系，也是指人才流通领域；既能调节人才供需平衡，又能促使人才与各种生产要素相结合，是人才配置的主要形式和渠道。要尊重市场主体的运行意愿，确立"谁用人、谁选人、谁付酬、谁获益、谁承担用人风险"的用人原则和"谁择业、谁选单位、谁付出劳动力、谁获益、谁承担择业风险"的择业原则，将人才配置变成市场关系，将主体由政府变为真正的市场主体用人单位和广大人才，使市场在人才资源配置中起决定性作用。政府退出人才市场，不是不管人才市场，而是要更好发挥政府作用。政府一方面要下放权力，放开市场主体的"手脚"，激发市场主体的市场活力；另一方面要制定和维护市场制度和秩序，协调市场关系，促进公平竞争，严格市场监管、质量监管、安全监管，加强违法惩戒。同时，政府要改善营智环境，完善公共服务体系，推进数字市场建设，加强市场数据有序共享，依法保护用人单位和人才个人信息。

3. 依托市场进行效能转化

构建具有全球竞争力的人才制度体系的最终目的就是发挥人才的作用，促进人才效能尤其是科技效能的转化和提升。针对长期以来南京面临"创新多、创业少，科研多、产业少，专利多、产品少"[①]的效能转化不佳现状，强化市场导向意识，大力提升企业用人主体地位，以产业集群为基础、以龙头产业为平台，谋划实施具有示范性、导向型、引领性的人才工程项目。同时，根据项目情况对人才发放资助资金，特设"人才贷"等高层次人才企业综合金融服务产品，为各类急需紧缺人才施展才华提供广阔舞台，进而加速科研成果的应用和转化，提高创新体系的整体效能。探索通过组织人才项目路演、举办投融资沙龙等形式，促进人才与资本的高效对接，加快创新成果转化，形成人才创新成果转化新机制，充分释放人才企业创新创业活力。充分发挥南京的科教资源优势，完善深化校企合作、产教融合的人才培养机制，健全科技创新成果对接机制与校地人才项目的合作机制。支持南京高校与企业合

---

① 赵永乐，徐军海，黄永春，等. 基于问题与需求的南京市人才制度体系建设方略[J]. 北京教育学院学报，2020（3）：47-54.

作办学，支持高校院所与园区、企业共建创业创新载体，促进校地产业技术对接和重大科技成果的产业化，打通人才创新成果转化的"最后一公里"，切实将南京的科教资源和人才优势转化为促进创新名城发展的产业优势。

7.3.3 多渠道精准引进海内外英才

从全球发达国家发展历史来看，人才跨国流动不仅对全球经济产生了巨大影响，而且对流入国的经济发展带来诸多益处。对于发展中国家而言，人才的流入意味着竞争优势有可能得到提升。要使人才的流入推动经济发展和科技进步，需要精准引进人才。相对于国家来说，城市在全球人才吸引上具有更大灵活性和适应新趋势新模式的能力。南京要建设创新名城，精准引进海内外人才、聚天下英才而用之是不二之选。"十四五"期间，南京要充分利用自身已经形成的城市品牌、科教特色、产业布局和创新要素等优势和科技工作、人才工作以及行政举措等方面的效能，多渠道多办法促进人才的国内国际循环，精准吸引海内外英才。

【资料链接】

技术移民成为全球国际移民主体

目前，全球国际移民已由2000年的1.5亿人增长到2016年的2.35亿人，到2050年国际移民总数将达到4.05亿人，其中技术移民约占70%，是人才流动主体。他们的流动决定着技术、资本、管理的集聚水平，吸引和留住这些人才，也就意味着集聚和留住了能够突破现有发展模式、提供未来发展动力的潜在的资源，对未来发展具有重要意义。以美国硅谷为例，近15年来吸引了10万多名外国移民。硅谷现人口中的38%出生于国外，65%的计算机和数学相关领域人才来自国外，51%的自然科学研究人才出生在国外。

资料来源：①吴江，《打造更具韧性的创新人才生态系统》，《世界科学》2020年第S2期，第32-34页。②吴江，《以人才治理现代化夯实国家治理现代化基石》，《光明日报》2019年12月8日，第7版。

1. 以更强磁场精准引进高层次人才

南京要进一步推进以"授权松绑"为核心的流程创新、政策创新和制度创新，形成对"高精尖缺"人才具有特别吸引力的制度优势。实施"紫金山英才计划"，构建高峰、先锋、宁聚、菁英人才计划体系，打响"海智湾"品牌，建强巷港湾园主阵地，大力引聚全球高层次产业人才和紧缺人才到南京定居。积极构建长三角科创圈，推进南京都市圈创新一体化建设，加快 G312 产业创新走廊建设，对接参与长三角区域科技资源共享服务平台和科创金融改革试验区建设，打造更强磁场，精准引进高层次人才。

2. 围绕地标产业发挥用才主体的引才能动性

南京要围绕"4+4+1"主导产业人才需求，及时发布用人单位对高层次人才的需求信息，组织高层次人才与重点培育企业直接对接。[①]同时，给予高校、科研所、企业引才自主权，鼓励和引导高校、科研所、企业积极参与全球人才竞争，支持相关单位根据市场需求与创新需要，采用刚柔并济的引才模式在全球市场集聚高层次人才，并且对单位引进的高端人才给予激励和配套服务。

3. 抓紧建设吸引和集聚人才的平台，"筑巢引凤"

南京要加快打造高水平国家级人才平台，着力建设源头创新平台，吸引国内外优质教育资源、科研资源到南京落户或设立分支机构。聚焦南京地标产业以及国际基础前沿技术领域，布局建设高水平人才吸引和集聚平台，开展人才发展体制机制综合改革试点，集中国家优质资源重点支持建设一批国家实验室和新型研发机构。[②]规划布局国家诺贝尔奖科学家实验室和基础研究机构，建设国家重要人才高地，引进能为南京所用的顶尖人才，为人才提供国际一流的创新平台，加快形成战略支点和雁阵格局。

4. 探索整建制引进创新创业人才团队办法

南京要探索机构化、成建制引进国际一流科研机构和团队，支持推动国

---

① 赵永乐，徐军海，黄永春，等. 基于问题与需求的南京市人才制度体系建设方略[J]. 北京教育学院学报，2020（3）：47-54.
② 习近平. 深入实施新时代人才强国战略 加快建设世界重要人才中心和创新高地[J]. 求是，2021（24）.

际国内一流组织、实验室、科技组织等在南京设立分支机构或合作共建研发机构,支持国际高水平学术会议(学术组织)和人才大会等在南京举办或永久落地。与此同时,创建国家级人力资源产业园、留学人员创业园,推进国家级孵化器建设,整建制地引进创新创业人才团队。

7.3.4 探索人才柔性共享机制

除了重视人才地理性位移和组织归属变动的流动之外,人才共享、学术交流、项目合作、兼职聘任、租赁派遣以及越来越多的智力网络流通等也应引起充分重视。探索人才柔性共享机制,是未来推动市场在人才资源配置过程中起决定作用的重要实现路径,也是实现人才流通价值的重要形式。第一,南京要尽早建立适应人才柔性流动需要的柔性治理机制,树立"不求所有、但求所用"和"竞争与共享并存"的新观念,营造更加开放更加包容的制度环境,提升国家间、城市间、用人主体间人才政策的开放度和人才治理的包容度,构建组织与人才新型配置关系。第二,完善实行人才"揭榜挂帅""赛马"制度,以目标导向的"军令状"对外张榜,鼓励海内外顶级人才竞争挂帅,为南京解决关键技术问题。第三,建立全球顶级人才虚拟集聚平台,集聚全球顶级人才和团队,重点攻关解决关键领域核心难题。第四,争取国家、省特殊政策支持,在南京设立相关国际科技组织,聘请海内外科学家在科技组织任职,集聚相关领域全球顶级专家和人才。第五,建设好南京国际人才驿站,通过短期兼职、项目合作、科技咨询、候鸟服务、技术入股、合作经营等多种柔性方式,让全球人才资源为宁所用。

7.4 人才流通管理与人才服务产业

新发展格局下南京人才流通治理要使市场在人才流通领域起决定性作用,一要加强人才流通管理,二要加快建设人才服务产业。要加强人才流通管理,应更好发挥政府作用,一是要建设人才流通的基础体系建设,二是要对人才流通领域进行监管和干预。要使市场在人才流通领域起决定性作用,除了授权松绑、激发市场运行主体的市场活力之外,还要打造人才流通服务产业体系,大力扶持双创服务产业。

7.4.1 人才流通的基础体系建设

人才流通的基础体系包括两个"基础",一是人才流通的基础设施,二是人才流通的基础制度。所谓人才流通的基础设施,就是政府行政部门人才工作的服务平台。所谓人才流通的基础制度,就是人才流通领域人才工作形成的基本体系规范。

1. 做好人才流通的基础设施建设

人才流通基础设施建设一是要搭建一流的线上线下一体化人才交流服务平台。通过建立一体化国际顶尖人才服务平台,减少职能交叉,大力度推进海内外高端人才工作、居留许可一窗受理,缩短审批权限。组建人才服务机构,采用网格化管理理念,定期联系服务的重大项目、重点单位和重点人才,切实抓好各项人才政策的兑现落地。组织开展高层次人才企业沙龙,为人才企业搭建沟通交流平台。二是要做好线下基础设施建设,营造一流的人才生态环境。南京要借鉴波士顿等国际先进城市的经验,建设以城市和城市群为中心的人才最优生态。在各类园区因地制宜地建设人才开放创新集聚试验区、人才服务产业集聚区、人才特别社区和人才管理改革实验区、"专家工作站",改善人才的创业、居住、学习和工作环境。①按照国际标准,实施具有国际竞争优势的人才激励保障措施,完善南京教育医疗、商务商贸、居住生活、公共服务等设施,以更加开放包容的环境、尊才重才的氛围、优质高效的服务、一流的待遇激励,让省内外高层次人才近悦远来。

【资料链接】

波士顿生态环境营造加速人才集聚

便利且舒适的生活环境利于吸引、挽留人才。波士顿政府一直致力于改善波士顿的生活环境,提倡绿色环保、美化生态环境、完善交通系统、保持清洁水源等等都是政府要做的事情,率先提出了"绿色创新波士顿"(Greenovate Boston)的口号——在医疗、教育、公共交通、建筑

---

① 赵永乐.从特色到优势:进一步提升我国人才制度体系的全球竞争力[J].南京社会科学,2018(6):14-16.

施工与维修等主要公共服务领域全面展开与国际组织、环保技术企业和支持节能减排的科研机构、金融机构间的合作，引入资金和最先进的环保技术、知识及理念。政府的这些举措为波士顿的居民提供了一个良好的生活环境，有助于吸引人才常驻波士顿。波士顿有良好的创新文化环境，鼓励人们去自由思考、敢于质疑、勇于挑战、积极创新，这种观念已经深入人心。波士顿的学校也致力于培养学生的创新意识，波士顿不仅有创新文化观念，还有相关的设施设备。如波士顿的创新区中心（District Hall）提供了公共办公区域、教室、会议室，让来到这里的创新团体有足够的空间相聚在一起沟通讨论，交流创新想法。另外，波士顿还有一套完善的知识产权法律保护体系，保障创新者的知识研究成果。由于波士顿良好的创新环境，使之成为人才集中地。

资料来源：《南京构建具有全球竞争力的人才制度体系研究》课题组，《南京构建具有全球竞争力的人才制度体系研究》，河海大学出版社2019年版，第24页。

2. 进一步做好人才流通的基础制度建设

党的十九届五中全会确立了我国2035年进入创新型国家前列的远景目标，南京也确立了2035年的经济社会发展远景目标：建设成为具有中国特色、时代特征、国际影响的社会主义现代化创新名城[①]。为实现2035年建设社会主义现代化创新名城的远景目标，南京必须进一步深化人才发展体制机制改革，完善和发展兼具特色和优势的人才流通的基础制度，提升南京在国内外人才竞争的实力，为实现南京2035年经济社会发展远景目标奠定坚实的人才流通制度基础。

【资料链接】

2035年南京经济社会发展远景目标

根据党的十九大和十九届五中全会作出的战略安排，2035年南京经

---

① 南京市人民政府. 发布南京市"十四五"规划《纲要》[EB/OL].（2021-04-09）[2022-06-02]. http://www.nanjing.gov.cn/zdgk/202104/t20210416_2885344.html.

济社会发展远景目标是，建设具有中国特色、时代特征、国际影响的社会主义现代化创新名城：经济实力和创新能力大幅跃升，经济总量和居民人均收入比 2020 年增长一倍以上，建成全球知名创新型城市；实现新型工业化、信息化、城镇化、农业现代化，一批新兴产业具备全球竞争力，建成国际型综合交通枢纽，实现交通运输现代化，成为高水平对外开放新高地，在全国现代化经济体系中的地位显著提升；市域治理体系和治理能力现代化水平居于全省全国前列，人民平等参与、平等发展权利得到充分保障，城市运行安全韧性，法治南京、平安南京建设达到更高水平；市民素养和社会文明程度全面提升，建成文化强市、网络强市、教育强市、人才强市、体育强市、健康中国示范城市，城市软实力、吸引力和美誉度显著增强；全面迈入绿色低碳发展轨道，碳排放达峰后稳中有降，生态环境根本好转，更具美丽古都独特魅力；人的全面发展、人民共同富裕取得更为明显的实质性进展，优质公共服务供给充分、布局均衡，城乡发展差距和居民生活水平差距显著缩小，市民生活更加幸福美好。

资料来源：南京市人民政府，《南京市国民经济和社会发展第十四个五年规划和二〇三五年远景目标纲要》，2021 年 3 月 26 日，https://www.nanjing.gov.cn/zdgk/202104/t20210408_2874510.html。

首先要进一步提升南京人才流通制度体系的全球竞争力，坚持中国特色，坚定人才制度自信，以畅通南京人才内循环为基本盘，以全球吸引配置为突破口，以发挥市场决定作用为导向，营造良好创新生态环境，形成制度优势，转化为发展优势，引领创新驱动，为建设有国际影响的现代化创新名城提供坚强的人才流通制度支撑。

其次要完善和发展具有南京特色的人才流通制度体系。抓紧制定人才流通治理体系和治理能力现代化急需的制度和法规，制定和健全有关人才流动、人才激励与保障、人才安全、人才服务产业、政府人才管理服务等方面的制度以及包括移民、财产、专利、知识产权、诚信、产学研合作培养人才等在内的人才流通相关制度。完善人才流通宏观政策的制定与执行机制和上下贯通、执行有力的组织体系，持续优化南京内外人才双循环的流通环节。

最后要健全符合国际惯例的人才管理法规配套体系。制定海内外人才来宁创新创业制度、海外学子来宁求学制度，完善外籍人才签证、永居、移民、入籍、税收、金融、知识产权等政策体系和相关法律法规，支持外籍人才按照知识、技术、管理、技能等创新要素参与分配。在江苏自由贸易试验区南京片区建设中，探索国际人才管理改革试点，为在自贸试验区工作和创业的外国人提供入出境、居留和永久居留便利。开辟外国人才绿色通道，探索开展职业资格国际互认，探索放宽自贸试验区聘雇高层次和急需紧缺外籍专业人才条件限制。开展外国高端人才服务"一卡通"试点，建立住房、子女入学、就医社保服务通道。允许外籍及港澳台地区技术技能人员按规定在自贸试验区工作。支持完善人才跨境金融服务。[①]

7.4.2 人才流通的监管与干预

党的十八届三中全会通过的《中共中央关于全面深化改革若干重大问题的决定》指出，市场决定资源配置是市场经济的一般规律，健全社会主义市场经济体制必须遵循这条规律，着力解决市场体系不完善、政府干预过多和监管不到位问题。[②]2016年3月，中共中央印发的《关于深化人才发展体制机制改革的意见》指出，推动人才管理部门简政放权，消除对用人主体的过度干预，建立政府人才管理服务权力清单和责任清单，清理和规范人才招聘、评价、流动等环节中的行政审批和收费事项。[③]南京要提升人才流通治理能力和水平，着力解决政府对人才流通领域干预过多和监管不到位问题。

深化人才发展体制机制改革，必须坚持我国基本人才制度，充分发挥市场在人才资源配置中的决定性作用，更好发挥政府作用。发挥市场在人才资源配置中的决定性作用，不是要限制政府发挥作用，而是要更好发挥政府作用。市场的作用不是万能的，政府的作用也不是万能的。市场供需失衡、价格失调、不正当竞争或出现垄断竞争等都会造成市场失灵。如果政府的监管

---

① 国务院关于印发6个新设自由贸易试验区总体方案的通知[EB/OL].（2019-08-26）[2022-06-02]. http://www.gov.cn/zhengce/content/2019/08/26/content_5424522.htm.
② 中共中央关于全面深化改革若干重大问题的决定[EB/OL].（2013-11-12）[2022-06-02]. http://www.gov.cn/jrzg/2013-11/15/content_2528179.htm.
③ 中共中央印发《关于深化人才发展体制机制改革的意见》[EB/OL].（2016-03-21）[2022-06-02]. http://www.gov.cn/zhengce/2016-03/21/content_5056113.htm.

不到位或是缺失，就会造成市场失灵甚至引发市场崩溃的灾难；如果没有政府强有力的干预，市场失灵就不可能得到纠正和根治。但是，如果政府干预过多或是干预不当，市场就有可能被禁锢或畸形运转，人才资源的配置就不可能优化。因此，政府对人才流通领域干预过多和监管不到位是各级各地政府亟待解决的重大课题。

从根本上解决以往政府在人才管理上干预过多和监管不到位的问题，必须积极稳妥地从广度和深度上推进市场化改革，大幅度减少政府对人才资源的直接配置，推动人才资源配置依据市场规则、市场价格、市场竞争实现效益最大化和效率最优化。要突出市场导向，保障人才公平竞争，加强市场监管，维护市场秩序，弥补市场失灵。[①]首先要科学提升政府对人才流通的监管和干预效能，增强在开放环境中动态维护人才市场稳定、人才流通顺利的能力，有序扩大统一人才大市场的影响力和辐射力；运用科学治理手段，优化政策和传导执行体系。其次要突出市场导向，发挥市场机制在人才资源配置中的决定性作用，率先形成"市场化"的人才服务新机制，进一步加快建设"对接国际、衔接长三角、贯通全国"的人才市场体系。再次要把人才工作重心真正转移到社会基层和市场主体身上，充分激发用人主体用人活力和人才创新创造创业活力，充分发挥行业协会商会作用，建立有效的政府与各类用人主体沟通机制，形成政府监管、用人主体自律、社会监督的多元治理新模式。最后是强化政策定期评估，推进人才流通治理精细化、准确化，不断完善改革创新容错机制，健全重大事件和政策事前评估和事后评价制度，坚持做到"回头看"，定期开展人才和用人单位走访活动，了解人才和用人单位所需所想；委托第三方专业机构定期开展人才流通环境满意度调查，将其作为优化政策的重要依据。

7.4.3 打造人才流通服务产业体系

人才流通服务产业又称人才市场服务产业或人才中介产业，是指那些在人才市场上为供需双方提供中介服务的企业或机构组成的服务性产业。人才流通服务产业一方面与人才的供给方相连接，另一方面又与人才资源的需求

---

① 赵永乐，王斌. 西部地区人才培养、吸引和使用机制现状与创新对策[J]. 人事天地，2015（8）：22-26.

方相连接，为人才和用人主体提供市场服务，是运行于人才市场的服务主体产业。人才流通服务产业属于服务产业，为市场提供的产品属于服务性质的产品，政府有关行政部门对社会提供的行政服务不属于服务领域。人才流通服务企业一般通过人才供求信息的收集、发布、咨询，人才推荐、招聘、猎头和人才培训、测评、派遣租赁以及人事代理等方式，在人才市场上为人才、用人主体和政府提供人才流通的业务服务。人才流通服务产业还包括为人才创新创业提供全要素组合与孵化的现代人才服务业。

【资料链接】

人才中介机构的服务性与市场性

服务性。服务性是由人才中介机构的根本宗旨和基本功能所决定的。在人才市场上，人才中介机构既不是市场的供给方，也不是市场的需求方，更不是权力机构，只能依法为各级各类人才和各种用人单位提供公平、公正、高效的以满足需求为目的的服务。也就是说，人才中介机构向市场上提供的既不是人才劳动力，也不是公共权力，而是服务。人才中介机构向人才和用人单位提供中介服务，需要这种中介服务的人才和用人单位则接受这种中介服务并加以消费。

市场性。人才中介机构不拥有公共权力，它只能面向人才市场而生存和发展。既然人才中介机构向人才和用人单位提供中介服务，需要这种中介服务的人才和用人单位接受这种中介服务并加以消费，这就意味着，在人才市场里面还存在着一个完全不同于人才市场的市场关系的二级市场，即人才中介的服务市场。在人才中介这个服务市场中，人才中介机构是中介服务的供给主体，市场中的人才和用人单位是中介服务的需求主体，市场上流通的是中介服务。由此可见，人才中介市场的本质是一种服务市场，它既是人才市场的不可分割的有机组成部分，又是一个自成体系的独立市场。在这样的市场中运行的人才中介机构，毫无疑问地都具有市场性。

资料来源：赵永乐、张娜、王慧、任雷鸣，《人才市场新论》，蓝天出版社2005年版，第181-182页。

南京要大力发展人才流通服务产业，推动各种形式的高端人才服务产业化，形成融公共服务、市场服务、金融服务和社会服务为一体的高端人才服务治理体系。一方面，要走低成本扩大高价值人才规模的捷径：加快建设人才服务产业园，由政府负责提出要求、购买服务，人才服务机构和高端猎头公司负责招才引智，吸引南京之外的优秀人才来宁工作。另一方面，要扶持壮大双创服务产业，培养高端人才服务体系，提供高质量服务，大力吸引海内外高层次人才回宁创新创业和工作。

1. 大力推进人才公共服务机构改革

南京要加快建设人才服务产业园，形成强大的人才服务产业集群。吸引一批管理规范、运作流畅的人才中介机构，扶持壮大高端人才服务业，带动人才市场建设。积极培育各类专业社会组织和人才中介服务机构，建立人才中介服务的"经理人"机制，培养和引进能够支持高层次人才实施技术开发、成果转化的专业化科技中介服务人才[1]。在大数据分析的基础上，通过采取政府购买服务方式，建立市场化、公司化机制，由社会人才中介服务企业提供标准化、高质量的服务，精准集聚符合南京国际创新名城发展需要的高层次人才。

2. 壮大南京人才服务机构和企业

对高端人才的服务需要专业化操作，具体的国内国际招才引智工作要交给用人主体和专业的人力资源机构、专业人才中介、猎头公司。南京一是要创造和国际接轨的优质环境，二是要对履责不到位的社会中介和用人主体进行问责，三是要不断扶持壮大高端人才服务业。一方面，培育和扶持南京的现代人才服务机构，鼓励本地的猎头等人才中介组织跨国发展，支持本地人才中介组织在遵守竞业避止条款下积极参与到对来自全世界各类人才的吸引、集聚和配置中，为用人主体挖掘海内外人才。另一方面，引进国际知名的人才服务机构和企业，搭建平台积极促成其与南京的各类用人主体的合作，让专业的猎头公司利用其高效的人力资源网络在全世界范围内为南京网罗各类顶尖人才。

---

[1] 赵永乐，徐军海，黄永春，等. 基于问题与需求的南京市人才制度体系建设方略[J]. 北京教育学院学报，2020（3）：47-54.

3. 加大南京主城区的高端人才服务业供给

南京要提高高端人才与核心都市区的黏性，在人才密集的中心城区要能够寻找到人才服务业尤其是高端人才服务业。接轨国际惯例，加大高端人才服务产业园区的打造力度，优化服务体系，完善人才法治保障和创新创业、商务商贸、教育医疗等专业服务的供给。特别要注意的是，南京要鼓励金融机构对高层次人才创新成果转化或创业提供优惠融资贷款支持，构建科技金融服务创新、金融科技孵化加速、动能转换技术支撑、人才创新创业保障四大体系[①]，建立"价值评估+融资担保+科技信贷+投资基金+成果交易"的融资新模式，打造"评、保、贷、投、易"五位一体的科技金融服务体系，打通创新链与金融链、产业链联系的通道，为人才的创新创业融资需求提供更加便捷的服务。

---

① 赵永乐，徐军海，黄永春，等. 基于问题与需求的南京市人才制度体系建设方略[J]. 北京教育学院学报，2020（3）：47-54.

第 8 章

新发展格局下
南京的人才需求治理

人才需求环节又称人才使用消费环节，是人才社会再生产单循环的终结环节，被称为人才需求侧。在人才需求环节，各个品种和各个层次的人才进入经济社会的大生产领域，和各种生产要素相结合，形成现实的生产力，产出各种社会需要的创新性的社会财富。南京是中国东部地区重要的中心城市、长三角唯一特大城市，科教、产业发达，人才需求旺盛，使用消费水平较高，为建设引领性国家创新型城市提供了坚实的人才和智力支撑。南京要畅通人才需求侧，开展人才发展体制机制综合改革试点，集中国家、江苏和南京优质资源重点支持建设一批国家实验室和新型研发机构，为人才提供国际一流的创新平台，加快形成战略支点和雁阵格局，达成南京高水平人才供需的动态平衡。

8.1 南京人才需求治理的背景、意义与主要任务

在新发展格局下做好南京的人才需求治理，必须充分认识南京人才需求治理的背景和意义。南京要以国家战略性需求为导向，按照国家十四五规划、长三角一体化发展规划和江苏省、南京市"十四五"规划等相关文件的要求，明确人才需求治理的主要任务，科学有效地开展人才需求治理工作。

8.1.1 南京人才需求治理的背景

为做好引领性国家创新型城市建设，南京在人才需求治理方面做了许多的尝试和努力，并取得了很好的治理效果。南京人才需求优势明显，但需求短板也不容忽视。新发展格局下南京人才需求治理的背景可以从优势和短板两个方面展开叙述。

1. 南京人才需求治理的优势背景

南京人才需求治理的优势背景主要体现在科技和产业的优势和需求上。为打通产业与高校院所的双向融通等问题，南京实施创新驱动发展"121"战略，强势启动创新"两落地一融合"（科技成果项目落地、新型研发机构落地、校地融合发展）工程。以推动新型研发机构高质量发展为"先手棋"，在新型研发机构推动实施人才团队持大股、市场化运作、职业经理人管理，以新的激励机制调动高校院所、科研人员等各方面积极性，充分发挥自身链接和研

发实体优势，坚持技术转化与企业培育并举，促进了科技与经济紧密融合。

经过 4 年来的持续推动，南京扎实推进引领性国家创新型城市建设取得了显著成果。2020 年，网络通信与安全紫金山实验室、扬子江生态文明创新中心等重大科技创新平台建成使用。2021 年，紫金山实验室被纳入国家战略科技力量体系，6G 技术创全球太赫兹无线通信最高实时传输纪录，国家第三代半导体技术创新中心南京平台启动建设，中国科学院大学南京学院正式启用。[1]2021 年，南京高新技术企业申报数、认定数均创历年新高，认定高新技术企业增长率、增加数均位居全省第一[2]；入库科技型中小企业 1.68 万家，居全省前列；全市高新技术产业达 1.3 万亿元[3]；南京高新区排名跻身全国十二强，全球创新指数排名上升至第 18 位[4]。

【资料链接】

紫金山实验室

"紫金山实验室既要顶天，又要立地。这是国家实验室最重要的考核标准，也是对我们自己的要求。"中国工程院院士、网络通信与安全紫金山实验室主任刘韵洁说。

南京市副市长蒋跃建曾表示，南京将以"紫金山实验室+重大科技基础设施群+重大工程化创新平台"为基础，以战略科学家团队组建为核心，以重大科技专项、优势学科创新集群、优化的空间布局等为支撑，推动一批原创成果的重大突破，引领南京高质量创新发展。

紫金山实验室，拟以国家实验室为建设标准，聚焦通信与网络、生命科学、新材料三大学科领域，建设国际一流水平的研发机构和国家级创新基地。2018 年，江苏省在南京投入 100 亿元，成立了网络通信与安全紫金山实验室。在江宁无线谷已经第一期划拨 10 000 平方米科研用房，

---

[1] 南京科技创新发展指数居全国第四[N]. 南京日报，2022-01-19（A2）.
[2] 稳定恢复 质效提升 韧性增强——2021 年南京经济运行情况解读[N]. 南京日报，2022-01-31（A2）.
[3] 南京市人民政府. 2022 年南京市人民政府工作报告[EB/OL].（2022-05-18）[2022-06-05]. https://www.nanjing.gov.cn/zdgk/202205/t20220518_3421551.html.
[4] 南京科技创新发展指数居全国第四[N]. 南京日报，2022-01-19（A2）.

第二期 16 万平方米场地 2019 年底将交付使用，第三期已经完成了 120 万平方米场地的规划。

实验室初期建设以东南大学、江苏省未来网络创新研究院和解放军战略支援部队信息工程大学团队为核心力量，以刘韵洁院士、尤肖虎教授、邬江兴院士为牵头人，充分利用南京在未来网络、5G 发展及演进和毫米波核心器件等方面具有"独一无二"的基础技术优势，聚焦国家重大战略，以未来网络、新型通信和网络通信内生安全为主攻方向，吸收国内外网络通信与安全领域的著名专家参与，有机整合国内外优势科技资源，加强开放合作，统筹部署，建设面向网络通信与安全领域的多学科交叉、汇聚一流人才的综合性科研平台。

建设紫金山网络通信与安全实验室，是在江苏打造综合性科学中心、产业创新中心的重要举措；是紧密结合国家重大战略部署，立足江苏和南京现有科研基础与发展需求，聚焦网络通信与安全领域进行布局，对南京市乃至江苏省形成技术和产业高峰，促进我国打造国际竞争新优势，增强创新发展的长期动力，具有重大意义。

未来，紫金山实验室将以网络操作系统、毫米波芯片和网络内生安全等"命门"技术为主攻方向，以"中国网络 2030"发展目标为牵引，从设计新型网络体系架构出发，以网络定制服务、普适移动通信和内生安全机制为突破口，首批布局"1+3"重大任务。

资料来源：紫金山实验室，《创新决胜未来：紫金山实验室既要顶天，又要立地》，2019 年 3 月 26 日，https://pmlabs.com.cn/plus/view.php?aid=356。

建立全链条科技企业培育体系，累积新型研发机构超过 400 家，累计孵化引进科技型企业近 9 000 家，实施"生根出访"计划，布局建设 29 家海外协同创新中心。[①]南京的创新实力也得到了显著提升。"十三五"以来，南京集聚科技顶尖专家 240 多名、高层次创新创业人才 4 000 多名；在 2020 年度国家科学技术奖励中，南京地区有 24 项成果获奖、占全省 60%；2021 年度

---

① 南京印发《南京市"十四五"科技创新规划》[EB/OL].（2021-10-24）[2022-06-05]. http://sw.nanjing.gov.cn/sjb/zyfb/202112/t20211209_3225953.html.

省科学技术奖拟授奖公示项目中，摘得 162 项奖项。①2021 年，南京的全社会研发经费支出占 GDP 比重达 3.6%，万人发明专利拥有量达 95.4 件、居全国第三，技术合同成交额保持全省第一；新增两院院士 14 名、居全国第二，新型研发机构及其孵化引进企业实现营收 285 亿元。②在"自然指数—科研城市"2021 榜单中，南京跻身全球第 8，比 5 年前提升 11 位。③

不难看出，科技和产业是南京人才需求侧的主战场，人才需求尤其是高端人才需求十分火爆，这是不可多得的人才需求治理优势。

2. 南京人才需求治理的短板背景

南京人才需求治理的短板背景也很突出，对于南京的国际创新名城建设和经济发展有很大的制约作用。南京人才需求治理的短板背景主要表现在以下四个方面。

（1）人才供需严重脱节。

长久以来，南京人并不把"央字头""省字头"的高校、科研院所、企业等企事业单位看作是自家人，总认为他们是"只吃南京米，不办南京事"。而"央字头""省字头"的企事业单位也从未把自己看作南京人，总觉得自己"高出一等"。这种状况导致了南京人才供需两侧的脱节。虽然近年来，南京市委市政府在人才的供需两头都做了大量工作，上述情况也得到很大改观，但省部属单位与南京"两张皮"和供需两侧"两张皮"的问题仍需进一步解决。

（2）创新要素转化不够充分。

长期以来，南京丰富的科教资源优势并没有真正转化为发展的优势、创新的优势和竞争的优势。从创业人才竞争力来看，南京落后于深圳、苏州、成都、广州、杭州、重庆和宁波，还存在创业人才规模短板、创新创业产出短板、创新转化人才短板和人才资本保障短板。随着人口红利的消失，南京也开始出现劳动力供给能力持续下降趋势，劳动年龄人口绝对数量减少、年龄结构老化、劳动参与率降低，劳动用工成本不断上升。

---

① 如何打造高水平国家级人才平台？南京方案亮相[EB/OL].（2022-01-06）[2022-06-05]. http://zzb.nanjing.gov.cn/rcgz/202201/t20220112_3260231.html.
② 南京市人民政府.2022 年南京市人民政府工作报告[EB/OL].（2022-05-18）[2022-06-05]. https://www.nanjing.gov.cn/zdgk/202205/t20220518_3421551.html.
③ 省委常委、南京市委书记韩立明接受省主要媒体专访[EB/OL].（2021-12-20）[2022-06-05]. http://zgjssw.jschina.com.cn/shixianchuanzhen/nanjing/202112/t20211220_7354607.shtml.

（3）人才优势还未完全转化为发展优势。

南京高校数量全国第三，每万人在校大学生、研究生数量均排在全国第二位，还拥有多所军事工程院校、一大批知名军工企业和大批央企，"学字头""央字头"和"军字头"的人才实力雄厚。科教优势、军工人才优势、央企人才优势本来是南京市创新的最大优势，但这些优势还没有完全发挥出来。[①]特别是科教人才的创新成果产品化不高，创新成果与产业发展对接不紧密；军民人才资源存在诸多"民参军""军转民"障碍，阻碍着军民人才资源的双向融合、深度开发和共享利用。

（4）江北新区人才战略地位不明确。

南京江北新区作为国家级新区，又是中国（江苏）自由贸易试验区南京片区，在人才发展体制机制方面拥有先行先试的权力与平台，应该大力度试行与众不同、更有突破性的人才政策。但目前，江北新区人才发展的决策、领导等体制机制方面与其他行政区并无太大的不同，南京市人才管理有关部门对其管理、考核也并无与众不同之处。可见，南京市对于江北新区人才发展还缺乏非常规决策体制和制度创新授权，由此可能导致江北新区人才发展整体活力不足，从而影响江北新区乃至整个南京市人才制度的全球竞争力。

【资料链接】

南京江北新区

南京江北新区，是 2015 年 6 月 27 日由国务院批复设立的第 13 个国家级新区，也是江苏省唯一的国家级新区。江北新区位于南京市长江以北，包括浦口区、六合区和栖霞区八卦洲街道，规划面积 788 平方公里。根据国务院批复，江北新区的战略定位是"三区一平台"，即逐步建设成为自主创新先导区、新型城镇化示范区、长三角地区现代产业集聚区、长江经济带对外开放合作重要平台。

南京江北新区的战略定位包括：

自主创新先导区。充分发挥苏南国家自主创新示范区的引领带动作用，突出企业创新主体，强化科技与经济对接、创新成果与产业对接、

---

① 赵永乐，徐军海，黄永春，等. 基于问题与需求的南京市人才制度体系建设方略[J]. 北京教育学院学报，2020（3）：47-54.

创新项目与现实生产力对接、研发人员创新劳动与其利益收入对接，加快集聚高端创新要素，充分释放各类创新资源的潜力与活力，推动大众创业、万众创新，不断提高创新型新区建设水平，着力打造宁镇扬乃至全省创新的策源地和引领区。

新型城镇化示范区。坚持走以人为本、四化同步、优化布局、生态文明、文化传承的中国特色新型城镇化道路，有序推进农业转移人口和其他常住人口在新区落户并享受基本公共服务。保持历史耐心，尊重城市建设规律，合理把握开发节奏，完善提升"新城－新市镇－新社区"新型城镇体系，用最先进的理念和国际一流的水准进行城市设计，打造标杆工程，建设绿色、智慧、人文、宜居新区。

长三角地区现代产业集聚区。加快经济转型升级，以新产业、新业态为导向，以高端技术、高端产品、高端产业为引领，培育壮大战略性新兴产业集群，稳步推进传统产业提档升级，加快发展现代服务业，积极发展现代农业。促进工业化、信息化深度融合，完善产业链条和协作配套体系，建设长三角地区具有较强自主创新能力和国际竞争力的现代产业集聚区。

长江经济带对外开放合作重要平台。抓住国家实施"一带一路"和长江经济带建设重大战略机遇，发挥区位优势，加强港口联动，推进国际产能合作，加快南京区域性航运物流中心建设，打造江海联动、铁水联运、对接国内外的综合性开放平台，促进长三角城市群与长江中游城市群、皖江城市带等长江中上游地区的协同合作。

资料来源：① 南京江北新区管理委员会，《新区概况》，2022 年 8 月 25 日，http://njna.nanjing.gov.cn/zjxq/xinqugaikuang/。② 南京江北新区管理委员会，《南京江北新发展总体规划（摘录）》，2022 年 3 月 2 日，http://njna.nanjing.gov.cn/zjxq/fzgh/。

8.1.2　南京人才需求治理的意义

与人才循环的需求侧紧密相连的是经济社会大循环的供给侧，人才需求治理效果从人才要素的角度直接决定了经济社会大循环的供给侧结构性改革能否深化。南京人才需求治理以习近平总书记关于人才工作的重要论述为指导，对于充分认识人才使用的内涵和特征规律，以高质量的人才消费满足日益升级的城市科技、产业和社会的人才需求，为南京实施人才强市战略、建设创新名城提供坚强的人才和智力支撑，不仅具有重大的现实意义、广泛的普适意义，而且具有深刻的理论意义。

1. 重大的现实意义

南京人才需求治理一直存在四大问题，即人才供需严重脱节，创新要素转化不足，人才优势转化为发展优势不够，江北新区人才战略地位不明确，不利于南京创新名城的发展。通过对南京人才需求环节进行治理，能够增强南京和国内外人才联动效应，发扬人才优势、补齐循环短板，加强循环弱项，在人才的生产、流通和使用消费全链条上花大力气重构系统完整、功能齐全、运转高效的人才循环体系，有助于吸引天下英才参加南京的建设，为人才提供充分激发创新活力、取得最佳使用效果的平台，为创新名城的建设提供巨大的人才助力；有利于南京率先攻占全球人才竞争的战略制高点，推动南京成为具有国际竞争力的全球创新城市。通过人才需求治理，可以充分发挥南京特有的教育和科技优势，使教育和科技成为南京人才循环的重要环节和责任承担者；加快形成以创新为第一驱动力的增长方式，构建具有全球竞争力的人才国内大循环使用消费环节优势，将南京建设为高质量发展的全球创新城市。

2. 广泛的普适意义

除南京之外，国内还有一些科教资源丰富的城市也存在人才供需严重脱节，创新要素转化不足，人才优势转化为发展优势不够等人才需求治理的问题。通过做好南京人才需求治理，可以为其他城市提供南京参考。包括如何畅通城市的人才双循环，提高人才供给体系对城市人才需求的适配性；如何做好人才的使用和消费，提升人才供给体系对城市人才需求度的适配性；进一步加强人才供给环节和人才消费环节的联系与合作，以高质量人才供给满足日益升级的科技、产业和社会的人才需求。通过做好人才需求治理，更好地实现人才的有效配置，为我国各大城市形成人尽其才、才尽其用的良好局面，最大限度地激发各类人才创新创造创业的动机、愿望、热情和活力，为我国更快更好地完成"十四五"规划建设任务提供南京经验，为 2050 年全面建成社会主义现代化强国打好人才基础。

3. 深刻的理论意义

从人才循环的角度研究南京的人才需求治理，强调了人才需求在人才生产、人才流通和人才使用消费环节循环往复过程中的重要作用，将从理论上破解南京的"怎样用好人才""怎样形成高水平人才的供需动态平衡""怎样把人才工作与社会需要紧密结合"等一系列人才需求治理重大问题，推动建立以市场为导向的人才资源配置体制机制，提高人才供给体系对人才需求的适配性，让人才的供给、流通、使用消费诸环节形成衔接和循环，从而更好地学习贯彻习近平总书记关于人才工作的重要论述，丰富中国特色的人才再生产理论，具有深刻的理论意义。

8.1.3　南京人才需求治理的主要任务

2035 年南京经济社会发展远景目标是，建设具有中国特色、时代特征、国际影响的社会主义现代化创新名城，经济实力和创新能力大幅跃升，将南京打造成人才强市和全球知名创新型城市。这一发展目标要求南京依托科教兴市战略和人才强市战略，充分发挥南京的科教资源和人才资源优势，对南京的人才需求治理提出了更高的要求。

1. 按照中央重大部署构建南京人才需求体系

要坚持创新在南京创新名城建设中的核心地位，坚持人才引领发展的战略地位，按照中央关于"全方位培养、吸引、使用人才"的重大部署构建南京人才需求体系。坚持创新驱动发展，高度重视和发挥科技和产业的人才使用消费功能和人才需求功能，深入推进人才体制机制改革，彻底改变人才管理制度不适应科技创新要求、不符合科技创新规律的状况，激发人才创新活力。营造有利于激发人才创新活力的生态系统，构筑集聚国内外优秀人才的科研高地和产业高地，畅通南京人才的需求侧。

2. 建设吸引和集聚人才平台，用好用活人才

强化科技和产业在人才使用消费环节中的主战场地位，充分发挥南京科

教优势，建设吸引和聚集人才的平台。强化国家战略科技力量，推进综合性国家科学中心建设取得实质性成效，形成一批原创性的国际领先的重大科研成果，提升创新链整体效能。建立在宁高校、科研院所科技成果转化基金和高校—企业协同创新中心、科技产业创新中心，支持高新技术企业、创新型领军企业和科技型中小企业与各类创新主体融通创新，全力推动以产兴才、以才促产，提升企业技术创新能力。发挥南京得天独厚的学产人才、央地人才、军民人才优势，支持军工单位与在宁高校、科研院所、企业技术协同攻关和成果转化，实现三路人才大军协同创新，提高城市的核心竞争力。

3. 坚持四个面向，扩大人才内需战略基点

习近平总书记在中央人才工作会议上强调，要把"坚持面向世界科技前沿、面向经济主战场、面向国家重大需求、面向人民生命健康"[①]作为做好人才工作的目标方向。南京的人才需求治理要牢固确立人才引领发展的战略地位，全方位培养、引进、用好人才，把以用为本当作南京人才发展的战略支撑，坚持"四个面向"，满足南京建设创新名城的需求，以高质量的人才使用消费打通从人才强到科技强、经济强、国家强、人民强的通道，加快建设人才强市。

按照党中央和习近平总书记的要求，南京必须要支持和鼓励广大科学家和科技工作者紧跟世界科技发展大势，对标一流水平，根据国家发展急迫需要和长远需求，敢于提出新理论、开辟新领域、探索新路径，多出战略性、关键性重大科技成果，不断攻克"卡脖子"关键核心技术，不断向科学技术广度和深度进军，把论文写在祖国大地上，把科技成果应用在实现社会主义现代化的伟大事业中。[②]南京要把坚持"四个面向"作为扩大人才内需战略基点，把人才需求治理与南京的经济社会需要紧密结合起来，促进人才需求治理与科技创新、产业发展深度融合，促进人才链与创新链、产业链、政策链和资金链深度融合，促进人才变量和创新变量转化为高质量发展最大的关键增量。

---

① 习近平. 深入实施新时代人才强国战略 加快建设世界重要人才中心和创新高地[J]. 求是，2021（24）.
② 习近平. 深入实施新时代人才强国战略 加快建设世界重要人才中心和创新高地[J]. 求是，2021（24）.

8.2 加强人才需求侧管理

虽然人才供给侧结构性改革是人才治理的主线,但人才需求侧改革也同样是人才治理不可忽视的领域。新发展格局下南京的人才需求治理决定了国际创新名城建设能否得到可靠的人才供给,而要得到可靠的人才供给,就必须在坚持以人才供给侧结构性改革为主线的同时,加强人才需求侧管理,坚持扩大人才内需这个战略基点,推动需求侧用人制度改革,促进人才内外循环畅通无阻。

8.2.1 人才需求侧的人才使用消费

人才使用消费环节也可直接称为人才使用环节,是人才再生产单循环的终结环节,亦即产出环节,其实就是人才的需求侧。通过人才需求侧的人才使用消费能够产出新的社会财富,因而可以说,人才使用消费是人才社会再生产过程最有意义的环节。人才需求侧的作用主要表现在四个方面:一是使人才与消费的诸因素结合起来,形成人才使用消费能力。二是通过人才的使用消费,使人才在干中学、在实践中培养发展,提高人才队伍的素质。三是形成现实的人才生产力,将人才生产力最终转化为人才效能,为社会创造出各种科技成果和各种社会商品,开启社会再生产的各生产要素的生产过程,满足经济社会对科技和商品的需求。四是从规模、质量和品种上向人才生产环节和人才流通环节提出人才生产和流通的人才需求。人才的使用消费不仅要与人才生产和人才流通协调一致,形成畅通的人才社会生产大循环,而且还必须与社会上各生产要素的生产协调一致,各种商品和生产要素的生产过程即是人才的使用消费过程,也就是人才需求侧的使用消费。一定规模的人才使用消费无疑能促进商品和生产要素生产的发展,反过来,一定规模的商品和生产要素生产又会向人才使用消费提出人才的反求。人才使用消费必然转化为商品和生产要素生产,而商品和生产要素的生产不仅会向人才使用消费提出反求,而且还向人才的使用消费提供相应的物质基础和使用消费平台。人才的使用消费和生产要素的生产之间的关系不同于人才的生产和生产要素的生产之间的关系:人才的生产必须超前于生产要素的生产(只有人才的超前投入才能产出相应的生产要素），生产要素的生产也必须超前于人才的生产（只有相应的生产要素的超前投入才能培养出相应的人才），人才再生产和生产要素再生产两者在过程上并不同步，而是存在一定的周期差；而人才的使用消费和生产要素的生产则是同时发生并同时实现，两者其实是不可分割的同一个过程。

　　作为人才的需求侧，人才需求的过程就是人才的使用消费过程。人才消费的本质是使用，没有人才使用，就不能产生人才消费。要想对人才进行消费，就必须使用好人才。党的十八大以来，党中央作出全方位培养、引进、使用人才的重大部署，人才使用是党中央重大部署中体现人才使用价值和消费效能的重要组成部分。然而，人才不仅在使用过程中消费，而且还在使用过程中得到发展。本书第六章曾经阐述过，人才供给侧的人才生产有两种形式：一是以教育为主体培养供社会上流通的基础性人才资源，二是以用人单位为主体培养单位自主使用消费的人才。后一种虽然也是供给侧的人才培养，但却是在日常使用过程中完成的，属于"干中学"的实用性需求培养。也就是说，人才需求侧产出的不仅是科技成果和社会商品，而且还有在需求消费过程中以用人单位为主体自主培养出来的各个更高层次的人才。因此，人才的使用消费也是人才供给的重要渠道，培养出的是单位自主使用消费的更高层次的人才。

　　人才需求侧的改革就是对南京人才使用消费环节的人才需求体系和过程进行的改革，坚持扩大人才内需战略基点，加快培育完整的人才内需体系，把实施扩大人才内需战略同深化人才供给侧结构性改革有机结合起来，提高南京人才需求的质量和效用，增强人才需求结构对南京经济社会发展需求变化的适应性和灵活性，进而通过南京的人才需求体系构筑畅通的人才内循环体系和稳固的基本盘。一方面，对接、融入和促进南京的经济社会大循环；另一方面，对接、融入和促进我国人才的国内国际双循环大格局，融入和促进我国人才的国内国际双循环大格局。特别是要加大对外开放力度，吸引更多的优秀人才来宁工作和创新创业，使更多全球智慧资源、创新要素为南京所用。南京要向用人主体授权、为人才松绑，最大限度地激发用人主体使用人才和培养人才的积极性，最大限度地激发各类人才的创新积极性，提高南京人才使用消费的质量和效率，将南京建设成世界重要人才中心和创新高地。

8.2.2 加快构建完整的人才内需体系

由于新冠肺炎疫情和逆全球化的影响,南京各类用人主体的人才需求能力受到严重损伤,再加上南京人才需求侧的人才消费能力本身就不是很强,致使南京的人才内需体系问题尽显,需求不硬、堵点不畅、短板明显,严重影响南京人才内循环的畅通运转和发展壮大。面对严峻的形势,南京要紧紧围绕科技和产业加快培育完善人才内需体系,把实施扩大人才内需战略同国际创新名城的建设有机结合起来,疏通人才的使用消费环节,坚持创新的核心地位,壮大产业的主体地位,挖掘人才内需潜力,打通人才内需堵点,激发用人主体人才使用消费活力,加快构建完整的人才内需体系。

1. 坚持创新在人才内需体系中的核心地位

党的十九届五中全会通过的《中共中央关于制定国民经济和社会发展第十四个五年规划和二〇三五年远景目标的建议》强调:坚持创新在我国现代化建设全局中的核心地位,把科技自立自强作为国家发展的战略支撑。[1]不管是科教也好还是产业也好,南京都要坚持创新在人才内需体系中的核心地位,优化和强化技术创新体系顶层设计,明确企业、高校、科研院所创新主体在创新链不同环节的功能定位,坚持扩大科研院所的科研自主权,激发各类用人主体创新激情和活力[2]。要以科教和产业为南京的人才需求主体,强化南京的国家战略科技力量,提升企业技术创新能力,激发人才创新活力,完善科技创新体制机制,加快发展现代产业体系,推动经济体系优化升级,提高经济质量效益和核心竞争力[3]。要将南京的人才工作统筹在围绕南京综合性国家科学中心建设的这面大旗之下,加快打造高水平国家级人才平台,培育人才内需体系,在紫金山国家实验室、重大科技基础设施群、紫金山生态文明创新中心以及紫金山国际医学中心的建设中,突出创新的核心地位,壮大人才需求侧,畅通人才内外双循环。

---

[1] 中共中央关于制定国民经济和社会发展第十四个五年规划和二〇三五年远景目标的建议[N]. 人民日报,2020-11-04(1).
[2] 习近平. 在中国科学院第十九次院士大会、中国工程院第十四次院士大会上的讲话[EB/OL].(2018-05-28)[2022-06-06]. http://www.gov.cn/xinwen/2018-05/28/content_5294322.htm.
[3] 中共中央关于制定国民经济和社会发展第十四个五年规划和二〇三五年远景目标的建议[N]. 人民日报,2020-11-04(1).

2. 壮大产业在人才内需体系中的主体地位

产业兴则城市兴，产业强则城市强。南京要壮大产业在人才内需体系中的主体地位，首先，要推动产业向全球价值链高端迈进。一方面，要确立制造强市的鲜明导向，把发展经济的着力点放在实体经济上，开展"产业质效提升"活动，深入实施智能制造和绿色制造工程，提高南京支柱产业核心竞争力，推动"两钢（南钢、梅钢）两化（南化、金陵石化）"转型升级。另一方面，要根据南京市产业特点，瞄准世界科技前沿，抓紧培育顺应世界产业发展趋势的新产业链，推动南京产业迈向全球价值链高端。其次，要做好产业聚集，培育形成若干世界级前沿产业集群，为人才发展带来更多机遇。南京要在未来网络、航空航天、区块链、量子信息、安全应急、脑科学等前沿领域率先布局、培育形成一批世界级的未来产业集群。①推进沿江重点企业转型升级，推动现代服务业优化升级，打造现代服务业与先进制造业融合发展标杆企业，做大做强科技研发、现代物流、商务会展等产业。提升河西金融中心等功能配套，大力发展总部基地和集聚区，支持基金等行业发展。最后要以产业集聚吸引和促进人才集聚。南京要在产业升级和产业集群的基础上建立产业创新中心，精准聚集相关创新人才和产业人才。支持江北新区创建国家集成电路设计服务产业创新中心，支持未来食品技术创新中心和特种纤维材料技术创新中心创建国家技术创新中心，支持高档数控机床与成套装备创新中心、高性能膜材料创新中心创建国家制造业创新中心。通过产业创新中心的设立，强化人才供给侧和产业需求侧的精准对接，形成以高端人才引领新兴产业、以产业集群带动人才集聚的良性局面。②

【资料链接】

南京的"四柱八链"和"两钢两化"

南京将深入实施智能制造和绿色制造工程，鼓励采用先进适用技术，

---

① 南京市人民政府.南京市国民经济和社会发展第十四个五年规划和二〇三五年远景目标纲要[EB/OL].(2021-03-26)[2022-06-06].https://www.nanjing.gov.cn/zdgk/202104/t20210408_2874510.html.

② 赵永乐，徐军海，黄永春，等.基于问题与需求的南京市人才制度体系建设方略[J].北京教育学院学报，2020（3）：47-54.

加强设备更新和新产品规模化应用，提高汽车、钢铁、石化新材料、电子信息四大支柱产业核心竞争力，推动"两钢（南钢、梅钢）两化（南化、金陵石化）"转型升级。

汽车产业方面，将加快突破整车、关键零部件等核心技术，形成自主品牌汽车研发创新与制造体系，促进汽车制造业和汽车服务业协调发展。

钢铁产业方面，将重点发展汽车、高铁、船舶、电力、油气输送和工程机械等产品用钢，加快发展绿色精品钢和宽厚板等产品，推进梅钢和南钢转型发展。

石化新材料产业方面，推动石化产业向精细化、高端化、专业化发展，构建循环发展、绿色低碳、本质安全的现代产业链。支持扬子石化、扬巴公司优化调整产品结构，促进关联产品向产业链后端发展，推动南化公司实施新材料转型工程，金陵石化实施"近零"排放方案。

电子信息制造业方面，重点围绕下一代显示技术，构建以面板和模组制造为基础、行业应用为牵引、网络通信和软件信息为支撑的新型显示产业发展体系。推进卫星导航与定位、传感器、无线传输、数据挖掘和整合等技术在行业中的推广应用，培育以北斗为核心的卫星应用产业集群。发挥行业龙头效应，吸引配套产业集聚，重点发展5G智能终端、系统网络设备、配套软件、应用服务等产业，构建5G产业体系。

八条重点产业链：力争1条规模达万亿元，2条规模达五千亿元，5条整体实力进入全国前列。

深入实施"链长制"，持续推进重点产业补链强链稳链。

南京将实施8条重点产业链"125"突破行动，构建"雁阵式"产业集群。

到2025年，软件和信息服务产业链规模达到万亿元，新医药与生命健康、人工智能2条产业链规模达到五千亿元，新能源汽车、集成电路、智能电网、轨道交通、智能制造装备等5条产业链整体实力进入全国前列。

资料来源：《南京"四柱八链"，扛起现代化"产业担当"》，《南京日报》2021年3月28日，第A1版。

3. 挖掘人才内需潜力，打通人才内需堵点

南京的人才内需堵点就是人才内需能力不足。尤其是广大中小企业，在人才市场上变现为现实人才消费欲望不足。南京要做好宏观调节，挖掘人才内需潜力，打通人才内需堵点。

首先，南京要加大对基础前沿研究的支持，推动重点领域项目、基地、人才、资金一体化配置[①]，全面激发人才创新活力。得益于创新名城的建设，2021年南京研发经费支出占GDP比重达到3.6%[②]，但与北京、深圳等地相比仍存在很大差距。南京要积极向全球主流城市看齐，继续加大研发投入，一方面加大政府投入，以政府投入为主，另一方面引导、鼓励社会多渠道投入，以社会投入作为补充。尤其是加大对基础前沿研究的支持，确保基础研究投入占市财政科技专项资金比例逐年增长。

其次，在制度建设方面，南京要出台更有力的政策，完善促进人才消费的体制机制，加快激发人才内需活力和潜力，提升用人主体人才消费能力，提高人才消费愿望，打通人才消费最后一公里，将人才内需重心转移到人才使用消费的终端上。政府要在产业创新中心牵头构建"楼上楼下"创新创业综合体，实现科技和产业的一体化："楼上"的创新人才利用大设施开展原始创新活动，构筑高质量发展动力系统，"楼下"的创业人才则直接对"楼上"的科研成果进行工程技术开发和中试转化，直接推动科技成果沿途转化，并通过孵化器帮助创业人才创立企业，开展技术成果商业化应用，缩短原始创新到成果转化再到产业化的时间周期，形成"科研—转化—产业"的全链条企业培育模式，以科技竞争和未来发展制高点来打通人才内需。

【资料链接】

楼上研究院 楼下是企业 深圳首创"楼上楼下创新创业综合体"

2021年12月28日，在会展中心5号馆现场，有一座装修极具特色

---

① 习近平. 在中国科学院第十九次院士大会、中国工程院第十四次院士大会上的讲话[EB/OL].（2018-05-28）[2022-06-07]. http://www.gov.cn/xinwen/2018-05/28/content_5294322.htm.
② 南京市人民政府. 2022年南京市人民政府工作报告[EB/OL].（2022-05-18）[2022-06-07]. https://www.nanjing.gov.cn/zdgk/202205/t20220518_3421551.html.

的大楼模型：楼下的几层是商用办公风格，楼上几层则放置了不少科学仪器。这座大楼实体是位于深圳光明区的深圳市工程生物产业创新中心（下称"创新中心"）。但它还有一个更为人津津乐道的名字——楼上楼下创新创业综合体。

"我们在探索的综合体，楼上是研究院，楼下是企业，目的是缩短从技术到产品这个转化研究的周期。企业跟研究院共用仪器设备，同时，研究院可以为企业提供智力支撑。"深圳先进院副院长、合成生物学研究所所长刘陈立说。在这样的综合体里，穿白大褂的和穿西装的在一栋楼工作，"在电梯里，可能一个问题就解决了"。

据悉，深圳先进院合成所正在探索的这种"楼上楼下"模式为国内首创，主要研发方向包括合成生物等。"目前，综合体已入驻包括深圳柏垠生物科技有限公司、深圳赛桥生物创新技术有限公司等在内的13家企业，相关企业估值达上亿元。"深圳合成生物学创新研究院产业创新与转化中心主任罗巍告诉记者。

资料来源：《楼上研究院 楼下是企业 深圳首创"楼上楼下创新创业综合体"》，深圳新闻网，2021年12月29日，http://www.sznews.com/news/content/2021-12/29/content_24846085.htm

4. 充分激发用人主体的人才使用消费活力

2020年7月，习近平总书记在企业家座谈会上指出，市场主体是我国经济活动的主要参与者、就业机会的主要提供者、技术进步的主要推动者，在国家发展中发挥着十分重要的作用。[1]2021年9月，习近平总书记在中央人才工作会议上强调："人才怎样用好，用人单位最有发言权。"[2]各类用人主体都是市场主体，也是人才需求侧人才使用消费的主体。充分激发用人主体微观人才使用消费活力，是加快培育完整的人才内需体系的重要组成内容。没有用人

---

[1] 习近平. 激发市场主体活力弘扬企业家精神 推动企业发挥更大作用实现更大发展[EB/OL].（2020-07-21）[2022-06-07].http://www.scio.gov.cn/tt/xjp/Document/1684097/1684097.htm.

[2] 习近平. 深入实施新时代人才强国战略 加快建设世界重要人才中心和创新高地[J]. 求是，2021（24）.

主体具体的人才使用消费需求，南京人才需求侧的人才内需体系就是不完整的。

首先，南京要构建高水平人才内需体制，破除各种制约和束缚各类用人主体活力的体制机制障碍，充分调动各类用人主体用好用活人才的积极性、主动性和创造性。其次，要向各类用人主体充分授权，激发各类用人主体的内在活力。要像习近平总书记强调的那样，根据需要和实际向用人主体充分授权，真授、授到位[1]。再次，南京要鼓励用人主体扩大人才有效消费，持续释放人才内需潜力，用技术决定权、期权股权激发人才创新活力，实现人才使用价值。最后，南京要倒逼用人主体发挥人才使用消费活力，用人单位要切实履行好主体责任，用不好授权、履责不到位的要问责[2]。

8.2.3 充分激发人才创新活力

不管是政府的宏观调控，还是用人主体的微观使用消费，人才使用价值最终要体现在人才身上。要充分激发人才创新活力，政府的人才工作重心必须下移，要向用人主体充分授权，为人才松绑。

1. 人才工作重心下移

政府有关部门要切实转变职能，实施人才工作重心下移，退后一步，站高一层，整合布局，将人才工作的重心下移到基层一线和用人主体，形成通达人才面对面的全方位合力。

一是将人才工作重心下移到基层一线，如园区、社区、街道等。南京的有关行政部门要从那些大量的不该管、管不了、管不好的具体琐碎事务性工作中解脱出来，以主要的精力抓战略、抓规划、抓政策、抓规则、抓监督、抓服务。要畅通人才到基层和一线的渠道，依托园区、社区、街道打造基层人才服务工作站和企业人才工作站，提高基层对人才的承载力。要以产业园区为中心、重点企业为支撑，构建"政府服务+创业服务+生活服务"全环节、个性化人才服务链，将政策申报、职称评定、社保、就业创业、劳动关系等多项服务下沉至服务站点，形成服务集成、效果可视的人才服务空间，提升

---

[1] 习近平. 深入实施新时代人才强国战略 加快建设世界重要人才中心和创新高地[J]. 求是，2021（24）.

[2] 习近平. 深入实施新时代人才强国战略 加快建设世界重要人才中心和创新高地[J]. 求是，2021（24）.

人才服务效率及水平。

二是将人才工作重心下移到用人主体。用人主体处在人才发展治理的最前沿，南京的有关行政部门要把人才工作重心转到激发用人主体在"引、用、育、留"各环节的自主能动性上来。各用人单位要切实履行好主体责任，承担好人才培养、人才引进和人才使用的主要责任，围绕人才工作的痛点、堵点、难点提出创新举措，充分激发和释放人才创新活力。用人主体还要做好人才成果转化工作，从重数量、轻质量转变为重成果、轻转化，将人才的工作成果真正转化为生产力。

2. 向用人主体授权

用人主体处在人才发展治理的最前沿，激发用人主体的自主能动性，才能实现人才资源的高效配置。用人主体角色不激活、作用发挥不充分，工作做得再多都将无济于事，人才发展的"最后一公里"还是打不通。人才发展"最后一公里"之所以打不通，用人主体没有进入角色固然是重要内因，但一些行政部门放权不彻底、授权不到位也是不能忽略的外因。对于市场发挥主导作用的竞争领域，进一步破除束缚人才发展的体制机制障碍，根据需要和实际向用人主体充分授权，激发用人主体用好人才的积极性、主动性和创造性，尤为必要。

习近平总书记在中央人才工作会议上强调，行政部门应该下放的权力都要下放，用人单位可以自己决定的事情都应该由用人单位决定，发挥用人主体在人才培养、引进、使用中的积极作用。[①]一方面，南京要充分发挥用人主体在人才培养、引进、使用中的积极作用，凡是用人单位可以自己决定的事情都应该由用人单位决定，将人才工作逐步有效延伸到用人单位。要根据实际需要向各类用人主体充分授权、真授权、授到位，激活用人主体引才用才"原动力"，让用人单位获得更多话语权和决策权。按照"谁用人、谁管理、谁负责"的原则，在人才举荐、职称评审、职业发展、分配方式等方面赋予用人单位更大空间。政府有关部门要督促用人单位切实履行好主体责任，对用不好授权、履责不到位的要进行问责。另一方面，南京的用人主体要发挥

---

① 习近平. 深入实施新时代人才强国战略 加快建设世界重要人才中心和创新高地[J]. 求是，2021（24）.

主观能动性，增强服务意识和保障能力，建立有效的自我约束和外部监督机制，确保下放的权限接得住、用得好。各用人单位要自觉承接人才工作的延伸，逐步建立起引领发展、创新驱动的健全、精干、有效的人才工作体系，建立更加鲜明的用人主体人才使用消费体系。要突出用人主体人才评价的主角地位，支持构建创新价值优先、注重实际贡献和能力、动态评价等为导向的多元评价体系，最大限度地用好人才评价这一"指挥棒"。还要鼓励用人主体自主创新人才激励模式，支持企业、高校和科研机构实施股权、期权、分红等激励方式，建立科技创新成果与科研收益分配相衔接的常态化制度。

3. 积极为人才松绑

为人才松绑的本质，就是要解放人才生产力。习近平总书记在中央人才工作会议上讲到"积极为人才松绑"时强调了六个"要"：一要遵循人才成长规律和科研规律，进一步破除"官本位"、行政化的传统思维，不能简单套用行政管理的办法对待科研工作，不能像管行政干部那样管科研人才。二要完善人才管理制度，做到人才为本、信任人才、尊重人才、善待人才、包容人才。三要赋予科学家更大技术路线决定权、更大经费支配权、更大资源调度权，放手让他们把才华和能量充分释放出来。四要建立健全责任制和"军令状"制度，确保科研项目取得成效。五要深化科研经费管理改革，落实让经费为人的创造性活动服务的理念。六要改革科研项目管理，优化整合人才计划，让人才静心做学问、搞研究，多出成果、出好成果。①为人才松绑，不仅是行政部门的责任，更是各类用人主体的责任，用人主体的责任更大。南京的行政部门和用人主体要深刻领会和认真落实习近平总书记强调的六个"要"，彻底破除"把人才管住"的传统习惯，将"着眼于管"的政策措施转变到对人才的服务、支持、激励上来，逐步建立健全有效的为人才松绑的宏观行政管理和微观人才使用的措施和方法。

南京首先要遵循人才成长规律和科研规律，从观念上为人才松绑。进一步破除"官本位"、行政化的传统思维，解放人才生产力。尊重人才个体的多

---

① 习近平. 深入实施新时代人才强国战略 加快建设世界重要人才中心和创新高地[J]. 求是，2021（24）.

样化和个性化需求,特别是要尊重高端人才、特殊人才、紧缺人才的不同需求,只有这样才能充分激发各类人才的创新潜能。其次要完善人才管理制度,在管理制度上积极为人才松绑。完善政策措施、涵养社会氛围,营造足够宽松的环境,允许试错、宽容失败。再次要建立以信任为基础的人才使用机制,从权限和责任上为人才松绑。在权限上要赋予科学家更大技术路线决定权、更大经费支配权、更大资源调度权,充分释放他们的才华和能量。[1]同时在责任上,要建立健全责任制和"军令状"制度,鼓励科技领军人才挂帅出征,确保科研项目取得成效。[2]最后要从科研经费管理和科研项目管理上为人才松绑。在科研经费管理上,要深化改革,落实服务理念,解决科研经费不好用、用不好的问题,让经费为人才的创造性活动服务;在科研项目管理上,要深化改革,优化整合人才计划,让人才能静心做学问、搞研究,多出成果、出好成果。[3]

8.2.4　推动不同隶属人才融合协同发展

除了高校和科研机构林立,南京还有众多的大企业、军工单位,人才实力极其雄厚。但南京的高校、大企业和军工单位很多都不隶属南京,不是中央部属,就是省属。与此相比,隶属南京的高校、企业不仅少,而且实力有限,人才也不多。南京要想加强人才供给侧的管理,挖掘在宁中央部属、省属单位的人才内需,依靠行政手段恐怕难以奏效,只能想方设法推动不同隶属人才的融合及协同发展。要充分发挥不同隶属人才的价值,建立人才双向流动制度,完善人才在不同体制间流动的机制,构建人才编制"周转池",推动学产人才、央地人才、军民人才三路大军高度融合,发挥南京在以产兴才、以才促产方面具有的天然优势,实现人才链与创新链、产业链、政策链和资金链的深度融合。

---

[1] 习近平. 深入实施新时代人才强国战略　加快建设世界重要人才中心和创新高地[J]. 求是, 2021 (24).

[2] 习近平. 深入实施新时代人才强国战略　加快建设世界重要人才中心和创新高地[J]. 求是, 2021 (24).

[3] 习近平. 深入实施新时代人才强国战略　加快建设世界重要人才中心和创新高地[J]. 求是, 2021 (24).

1. 积极推动学产人才协同创新

南京高校林立。截至2021年底,南京拥有985高校2所、211高校8所、双一流高校12所,院士扎堆,高层次人才集聚,丰富的科教人才资源是南京创新的最大优势。要让高校院所的人才和创新成果走出去,让地方的创新需求走进来,切实加强学产资源双向融通。南京要大力实施"两落地一融合"工程,全面推进科技成果项目落地、新型研发机构落地、校地融合发展,将高校人才资源优势释放出来,将创新潜力挖掘出来。坚持科技成果项目化落地、市场化运作、企业化运营,对于相对成熟的科技成果提供一站式转化服务,大力促成成果首先在南京高效转化。对科技成果转移转化速度快、效果好的教授和科研人员以及促成科技成果转化的单位和机构,给予大力度奖励。同时,鼓励在宁高校院所成为新型研发机构组建的生力军,鼓励高校围绕南京的主导产业和未来发展趋势,设立和发展急需专业,培养紧缺人才,切实把教育链、人才链与产业链、创新链有机衔接起来,让校产双方结成"共同体",实现产学研融合发展。

2. 积极推动央地人才协同创新

南京中央部属、省属大企业众多,人才种类齐全,层次高端。要集聚全市资源,积极协调央属省属大企业、中科院等科研院所,汇力支持南京建设综合性国家科学中心和区域性创新高地,加快打造高水平国家级人才平台。大力推动在宁国家重大科技基础设施建设,支持开展基础研究、原始创新,努力解决南京科技创新成果"有高原、缺高峰"的问题,实现央地人才融合、共建双赢。搭建央地人才协调发展平台,解决人才与企业信息不对称、对接机制不健全问题。促进央属省属优秀杰出人才(团队)带前沿科技成果落地南京并给予重点支持,增强南京发展对央属省属人才及科研成果的吸引力。利用好央属部属的人才优势和创新经验,推动央地联合培养产业领军人才、产业技术骨干和战略性新兴产业基础人才。依托央属部属单位优质资源加强市属人才队伍建设,促进南京建成有全球影响力的创新名城,成为引领性国家创新型城市。建立国际技术转移专项基金,推动省部技术产权交易市场和机构在南京设立分中心,加快引进转化各类先进技术、成果和项目。

3. 积极推动军民人才协同创新

2018年5月，习近平总书记在两院院士大会的讲话中强调指出，要加快构建军民融合发展体系，完善军民融合组织管理体系、工作运行体系、政策制度体系，清除"民参军""军转民"障碍。①南京军事科研单位、企业众多，科技高度密集，人才实力雄厚，为我国尖端军工发展做出了突出贡献。但是军工人才与地方交流不多，军用技术向民用转化也不多。南京要彻底打破人才培养使用上的军民二元分离状态，充分发挥军工技术和人才的资源优势，清除"民参军""军转民"障碍，促进军民人才资源双向流动、深度开发和共享利用。支持在宁军工单位与在宁高校、科研院所、企业技术协同攻关和成果转化，参与南京的经济建设和发展，承担地方急需的科研和技术攻关重大课题，培养地方发展短缺的民用人才。鼓励军工企业到南京的各区域设立分支机构和创新平台，同民用企业加强人才交流，合作攻关，成果转让，把培养高端科技人才作为重要融合的实践切入点。探索建立军民创新人才培养交流使用机制，鼓励军工人才到地方挂职，创办民用企业，在南京创新创业。

8.3 以建设引领性国家创新型城市增强人才内需

2022年新年伊始，作为"新年第一会"的南京市委人才工作会议暨引领性国家创新型城市建设大会召开。南京亮出更高定位追求，要紧紧围绕"打造国家区域科技创新中心、进而争创综合性国家科学中心"总目标，突出引领性国家创新型城市建设这一主抓手，勇当科技与产业创新开路先锋，奋力打造具有全球竞争力的创新之都，从长三角城市群中唯一"特大城市"走向"超大城市"，完成作为江苏省会承载的重要使命。在人才主题上，南京确立了争创高水平国家级人才平台、建设全国重要人才高地的战略目标，并将建设引领性国家创新型城市作为南京增强人才内需的主要抓手和高动能平台。

---

① 习近平. 在中国科学院第十九次院士大会、中国工程院第十四次院士大会上的讲话[EB/OL].（2018-05-28）[2022-06-10]. http://www.gov.cn/xinwen/2018-05/28/content_5294322.htm.

8.3.1 顶层设计与战略目标

党的十九届五中全会通过的《中共中央关于制定国民经济和社会发展第十四个五年规划和二〇三五年远景目标的建议》提出，坚持创新在我国现代化建设全局中的核心地位，把科技自立自强作为国家发展的战略支撑，面向世界科技前沿、面向经济主战场、面向国家重大需求、面向人民生命健康，深入实施科教兴国战略、人才强国战略、创新驱动发展战略，完善国家创新体系，加快建设科技强国。①国家"十四五"发展规划提出，要强化国家战略科技力量，提高创新链整体效能，其中，"创新体系在空间布局上分成三个层级，即国际科技创新中心、综合性国家科学中心、区域科技创新中心。要支持北京、上海、粤港澳大湾区形成国际科技创新中心，建设北京怀柔、上海张江、大湾区、安徽合肥综合性国家科学中心，支持有条件的地方建设区域科技创新中心。"②

南京虽然没有名列国家支持的榜单上，但就其在国家创新体系中的地位而言，应该属于有条件建设区域科技创新中心的地方。南京"十四五"发展规划的顶层设计和战略目标就是聚力建设具有全球影响力的创新名城。南京作为我国最重要的科教重镇之一，"建设高质量发展的全球创新城市"是南京"十四五"时期经济社会发展的首选第一目标。2022 年伊始，南京就明确提出，以科技创新为核心，系统构建具有国际竞争力、创新链与产业链深度融合的区域创新体系，在重要科学技术领域成为领跑者，在新兴前沿交叉领域成为开拓者，加快建设引领性国家创新型城市，争创国家区域科技创新中心和综合性国家科学中心。南京要深入实施创新驱动发展"121"战略（南京建设一个具有全球影响力的创新名城、打造综合性科学中心和科技产业创新中心"两个中心"、构建一流创新生态体系），构筑高质量发展动力系统，创建综合性国家科学中心取得实质性成效，形成一批原创性的重大科研成果；建成科技产业创新中心，形成以高新技术企业为主体、高新技术产业为支撑的现代产业体系，全社会研发经费支出占地区生产总值比例达到 4%左右，高新技术产

---

① 中共中央关于制定国民经济和社会发展第十四个五年规划和二〇三五年远景目标的建议[N]. 人民日报，2020-11-04（1）.
② 中华人民共和国国民经济和社会发展第十四个五年规划和 2035 年远景目标纲要[EB/OL]. （2021-03-13）[2022-06-10]. http://www.gov.cn/xinwen/2021-03/13/content_5592681.htm.

业产值占规模以上工业产值比重达到54.5%，整体创新能力进入全球创新型城市行列。①

> 【资料链接】
>
> ### 南京"十四五"时期经济社会发展主要目标
>
> 按照二〇三五年远景目标，综合考虑国内外宏观环境、城市竞合趋势和自身条件，今后五年南京经济社会发展的总目标是，聚力建设具有全球影响力的创新名城、加快形成以创新为第一驱动力的增长方式，聚力建设以人民为中心的美丽古都、探索走出绿色低碳发展新路子，打造富于现代化内涵、推动高质量发展的区域增长极，成为常住人口突破千万、经济总量突破两万亿元的超大城市。具体表现为"四个高"：
>
> ——建设高质量发展的全球创新城市。
> ——建设高能级辐射的国家中心城市。
> ——建设高品质生活的幸福宜居城市。
> ——建设高效能治理的安全韧性城市。
>
> 资料来源：南京市人民政府，《南京市国民经济和社会发展第十四个五年规划和二〇三五年远景目标纲要》，2021年3月26日，https://www.nanjing.gov.cn/zdgk/202104/t20210408_2874510.html。

南京要建设高质量发展的全球创新城市，打造国家区域科技创新中心，进而争创综合性国家科学中心这一目标，必须坚持人才引领发展的战略地位，把人才资源开发放在最优先位置，大力建设战略人才力量，着力夯实创新发展人才基础②。到2025年，南京人才资源总量要达到440万人，关键领域战略科技人才、每万名劳动者中研发人员全时当量、工程师数量、高技能人才数量等八大人才发展核心指标全部取得实质性突破，进入全国全省第一方阵。

---

① 南京市人民政府.南京市国民经济和社会发展第十四个五年规划和二〇三五年远景目标纲要[EB/OL].（2021-03-26）[2022-06-10].https://www.nanjing.gov.cn/zdgk/202104/t20210408_2874510.html.
② 习近平.深入实施新时代人才强国战略 加快建设世界重要人才中心和创新高地[J].求是，2021（24）.

到 2030 年，南京要形成更具国际竞争力的人才制度优势和创新环境优势，成为国家建设世界重要人才中心和创新高地的战略支点。到 2035 年，南京人才竞争力要达到世界先进城市水平，全面建成高水平国家级人才平台，努力打造全国重要人才高地。

为实现上述宏伟目标，南京要打造四大人才平台。一是打造战略人才力量培养平台，大力推动紫金山实验室进入国家实验室序列，紫金山科技城、麒麟科技城着力建设应用基础研究创新技术集聚区和战略科技力量承载区。二是打造国际人才首选发展平台，依托 99 个国际友城，43 个海外协同创新中心和海外人才驿站，汇聚全球智力资源。三是打造人才发展改革试验平台，发挥国家唯一科技体制综合改革试点城市、首家引领性国家创新型城市的先行先试优势，最大限度激发和释放人才创新创造活力。四是打造区域资源集聚辐射平台，发挥东部地区重要中心城市的空间区位优势，推动宁镇扬一体化、南京都市圈、扬子江城市群整体发展，牵头建设 G42 人才创新走廊、积极融入 G60 科创走廊，更好推动创新人才资源融通汇聚。

【资料链接】

2022 年南京"一号文"

2022 年 1 月第一个工作日，南京市委发布新的"一号文"《关于深入推进引领性国家创新型城市建设的若干政策意见》。该政策意见是在全面评估、集成梳理近年创新政策文件基础上，进一步聚焦重点、精准施策，提出六个方面 21 条措施。一是强化企业创新主体地位，打造创新型链主企业，培育壮大科技企业队伍，推动新型研发机构平台化发展，激励企业加大研发投入。二是聚力关键核心技术攻坚，突破产业关键核心技术，建设数字经济创新平台，推进绿色低碳技术创新应用。三是锻造国家战略科技力量，打造综合性国家科学中心核心承载区，推动高水平实验室建设，全面提升基础研究能力。四是广聚各类创新创业人才，打造高水平国家级人才平台，全方位培养、引进、用好人才。五是汇聚国内国际创新资源，提高区域科创引领辐射能力，积极融入全球科技创新网络，深化国际一流营商环境建设。六是深化科技体制综合改革，创新科技任务组织管理机制,加快高新园区体制机制创新,健全金融支持科技创新机制,完善知识产权服务保障体系,打造惠企政策落地便利化平台,优化创新治理统筹推进机制。该政策意见提出,全方位打通基础研究、应用基础研究和产业化通道,系统构建具有国际竞争力、创新链与产业链深度融合的区域创新体系,在重要科学技术领域成为领跑者,在新兴前沿交叉领域成为开拓者,加快建设引领性国家创新型城市,争创国家区域科技创新中心和综合性国家科学中心。

资料来源:《关于深入推进引领性国家创新型城市建设的若干政策意见》,南报网,2022年1月5日,http://www.njdaily.cn/news/2022/0105/41165772726088839442.html。

8.3.2 建设高水平国家级人才平台

建设高水平国家级人才平台,既是南京迈向人才强市的必由之路,也是城市创新驱动的内在需要。

习近平总书记提出,加快建设世界重要人才中心和创新高地,在北京、上海、粤港澳大湾区建设高水平人才高地[1]。这是习近平总书记对加快建设人才强国作出的顶层设计和战略谋划,为深入实施新时代人才强国战略描绘了新愿景。建设高水平国家级人才平台,是我国加快建设创新型国家、全面建成社会主义现代化强国的内在需要。习近平总书记在中央人才工作会议指出,"一些高层次人才集中的中心城市也要着力建设吸引和集聚人才的平台"[2],江苏省第十四次党代会也提出要支持南京等具备条件的城市建设国家级人才平台。南京要抓住机遇、顺势而为,深入贯彻中央和省委人才工作会议精神,把建设高水平人才高地作为南京人才工作的总抓手、总牵引,紧紧围绕"打造国家区域科技创新中心、进而争创综合性国家科学中心"总目标,加快形成人才资源竞争优势,努力把南京建设为新时代人才强市,打造成我国建设世界重要人才中心和创新高地的重要战略支点,从而在人才强国雁阵格局中

---

[1] 习近平. 深入实施新时代人才强国战略 加快建设世界重要人才中心和创新高地[J]. 求是, 2021(24).
[2] 习近平. 深入实施新时代人才强国战略 加快建设世界重要人才中心和创新高地[J]. 求是, 2021(24).

占有一席之地。这也是南京实现高质量发展，创造新奇迹、展现新气象的必由之路。

南京高水平国家级人才平台建设，要构筑世界级的人才平台，实行更开放的人才政策，造就战略性的人才力量，构建金字塔形的人才结构，营造高品质的人才生态，让各类人才汇聚南京、扎根南京，在南京成就事业、实现价值。《关于加快打造高水平国家级人才平台 推进新时代人才强市建设的意见（征求意见稿）》提出"1+4+5"目标任务体系。具体包括：确立一个战略目标，即争创高水平国家级人才平台、建设全国重要人才高地。打造四大平台，即打造战略人才力量培养平台、打造国际人才首选发展平台、打造人才发展改革试验平台、打造区域资源集聚辐射平台。实施五大行动，即大力实施人才队伍锻造行动、大力实施人才载体赋能行动、大力实施产才融合进阶行动、大力实施人才改革集成行动、大力实施人才生态涵养行动。

【资料链接】

打造高水平国家级人才平台、推进新时代人才强市建设的
"1+4+5"目标任务体系

一个战略目标：

争创高水平国家级人才平台，建设全国重要人才高地。

打造四大平台：

扛起科技自立自强使命，发挥科教资源优势，打造战略人才力量培养平台，为国家培养输出更多大师大家、领军人才，实现战略人才的自主可控。

把握全球人才流动机遇，发挥开放合作优势，打造国际人才首选发展平台，汇聚全球智力资源。

把握科技创新综合改革机遇，发挥先行先试优势，打造人才发展改革试验平台，承接各类人才改革先行示范工程，最大限度激发和释放人才创新创造活力。

把握构建雁阵格局机遇，发挥空间区位优势，打造区域资源集聚辐射平台，更好推动创新人才资源融通汇聚，成为驱动长三角一体化发展的

门户枢纽。

实施五大行动：

厚植"聚"的土壤，大力实施人才队伍锻造行动。优化升级"紫金山""宁聚"人才计划，聚力支持战略科学家、一流科技领军人才和创新团队、青年科技生力军、卓越工程师等。

壮大"育"的主体，大力实施人才载体赋能行动。支持国家级重大创新平台建设、高校院所把人才培养作为核心任务和新型研发机构平台化发展。

拓展"用"的舞台，大力实施产才融合进阶行动。突出用才于"企"、聚才于"园"，促进高端创新资源与产业发展有效对接。

激发"长"的活力，大力实施人才改革集成行动。注重"支持人"也"支持用人"、"破四唯"也"立新标"，建立产业、科技、人才项目贯通评价机制。

优化"留"的环境，大力实施人才生态涵养行动。优化制度环境、市场环境和生活环境，让所有选择南京的人才都能够实现自我价值、受到广泛尊重。

资料来源：《如何打造高水平国家级人才平台？南京方案亮相》，2022年1月6日，https://baijiahao.baidu.com/s?id=1721205262402295023&wfr=spider&for=pc。

南京要深刻领会习近平总书记关于人才工作的系列重要讲话精神，不断加强人才工作战略谋划和政策创新，加快建设综合性国家科学中心和国家重点实验室，打造高水平国家级人才平台，建设全国重要人才高地。

综合性国家科学中心是国家创新体系建设的基础平台，要打造综合性国家科学中心核心承载区。此前，上海张江、安徽合肥、北京怀柔、广东深圳均已获批建设综合性国家科学中心，杭州、武汉、济南、青岛、沈阳、兰州等城市"十四五"规划也都提出要创建综合性国家科学中心。南京要积极争取江苏省和国家的支持，聚焦国家重大战略目标和任务布局，协调全省科研资源，全面谋划、打造并争取成为综合性国家科学中心，建设成为引领性国家创新型城市，成为国家战略科技力量的重要组成部分。持续支持麒麟科技城与中国科学院等国家战略科技力量深化合作，打造综合性国家科学中心核心承载区。

要加快建设国家实验室。国家实验室是成为国家创新体系中的中坚力量，也是配置资源的重要主体，一流人才、国家科研项目，重大科学基础设施都将向国家实验室集中。在已经获批建设综合性国家科学中心的四地，均有顶尖实验室为支撑，如上海张江实验室、合肥量子信息科学实验室、北京怀柔空间科学实验室和物质科学实验室、深圳鹏城实验室。南京要强化以紫金山实验室为代表的战略科技力量在国家实验室体系中的地位和作用，面向国家重大战略需求加快突破重大基础理论和关键核心技术。要优化实验室体系，深入推进网络通信与安全紫金山实验室、扬子江生态文明创新中心等开放平台建设，协调推动未来网络等国家重大科技基础设施建设，以"紫金山实验室+重大科技基础设施群+重大工程化创新平台"为基础，推动网络通信与安全紫金山实验室建成国家实验室，打造紫金山科技城应用基础研究创新技术集聚区，全力以赴加强基础研究和核心技术攻关。

8.3.3 加快建设国家战略人才力量

2021年9月，习近平总书记在中央人才工作会议上强调，要大力建设战略人才力量，着力夯实创新发展人才基础。他提出要求，到2035年，形成我国在诸多领域人才竞争比较优势，国家战略科技力量和高水平人才队伍位居世界前列。[①]习近平总书记提出的2035年我国人才发展的战略目标，对南京而言，就是创建国家级人才平台的战略任务。2022年南京的"新年第一会"新增了"人才"作为双主题，进一步强调人才的关键作用，全力打造国家战略人才力量。

首先，大力培养使用战略科学家。战略科学家是科学帅才，是国家战略人才力量中的"关键少数"，应该视野开阔，具有深厚的科学素养和很强的前瞻性判断力、跨学科理解能力、大兵团作战组织领导能力。战略科学家要从科技创新主战场中培养，从科技创新主力军中选拔，在国家重大科技任务担

---

① 习近平. 深入实施新时代人才强国战略 加快建设世界重要人才中心和创新高地[J]. 求是，2021（24）.

纲领衔者中发现。①要引导在宁高校、科研院所、各类大中型企业以提升原始创新能力和支撑重大科技突破为目标，聚焦最有基础、最有优势和最需突破的领域开展研究，力争培养更多的战略科学家。要实施"基础领航"工程，梳理出有可能进入国家视野的科研方向，例如生命健康、人工智能、新材料、未来网络、普适通信、内生安全等前沿领域，以此作为培养使用战略科学家的生长点。布局建设一批科技基础设施和科技创新基地，开展具有国家战略意义的、跨学科、跨界的融合研究，产出一批原创性、标志性的科技产业创新成果，培养和使用能够引领全球技术创新的战略科学家，形成战略科学家成长梯队，加快建设国家战略人才力量。

其次，打造大批一流科技领军人才和创新团队。南京要认真落实习近平总书记提出的打造大批一流科技领军人才和创新团队的"四要"，大力实施一流科技领军人才和创新团队锻造行动，吸引集聚一流科技领军人才和创新团队。一要建立"卡脖子"关键核心技术攻关人才特殊调配机制，制定实施专项行动计划，跨部门、跨地区、跨行业、跨体制调集领军人才，组建攻坚团队。二要发挥国家实验室、国家科研机构、高水平研究型大学、科技领军企业的国家队作用，加速集聚、重点支持一流科技领军人才和创新团队。三要围绕国家重点领域、重点产业，组织产学研协同攻关，在重大科研任务中培养人才。四要优化领军人才发现机制和项目团队遴选机制，探索新的项目组织方式，对领军人才实行人才梯队配套、科研条件配套、管理机制配套的特殊政策，加快"卡脖子"关键核心技术突破。②要破除制约一流科技领军人才发展的体制机制障碍，进一步推进以"放权松绑"为核心的流程创新、政策创新和制度创新，形成对"高精尖缺"人才具有特别吸引力的制度优势①，聚焦重点领域和海内外高端人才。大力支持领军人才搭建平台、组建团队，重点扶持在宁高层次人才创新创业基地，给予特殊政策支持，提升高层次人才

---

① 习近平. 深入实施新时代人才强国战略 加快建设世界重要人才中心和创新高地[J]. 求是，2021（24）.
② 习近平. 深入实施新时代人才强国战略 加快建设世界重要人才中心和创新高地[J]. 求是，2021（24）.
① 徐军海. 在长三角人才市场一体化进程中展现新作为[J]. 群众，2019（15）：65-66.

归属感。推动在具备条件的行业骨干企业建设"企业院士工作室",主动吸引海内外高端人才到南京创新创业,形成各具特色的"人才特区"。对领军人才从人才梯队、科研条件和管理机制三个方面实行配套,对来南京工作的海内外高端紧缺人才,给予最大力度的个人所得税减免优惠。

再次,造就规模宏大的青年科技人才队伍。习近平总书记指出,青年人才是国家战略人才力量的源头活水[1]。要把培育国家战略人才力量的政策重心放在青年科技人才上,给予青年人才更多的信任、更好的帮助、更有力的支持,支持青年人才挑大梁、当主角。各类人才培养引进支持计划要向青年人才倾斜,扩大支持规模,优化支持方式。要重视解决青年科技人才面临的实际困难,让青年科技人才安身、安心、安业。要完善优秀青年人才全链条培养制度,组织实施高校优秀毕业生接续培养计划,从高校、科研院所、企业遴选高水平导师,赋予高端人才培养任务[2]。要切实推进、实施紫金山英才菁英计划,长期稳定支持一批在自然科学领域取得突出成绩且具有明显创新潜力的青年人才[3]。要完善从象牙塔到创新创业主战场的"全链条"培养体系,面向青年科技生力军搭建更大的平台、提供更优的机制,给予他们更多的信任、更好的帮助、更有力的支持,支持他们挑大梁、当主角。要使青年人才从职称评审、项目申报、"帽子"竞争上解放出来,重视解决青年人才在薪酬待遇、住房、子女入学等方面的实际困难,推动"紫金山英才卡"提质扩面,强化人才安居、子女教育等精准服务。

最后,培养大批卓越工程师。我国是世界第一制造大国,加快培养一支技术创新能力强、能够解决复杂工程问题、适应经济社会发展需要的工程师队伍,具有重大意义。中央人才工作会议提出"培养大批卓越工程师",并将卓越工程师列为国家战略人才力量,强调要探索形成中国特色、世界水平的工程师培养体系,努力建设一支爱党报国、敬业奉献、具有突出技术创新能

---

[1] 习近平. 深入实施新时代人才强国战略 加快建设世界重要人才中心和创新高地[J]. 求是,2021(24).

[2] 习近平. 深入实施新时代人才强国战略 加快建设世界重要人才中心和创新高地[J]. 求是,2021(24).

[3] 习近平. 深入实施新时代人才强国战略 加快建设世界重要人才中心和创新高地[J]. 求是,2021(24).

力、善于解决复杂工程问题的工程师队伍①。培养卓越工程师，必须调动好高校和企业两个积极性。高校要深化工程教育改革，加大理工科人才培养分量，探索实行高校和企业联合培养高素质复合型工科人才的有效机制。这要作为高校特别是"双一流"大学建设的重要任务。南京是我国制造大市，需要大批卓越工程师。根据南京产业要求和企业提出的工程师人才需求，有关部门和学校要研究制定并实施供给解决方案，调动校企两个方面的积极性，促进产教联合培养卓越工程师。在宁高校要深化工程教育改革，加大理工科人才培养分量，探索实行高校和企业联合培养高素质复合型工科人才的有效机制，推进相同科类各层级人才贯通培养。政府要当好"红娘"，引导企业把培养环节前移，同高校一起组织实施"卓越工程师教育培养工程"，一起确定人才的培养目标、完善人才培养方案、实施培养过程，共建大型公共实习实训基地和生产性实训基地。坚持以产教融合、校企合作为核心路径，实行校企"双导师制"，实现产学研深度融合，解决工程技术人才培养与生产实践脱节的突出问题②。

8.4 发挥紫金山英才计划的牵引作用

习近平总书记在中央人才工作会议上对新时代人才工作做历史性总结时强调，发挥重大人才工程牵引作用③。为了将南京建设成为国际人才集聚区、区域人才枢纽区、产才融合示范区、人才改革先导区、人才生态标杆区，南京对现有各类人才计划项目进行整合优化，提出南京的重大人才工程——紫金山英才计划。紫金山英才计划涉及南京全方位人才培养、引进、使用的全过程，既有人才供给侧的内容，又有人才需求侧的内容，但重点是落在需求侧的人才使用消费上。也就是说，作为南京的重大人才工程，紫金山英才计划

---

① 习近平. 深入实施新时代人才强国战略 加快建设世界重要人才中心和创新高地[J]. 求是，2021（24）.
② 习近平. 深入实施新时代人才强国战略 加快建设世界重要人才中心和创新高地[J]. 求是，2021（24）.
③ 习近平. 深入实施新时代人才强国战略 加快建设世界重要人才中心和创新高地[J]. 求是，2021（24）.

实施情况如何，最终还是要看南京人才需求侧的人才治理是否到位，是否发挥了紫金山英才计划的牵引作用。

【资料链接】

紫金山英才计划体系

计划名称	支持对象	主要内容
紫金山英才高峰计划	"高精尖缺"人才	支持在宁创办科技企业，或引进至本市企业从事重大技术项目攻关。
紫金山英才先锋计划	紧密结合产业链发展的高层次创新创业人才	包含创新型企业家培育、高层次创新创业人才引进、海外人才集聚、校地合作创新等工作内容。
紫金山英才菁英计划	各行业领域人才	定期选拔一批文化、技术技能、卫生健康等领域引领性支撑性人才，给予针对性扶持。
紫金山英才宁聚计划	来宁创业就业和留学回宁的青年大学生	提供安居保障、面试补贴、创业扶持、融资配套、失败援助等服务。

资料来源：南京市人民政府，《南京市国民经济和社会发展第十四个五年规划和二〇三五年远景目标纲要》，2021年3月26日，https://www.nanjing.gov.cn/zdgk/202104/t20210408_2874510.html。

8.4.1 重大人才工程：紫金山英才计划

为了聚焦在新发展阶段全面建设创新名城目标，2021年9月，南京市委组织部发布《关于紫金山英才计划的实施意见》，着力打造一支规模宏大、结构合理、素质优良的高水平人才队伍。

南京的紫金山英才计划设有高峰人才、先锋人才、菁英人才、宁聚人才计划体系，构筑起金字塔形人才引育体系，形成比较完备的梯次结构和人才培养成长链。紫金山英才计划的支持重点从以往创业为主向创新创业并重转变,将创新创业人才和各行业人才都纳入计划体系,为创新名城建设提供源源不断的人才支撑。"十四五"期间,高峰计划重点集聚100个顶尖人才(团队);先锋计划重点引进3 000名高层次创新创业人才,1 000名创新型企业家;菁英人才计划聚焦企业经营管理、金融、文化、教学、卫生、高技能、乡土人才等重点群体;宁聚计划重点聚焦引进创业就业海外留学人才超8万名、推动青年大学生创业企业突破10万家,重点支持一批在经济社会各领域引领支撑行业和产业发展的人才。

紫金山英才计划政策支持力度空前,对南京主导产业、卡脖子技术、国家重大科创平台等产业科技领域,引进培育的顶尖专家(团队),给予500~1 000万元支持,综合资助最高1亿元;对高层次创业人才,资助额度从最高150万元提高到350万元;对引才用才绩效突出的企业,最高奖励100万元。

紫金山英才计划强调绩效导向,将发展绩效、人才贡献等指标作为人才扶持重要依据。比如,对高峰计划人才,在500万元项目扶持基础上,根据绩效再给予最高500万元追加扶持。

【资料链接】

2021年南京"一号文"第五部分"关于人才创新"

11. 实施"紫金山英才计划"。建立高峰、先锋、宁聚、菁英计划体系,到2025年集聚顶尖人才(团队)100个、新引进高层次创新创业人才3 000名、培育创新型企业家1 000名、累计引进创业就业海外留学人才8万名、青年大学生创业企业突破10万家。对顶尖人才(团队)给予500~1 000万元支持,其中具有标志性全球影响力的,综合资助最高1亿元;对高层次创新创业人才给予50~350万元支持;对创新型企业家给予贷款贴息、研发场租减免、研修培训等支持。建立以企业薪酬、风投注资、运营绩效、知名榜单、专家举荐等为主要依据的市场化人才评价体系。优化高层次人才激励机制,根据不同产业链领域薪酬水平,按对地方经济贡献给予奖励。出台支持海外人才和本地高校毕业生在宁创业就业专项政策。各区提供"零成本"大学生创业专用场地保障;强化创业天使投资基金对大学生创业的持续支持。支持企业设立博士后工作站和专家工作室。

推出"紫金山英才卡",集成提供创新创业、子女教育、健康医疗、品质生活等特色精准服务。鼓励高校、企业、新型研发机构联合设立人才定制实验室和科创实验室,鼓励园区探索建设产业共享人才培育、专业技术订单式服务的联合创新体,按年度绩效给予最高 30 万元奖励。支持中国科学院大学南京学院、江苏省产业技术研究院等专业机构培养产业创新人才。积极探索在宁高校举办义务教育学校的一体化发展模式;在中小学校开展创新类课程学习,拓展创新类课外活动。(市委组织部、市科技局、市人社局、市工信局、市教育局、市卫健委、市医保局、市文旅局、市体育局、高新区发展办、市科协、紫金投资集团,各区、江北新区)

12. 实施"人才安居保障提速计划"。加快人才住房筹集,到 2025 年全市新增各类人才住房 12 万套。按照"产城融合、职住平衡"原则,布局规划建设人才安居社区;积极探索"先租后售、租购并举"人才安居模式。在高新区、省级以上开发区、地铁站点周边,居住类用地出让可配建不少于 5% 的租赁住房;支持国有平台在地铁沿线建设租赁住房,优先保障人才安居需求。鼓励企事业单位在自有科研、工业用地范围内建设租赁住房。对符合条件的企业博士、硕士、学士,继续执行住房租赁补贴政策,引导开发商和商业银行对人才购房按规定落实首付比例政策和贷款利率优惠。(市房产局、市规划资源局、市人社局)

资料来源:中共南京市委、南京市人民政府,《中共南京市委 南京市人民政府印发〈关于新发展阶段全面建设创新名城的若干政策措施〉的通知》,2021 年 1 月 1 日,https://www.nanjing.gov.cn/xxgkn/zfgb/202102/t20210226_2833343.html。

8.4.2 政策"套餐与链条"

围绕南京"一号文"制定的配套文件,涵盖人才创新创业、空间要素保障、人才安居保障,以及市场主体、知识产权、营商环境、金融等方面,这些专项配套文件,进一步明确了支持范围、细化了政策内容、强化了兑现落实。在创新人才方面,配套制定紫金山英才计划、海外人才创新创业行动计划、人才安居保障提速计划等；在空间要素方面，配套制定空间要素保障创新计划；在知识产权方面，配套制定知识产权支撑产业高质量发展行动计划；在企业创新方面，配套制定市场主体倍增计划等。

围绕紫金山英才计划，首先，深化人才评价改革，建立人才评价评估系统。进一步完善人才评价标准，构建人才自评、用人主体评价和第三方评价为一体，以能力贡献、创新价值、风投注资、专家举荐、知名榜单和任职经历等为主要依据的综合量化评价体系。建立八大产业链人才咨询委员会，在人才项目评审中提高产业匹配度和市场认可度的权重。扩大人才举荐覆盖面，赋予产业链重点企业和海外高层次人才单独举荐权。其次，完善人才激励机制。优化高层次人才科技贡献奖励办法，根据不同产业链领域薪酬水平，按对本市贡献给予奖励，符合条件的海外人才年薪收入个人所得税15%以上地方经济贡献全部奖励个人，人才年度奖励最高50万元，累计奖励最高100万元。支持用人单位引才，对引才用才示范企业授予"金梧桐"奖，给予最高100万元奖励。再次，畅通人才流动渠道。简化外籍人才居留和出入境办理流程，工作许可和居留许可一窗办理、容缺受理、专办服务。深化户籍制度改革，积极推进长三角城市群户籍准入年限同城化累计互认。最后，支持高校院所人才兼职创新创业并获取薪酬，原单位应对兼职创新创业人才和其他在岗人员一视同仁，继续为他们办理职称评聘、岗位等级晋升和社会保险等事务，为人才创新创业解决后顾之忧。

8.4.3 政策"兑现与保障"

南京及时发布"一号文"、紫金山英才计划和专项配套文件，及时宣传各项政策内容，以求达到增强政策宣传时效的效果，使"一号文"、紫金山英才计划政策措施深入人心。首先，抓实政策兑现。在"一站式"政策兑现平台基础上，探索免申即享机制，同时建立精准推送、主动服务的"秒触发"政策服务系统，提高政策"兑现度"和"直达性"。实行政策落实"好差评"制度，畅通不落实问题的投诉渠道，优化提升政策兑现流程和服务质量。持续实施市领导联系重点人才、重点企业常态化制度，设立南京企业家创新会堂，听取人才和企业家的意见建议，通过"企业家服务日"事项首办机制，把政策落实到位，把困难解决到位。其次，构建开放引才格局。布局建设"海智湾"国际人才街区，实施支持海外人才创新创业行动计划。优化国际人才寻访对接机制，编制全球产业人才地图，拓展海外聚才平台，对企业海外全职使用或引进来宁短期技术服务的海外人才，视同在宁工作给予支持。推动海外协同创新中心、海外研发机构、海外人才离岸创新创业基地等人才飞地和平台建设，建立"双向孵化"机制。常态化举办紫金山人才发展国际峰会、全球菁英人才节等品牌活动，打造国际化人才交流平台。最后，抓严考核评估。强化市委创新委协调推进、督查考核职能，把落实推进紫金山英才计划纳入市对区、部门、领导班子和干部考核，提高在综合考核中的比重，并纳入重点巡察、审计范围，以考核压实责任，促进政策落实。建立常态检查和专项督察机制，强化激励作为、倒逼不作为的工作导向。依托第三方智库平台，通过大数据采集、政策执行流程验证等，对紫金山英才计划的政策措施落地情况进行系统评估，推动政策落地落实。

8.4.4 紫金山英才卡

在优化公共服务方面，南京推出了"紫金山英才卡"。"紫金山英才卡"作为人才的身份标识和权益凭证，分为实体卡和电子卡两种。实体卡以南京市社会保障卡（市民卡）为载体。电子卡在"我的南京"APP"紫金山英才智慧云平台—英才服务"界面使用。"紫金山英才卡"覆盖各层次各领域人才群体，其服务内容包括市区两级18类共60项，涵盖了落户安居、社会保障、教育医疗、文化旅游等多个方面，集成提供子女教育、健康医疗、文体消费、品质生活等特色精准服务。"紫金山英才智慧云平台"主要具有人才评价评估功能、人才服务直达、计划项目申报等五大功能，整合南京各类人才服务端口，为人才提供全方位便捷服务。人才评价评估功能表现为通过自评价、用人主体评价和第三方评价，在南京或是有意向来南京的人才能够精准找到自身价值。人才服务直达功能表现为人才只需在手机上打开平台，就可以享受触屏可达、智能便捷、全景覆盖的一站式综合服务。计划项目申报功能整合了全市各类人才计划项目申报端口，"有什么计划、在哪申报、怎么申报"可一键通达。政策资讯推送功能是指平台实时发布和更新各类创新政策、服务资讯、活动预告，让人才不错失任何一次发展的机遇。人才环境研判功能是指平台及时捕捉和分析人才的发展动态、诉求建议和合作意向，这些信息成为南京不断优化人才政策环境的重要依据和参考。人才通过"我的南京"APP即可直接登录系统，享受相关服务。

紫金山英才计划体系的形成和完善，是南京人才制度体系建设的一个亮点，也是人才治理的核心体现，彰显了南京市委市政府、各有关行政部门、各类用人主体和南京广大人才多年来对南京人才工作所持续贡献出的经验和智慧，相信该计划体系将为深入推进引领性国家创新型城市建设和加快打造高水平国家级人才平台做出更大的贡献。

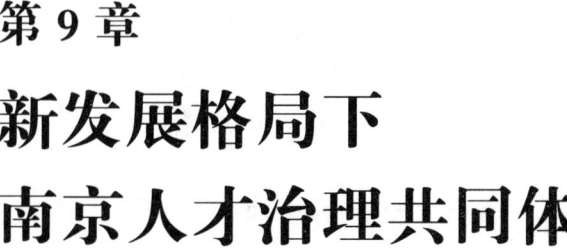

第 9 章

新发展格局下
南京人才治理共同体

南京人才发展新格局的构建和完善要靠具有全球竞争力、适应国际创新名城高质量发展的人才制度体系来支撑和规范，而人才制度及其执行能力则要靠治理体系和治理能力来集中体现，因此要以人才治理体系和治理能力现代化来畅通南京人才循环体系，建立人才社会治理制度，拓展人才社会治理新局面。要在加强南京的人才供给治理、流通治理和需求治理的同时，注意加强人才的系统治理、依法治理、综合治理和源头治理，将南京人才制度优势更好地转化为人才治理效能，使南京的人才治理体系和治理能力更好地集中体现为南京的人才制度及其执行能力，为南京国际创新名城建设提供坚实的人才支撑。构建南京人才治理共同体涉及各级党委和政府、各类用人主体和广大人才和社会的方方面面，因此必须引起全市上下的高度重视，完善人才宏观治理，激活各类市场主体活力，构建基层社会人才治理新格局，形成共建共治共享的南京人才治理良好局面。

9.1 完善人才宏观治理

所谓人才宏观治理，指的是从宏观的层面对人才发展事业进行的治理。南京的各级党委和政府要深入学习贯彻习近平总书记关于新时代人才工作的新理念新战略新举措，推动党中央关于新时代人才工作各项决策部署落地生效。要坚持党对人才工作的全面领导，牢固确立人才引领发展的战略地位，在加强把握战略主动、做好顶层设计、战略谋划和战略布局的同时，转变人才治理方式，提高人才宏观治理能力和水平，加快服务型政府建设，推动南京人才治理体系和治理能力现代化。

9.1.1 坚持党的全面领导

党的十八大以来，党中央提出了一系列深化我国人才事业发展规律性认识的新理念新战略新举措，其中第一条就是"坚持党对人才工作的全面领导"。对此，习近平总书记指出，这是做好人才工作的根本保证。千秋基业，人才为本。党管人才就是党要领导实施人才强国战略、推进高水平科技自立自强，加强对人才工作的政治引领，全方位支持人才、帮助人才，千方百计造就人才、成就人才，以识才的慧眼、爱才的诚意、用才的胆识、容才的雅量、聚才的良方，着力把党内和党外、国内和国外各方面优秀人才集聚到党和人民的伟大奋斗中来，努力建设一支规模宏大、结构合理、素质优良的人才队伍。[①]

  2003年5月，中共中央政治局召开会议，提出了人才强国战略和党管人才原则，制定并实施了加强和改进人才工作的一系列重大方针政策，逐步确立了人才工作的基本思路和宏观布局。会议决定成立中央人才工作协调小组，加强对全国人才工作的宏观指导。在这之后，我国先后召开了三次人才工作会议，实施了《国家中长期人才发展规划纲要（2010—2020年）》，印发了《关于进一步加强党管人才工作的意见》，对党管人才工作的背景意义、指导思想、总体要求、领导体制、工作格局、运行机制等作了进一步明确和深化，标志着党管人才工作进入到一个新的发展阶段，形成了党管人才的工作制度。[②]坚持党对人才工作的全面领导，不断提高贯彻新发展理念、构建新发展格局的能力和水平，为实现人才高质量发展提供根本保证。党管人才既是我国人才发展和人才工作必须坚持的重要原则，也是包括领导体制、工作格局和运行机制在内的人才工作行之有效的形式和体系，更是我国人才工作基本制度的核心。[③]作为一种制度安排，覆盖人才发展和人才治理全方位的具有中国特色的人才制度已经确立，在人才的生产、吸引、流通、使用等各领域基本形成了一整套系统全面、衔接有效的制度体系。[④]我国人才制度集中体现了中国特色社会主义的性质、特点和优势，坚持党管人才原则，服务发展大局，成为我国人才事业发展和建设人才强国的根本制度保障[⑤]，对南京人才事业的发展、改革、开放和国际创新名城建设也起到了保驾护航的作用。

  习近平总书记多次强调，择天下英才而用之，关键是要坚持党管人才原则，遵循社会主义市场经济规律和人才成长规律，着力破除束缚人才发展的

---

① 习近平.深入实施新时代人才强国战略 加快建设世界重要人才中心和创新高地[J]. 求是，2021（24）.
② 魏萍，赵永乐.坚持和完善以党管人才为核心的基本人才制度[J].江苏师范大学学报（哲学社会科学版），2014，40（6）：118-121.
③ 魏萍，赵永乐.坚持和完善以党管人才为核心的基本人才制度[J].江苏师范大学学报（哲学社会科学版），2014，40（6）：118-121.
④ 赵永乐.从特色到优势：进一步提升我国人才制度体系的全球竞争力[J].南京社会科学，2018（6）：75-81，96.
⑤ 赵永乐.从特色到优势：进一步提升我国人才制度体系的全球竞争力[J].南京社会科学，2018（6）：75-81，96.

思想观念,推进体制机制改革和政策创新,充分激发各类人才的创造活力,在全社会大兴识才、爱才、敬才、用才之风,开创人人皆可成才、人人尽展其才的生动局面。①南京坚定贯彻落实新时代党的组织路线,连续五年召开"创新名城"大会,并发布年度市委"一号文",以党管人才支持创新,强化组织保证、发挥组织优势,激发广大人才的奋斗精神、凝聚广大人才的奋进力量。南京不断开创党的建设和组织工作新局面,创新构建人才和科技工作高位衔接融合的组织领导体系,形成党委统一领导、组织部门牵头抓总、职能部门各司其职、齐抓共管的人才工作格局。南京市委书记亲自担任南京市委人才工作领导小组组长,市委副书记、南京市人民政府市长担任南京市委人才工作领导小组组长副组长。在市委组织部挂牌成立正局级的人才工作办公室,加强全市人才工作的专业化力量建设。加大目标责任考核力度,注重强化"重引进更重培养服务、重规模更重质量效益"的工作导向,将人才工作履责情况作为党建工作责任制述职重要内容。南京还出台联系服务专家工作实施办法,推进有关领导联系服务专家工作的制度化、科学化、常态化,加强对各级专家的政治引领和政治吸纳,增强人才事业发展向心力。

【资料链接】

新年首个工作日,我市发布重磅文件

2022年1月4日,南京市委人才工作会议暨引领性国家创新型城市建设大会召开。会议解读了《关于加快打造高水平国家级人才平台 推进新时代人才强市建设的意见(征求意见稿)》《关于深入推进引领性国家创新型城市建设的若干政策意见》,提出奋力建设全国重要人才高地,加快建设引领性国家创新型城市,为扛起"三大光荣使命"、谱写"强富美高"新江苏现代化建设南京新篇章提供强大动力。

关于新时代人才强市的征求意见稿提出"1+4+5"目标任务体系,具体包括:确立一个战略目标,即争创高水平国家级人才平台、建设全国重要人才高地。打造四大平台,扛起科技自立自强使命,发挥科教资源

---

① 中共中央文献研究室. 习近平关于科技创新论述摘编[M]. 北京:中央文献出版社,2016:114.

优势,打造战略人才力量培养平台;把握全球人才流动机遇,发挥开放合作优势,打造国际人才首选发展平台;把握科技创新综合改革机遇,发挥先行先试优势,打造人才发展改革试验平台;把握构建雁阵格局机遇,发挥空间区位优势,打造区域资源集聚辐射平台。实施五大行动,厚植"聚"的土壤,大力实施人才队伍锻造行动;壮大"育"的主体,大力实施人才载体赋能行动;拓展"用"的舞台,大力实施产才融合进阶行动;激发"长"的活力,大力实施人才改革集成行动;优化"留"的环境,大力实施人才生态涵养行动,让所有选择南京的人才都能够实现自我价值、受到广泛尊重。

资料来源:《新年首个工作日,我市发布重磅文件》,《南京日报》2022年1月5日,第A1版。

党的领导是中国特色社会主义制度的最大优势,也是中国人才制度的最大优势。坚持党管人才,完善党管人才的宏观领导体系,既是南京人才发展和人才工作必须坚持的根本原则,也是人才治理工作的核心。一是进一步完善南京的党管人才领导体制,加强党对人才工作的全面领导。充分发挥党的思想政治优势、组织优势和密切联系群众优势,充分调动各方面力量形成共同参与和推动人才工作的整体合力,强力地推进人才强市战略的实施,确立南京的人才竞争比较优势。二是构建以党管人才为核心的人才工作体系,上下贯通、多部门协同、系统高效,增强南京人才的全球竞争力。建立南京党管人才的总体工作制度、各专项工作制度和党管人才规章制度条例。三是健全南京的党管人才运行机制,推进人才治理体系和治理能力现代化。各级党委要完善统一领导,在人才治理中提高把方向、谋大局、定政策、促改革的能力,增强党管人才的政治功能和组织力。四是坚定中国特色社会主义人才道路自信、人才理论自信、人才制度自信和人才文化自信,把人才治理体系和治理能力现代化当作一项重大战略任务来推进,科学谋划、精心组织、远近结合、整体推进、落实到位。

党管人才是我国人才治理的根本原则,是推进人才治理体系和治理能力现代化的关键因素。一方面,要牢固确立人才引领发展的战略地位,把党的领导落实到中央作出的全方位培养、引进、使用人才的重大部署中去,落实到新发展格局的人才双循环建设中去，落实到人才治理的各领域各方面各环节中去。另一方面，要系统、全面、准确地把握党管人才的深刻内涵，将管党和管人才有机结合，将人才工作纳入党建和党的组织路线中去，推动各方面协调行动、增强合力，并将其转化为具有全球竞争力的人才制度体系，进而转化为人才治理的效能。

9.1.2 更好发挥政府作用

政府是"看得见的手"。南京要在人才治理中更好发挥政府作用，就要明确"谁管、管谁、管什么、怎么管"，简政放权和放管结合一起抓，以"服务型政府"角色定位，统筹发挥"有为政府"和"有效市场"二元治理主体作用，完善人才的宏观治理体系，营造一流的人才发展环境，实现多主体协同创新。

清晰而有激发力的战略目标是政府人才治理的重要手段，南京提出打造高水平国家级人才平台"三步走"建设目标。到2025年，人才资源总量达440万人，关键领域战略科技人才、每万名劳动者中研发人员全时当量、工程师数量、高技能人才数量等八大人才发展核心指标全部取得实质性突破，进入全国全省第一方阵。到2030年，形成更具国际竞争力的人才制度优势和创新环境优势，成为国家建设世界重要人才中心和创新高地的战略支点。到2035年，人才竞争力达到世界先进城市水平，全面建成高水平国家级人才平台，努力打造全国重要人才高地。"三步走"的人才平台建设目标，既振奋人心，又激励全市上下通过艰苦努力去取得成功。

党的十九届五中全会通过的《中共中央关于制定国民经济和社会发展第十四个五年规划和二〇三五年远景目标的建议》指出，充分发挥市场在资源配置中的决定性作用，更好发挥政府作用，推动有效市场和有为政府更好结合。[1]但是，在当前的人才治理工作上，政府的"有为"有余，市场的"有效"不足。要想推动有效市场和有为政府更好结合，对政府的基本要求是有为，更好发挥"有为政府"在人才宏观治理中的管理和服务作用；对市场的要求

---

[1] 中共中央关于制定国民经济和社会发展第十四个五年规划和二〇三五年远景目标的建议[EB/OL].（2021-09-28）[2022-06-15]. http://www.gov.cn/zhengce/2020-11/03/content_5556991.htm.

是必须有效，充分发挥"有效市场"在人才资源配置中的决定性作用。为此，南京的各级政府都要以改革为根本动力，加快转变人才治理方式，厘清政府和市场关系的边界，简政放权，减少行政的不必要干预。行政部门应该下放的权力都要下放，用人单位可以自己决定的事情都应该由用人单位决定，发挥用人主体在人才培养、引进、使用中的积极作用。[①]政府要以"有为政府"角色定位，构建新的人才治理体系，以有效市场和有为政府二元治理主体作用的统筹发挥，加强人才治理体系的完备性和科学性。人才治理中的"有为政府"要求南京的各级政府都要进一步转变人才治理方式，优化职责体系，减少政府对人才资源的直接配置，规范人才宏观管理、政策法规制定、公共服务和监督保障四大职能，充分发挥政府的组织保障优势，构建目标优化、职责清晰、协同高效、依法行政的人才治理行政体制。在宏观上，南京市政府作为本区域内国家的代表，通过规划、政策、投资、消费、价格、税收、社会基本保障、公共服务等公权力和经济调控手段，确保全市人才发展格局稳定、畅通和高效。在微观上，南京市政府作为本区域各行业产业用人主体和广大人才利益的集中代理，积极参与到国内人才的竞争与合作和全球人才竞争中，获取本市人才利益最大化，成为具有全球影响力的人才高地。

第一，要提高把方向、谋大局、定政策、促改革的能力，抓好人才规划、供需调节、市场监管、社会管理、公共服务和人才生态建设，将政府人才治理的执行力和公信力精准地落实在以创新创造创业为核心的人才引领发展战略地位上。第二，要放管结合，探索人才发现、人才使用、人才激励、人才评价的政策举措，大力深化创新人才的评价机制改革、健全人才市场评价体系，按照实际能力和贡献业绩，制定符合各类人才需求的有利于人才潜心研究和创新的分类评价体系。第三，突出市场导向，发挥市场机制在人才资源配置中的决定性作用，率先形成"市场化"的人才服务新机制，加快建设"对接国际、衔接长三角、贯通全国、循环畅通"的人才市场体系。第四，要把人才工作重心真正转移到社会基层和用人主体身上，向用人主体授权，为人才松绑，保障在宁各种性质企事业单位编制管理、人员聘用、职称评定、绩效工资

[①] 习近平. 深入实施新时代人才强国战略 加快建设世界重要人才中心和创新高地[J]. 求是，2021（24）.

分配以及激励方面的用人自主权[①]，充分激发用人主体用人活力和人才创新创造创业活力。第五，要健全人才安全体系，增强人才安全意识，提升人才安全能力，坚持正确的政治方向，坚持国家利益至上，确保南京人才发展事业安全。

南京有关行政部门要迈出步子、俯下身子，主动走进基层、走进企业、走进市场、走进现场，聆听用人主体和广大人才的诉求和建议，及时出台相关措施，解决实际问题。南京要充分发挥科教强市和地理位置的天然优势，营造好人才宜居宜业的生产生活环境。加强政策配套，组建相应的工作推进机构，配套解决示范基地人才子女教育、住房、医疗等方面实际需求。继续推广发行"紫金山英才卡"，集成创新创业、子女教育、家属就业、健康医疗等功能，为各类人才提供专属服务，优化人才公共服务环境。实施人才安居保障提速计划，规划建设人才安居社区，试点人才"先租后售、租购并举"的安居模式，降低创新创业人才安居成本。

【资料链接】

南京市人才安居精准服务实施细则（第二章　政策和措施）

第三条　加大对人才的支持力度，在企业工作的博士安居租赁补贴标准提升至每月2 000元。正在享受政策的从2019年1月起直接提高补贴标准，不需要另行申请。新申请的按新标准执行。

第四条　经市发改委牵头会同市工信局、市投促局等部门认定，符合"4+4+1"主导产业方向，新引进投资额超25亿元的重大产业项目等条件的企业和园区，在市规划和自然资源局、市房产局等部门的配合指导下，可采取"一事一议"方式向市政府提出申请，适当增加其配套建设人才公寓等生活服务设施的用地面积和建筑面积比例。

第五条　重点把控好产业发展方向，着重增量、兼顾存量，拓宽人才安居办法适用企业范围。将高新技术企业、规上企业、新型研发机构等重点领域的企业，全部纳入政策覆盖范围。突出"重点企业重点支持，特殊项目特殊安排"，根据企业（人才）对共有产权房、公共租赁住房、市场化租赁住房、商品住房的总量、户型、位置等需求，由市房产局会

[①] 赵永乐. 人才管理政府与市场关系研究[J]. 国家行政学院学报，2016（3）：40-44.

同招商部门、相关区政府或企业主管部门，为企业量身定制人才安居服务。

第六条 对集中建设、配建的具备销售条件的人才安居住房，可采用先租后售的方式进行供应，租期五年内可享受优惠租金。人才租满五年可向产权单位以优惠价格申请购买该房屋的产权。根据双方合同约定，人才安居住房取得产权五年后方可转让，取得产权不满五年需退出的由原产权单位优先回购。

第七条 在海外人才相对集中的区域，创造条件筹建专门的海外人才公寓定向供应，配备接入国际医疗结算体系的国际化医院以及国际学校等教育机构，规划设置商业服务设施、体育运动设施、众创空间等生活和功能性区域。

第八条 符合南京市人才安居办法中规定的 A—F 类人才或经认定的其他人才（含海外人才），通过人才安居信息服务平台开具购房证明时，中国公民凭身份证、港澳台居民凭港澳台通行证、外国公民凭护照，其他人才认定等材料根据系统提示上传。

第九条 将购买商品住房服务对象由南京市人才安居办法中的 A、B、C 类高层次人才扩大到 D、E 类人才。建立动态的"人才住房需求库"，采取"订单式"的方式定向筹集房源。人才在提交申请时同步填写住房需求，系统定向推送房源信息，进一步优化人才选房、购房流程，推行在线选房，努力实现供需精准匹配。

第十条 采用政府购买服务的方式与第三方租赁机构开展合作，引入市场化租赁住房资源，通过系统平台将有需求的人才和有房源的企业联系起来，解决人才多元化住房需求，提供信息的精准交互。

第十一条 协调金融机构，对人才安居办法中规定的 A、B、C、D、E 类人才购房贷款给予利率优惠，对 A—F 类通过人才安居信息服务平台承租市场化租赁住房或办理装修分期付款等方面，给予更多的便捷和优惠。

第十二条 将工作重心瞄准科技领域的招商引资、招才引智。紧盯推动创新名城建设向纵深迈进的"六大计划"，强化"六服务"，紧紧围绕孵化，服务新型研发机构人才；围绕产业，服务人工智能、集成电路、新能源汽车等行业人才；围绕企业，服务科技中小企业、高新技术企业、独角兽和瞪羚企业、行业领军企业人才；围绕总部经济，服务苏宁、阿里、小米等总部人才；围绕综合性科学中心，服务"一核三城一圈"；围绕主阵地，服务11个经开区和15个高新园区发展。完善市、区两级人才安居工作机构，落实工作责任。

资料来源：南京市人民政府办公厅，《市政府办公厅关于印发南京市人才安居精准服务实施细则的通知》，2019年5月15日，https://www.nanjing.gov.cn/xxgkn/zfgb/201906/t20190626_1576688.html。

9.2 激活人才微观治理

所谓人才微观治理，指的是从微观的层面对用人主体和人才的活动进行的治理。习近平总书记在中央人才工作会议上指出，坚持深化人才发展体制机制改革是做好人才工作的重要保障[①]。必须向用人主体授权，为人才松绑，把我国制度优势转化为人才优势、科技竞争优势，加快形成有利于人才成长的培养机制、有利于人尽其才的使用机制、有利于人才各展其能的激励机制、有利于人才脱颖而出的竞争机制，把人才从科研管理的各种形式主义、官僚主义的束缚中解放出来。[②]人才发展体制机制改革的目的就是要使市场在人才资源配置中起决定性作用，充分发挥市场的供求、价格和竞争三大机制的作用，充分激发用人主体的用人活力和各类人才的创新活力。

9.2.1 充分发挥市场的决定性作用

深化人才发展体制机制改革的总目标是完善和发展中国特色社会主义人才制度，推进人才治理体系和治理能力现代化。改革的核心问题是处理好政府和市场的关系，使市场在人才资源配置中起决定性作用，推动有效市场和有为政府更好结合。积极稳妥从广度和深度上推进市场化改革，推动人才资

---

① 习近平. 深入实施新时代人才强国战略 加快建设世界重要人才中心和创新高地[J]. 求是，2021（24）.
② 习近平. 深入实施新时代人才强国战略 加快建设世界重要人才中心和创新高地[J]. 求是，2021（24）.

源配置依据市场规则、市场价格、市场竞争实现效益最大化和效率最优化。[①]南京要突出市场导向，为人才发展扫除体制机制障碍，构建科学规范、开放包容、运行高效的人才发展治理体系，形成具有全球竞争力的人才制度优势。以市场打通人才、科技、经济发展通道，激发发展（第一要务）、科技（第一生产力）、人才（第一资源）、创新（第一动力）"四个第一"的综合潜能。打通制约国内国际双循环的关键堵点，促进人才和各类商品、要素、资源在南京范围内更好融合、畅通流动。

要突出市场导向，将南京建成国际化的人才流动自由港，确保国内外的人才在市场上都能自由流动，既能流进也能流出，成为长三角最重要的人才聚散枢纽和中心。要以人才柔性流动的方式鼓励人才创新创业，推动人才离岗创业和在岗兼职，打通企业和高校、科研院所人才流动的渠道，以产学研紧密结合的方式使人才在合作过程中达到流动效果。

遵循社会主义市场经济规律和人才成长规律，大幅度减少政府对人才资源的直接配置，加快完善南京的现代人才市场体系，将市场的决定性作用落实在市场的主体用人单位和各类人才身上。用人单位是运行于人才市场上的组织要素，也是需求要素，必须充分授权，进一步放开放活，使其成为拥有真正用人主权的用人主体。人才是运行于人才市场上的主体要素，也是供给要素，必须为人才松绑，进一步解放思想、解放人才，使人才成为最重要、最鲜活、最具效力的市场要素。人才市场上的服务机构和企业是运行于人才市场的中介要素，是为人才和用人单位提供中介服务或为人才创新创业提供全要素组合与孵化的服务主体要素。必须花大力气培育和扶持现代服务产业，使其在市场化、专业化、产业化的道路上不断成长壮大。

9.2.2 为用人主体充分授权

在现代社会，绝大多数人才都在一个组织中工作和生活，这个组织就是用人主体（自我创业最终也会形成一个组织）。形形色色的用人单位都是市场主体，既能体现社会上人才的供给，也能体现社会上人才的需求，是人才供

[①] 赵永乐，陈培玲. 深化改革：人才优势转化为发展优势的根本动力[J]. 中国人才，2014（5）：52-53.

给侧和人才需求侧的微观结合体。因此必须把人才工作的着力点真正落到各类用人单位身上，使它们成为人才工作的重要主体，成为人才引领发展的主角，成为人才治理的重心。根据习近平总书记的要求，"用人主体要发挥主观能动性，增强服务意识和保障能力，建立有效的自我约束和外部监督机制，确保下放的权限接得住、用得好。用人单位要切实履行好主体责任，用不好授权、履责不到位的要问责"[1]。要创新管理体制，完善用人机制，深化人事制度改革，坚持"谁用人，谁评价；谁用人，谁受益；谁用人，谁承担用人风险"的准则[2]，落实用人主体的用人自主权，充分激发用人主体聚才用才的活力。

各类用人主体尤其是企业，都要建立形成科学高效的人才工作机制和体系，强化人才意识，坚持人才开放发展，增强汇聚世界高层次人才的竞争力，提高在全球范围内配置人才的能力，成为国际有关产业行业价值链的战略高峰。以人才管理为核心，创新企业传统的人力资源管理模式，为人才提供可靠的创新创造创业平台，促使各种生产资源和要素向人才集聚，用价值观、心理契约和期权股权来增强创新创造创业人才对企业的认同度、归属感和创造力，建设高层次人才充分集聚、体制机制全面创新、科技创新高度活跃、新兴产业高速发展、高质量和高效率的南京特色人才管理模式。

南京的用人主体人才治理的任务是开展和加强人才工作、释放人才创新活力、引领企业创新发展，主要包括以下四个方面。一是建立健全人才工作体系。要贯彻新发展理念，发挥用人主体的积极作用，履行好主体责任，抓好人才工作体系的建设，建立完善人才工作组织机构，编制人才发展规划，实施重点人才工程，构建充分体现知识、技术等创新要素价值的收益分配机制，激发人才创新活力。彻底解决习近平总书记所说的人才管理制度不适应科技创新要求、不符合科技创新规律的"两不"问题[3]。二是建设高素质的创新人才队伍。扩大队伍规模，优化队伍结构，提高队伍质量，集聚一批掌握

---

[1] 习近平出席中央人才工作会议并发表重要讲话[EB/OL].（2021-09-28）[2022-06-20]. http://www.gov.cn/xinwen/2021-09/28/content_5639868.htm?version=2.5.40020.452&platform=win.

[2] 魏萍，赵永乐. 坚持和完善以党管人才为核心的基本人才制度[J]. 江苏师范大学学报（哲学社会科学版），2014，40（6）：118-121.

[3] 习近平. 在中国科学院第十九次院士大会、中国工程院第十四次院士大会上的讲话[EB/OL].（2018-05-28）[2022-06-20]. http://www.gov.cn/xinwen/2018-05/28/content_5294322.htm.

核心技术、引领事业发展的创新创业领军人才（团队），增强人才吸引集聚能力和专家自主培养能力。三是提升壮大自主创新能力。用人主体要发挥主观能动性，增强服务意识和保障能力，①加大创新投入，组织攻关，为各类人才充分放权、提供创新发展的事业平台和机会条件，鼓励和支持人才和团队承担各级重大项目、申请专利、转化成果、获取奖励，在单位内创新创业。四是营造良好人才创新生态环境。构建积极健康向上的组织文化，强化发展理念、人才理念、奋斗创新理念、团队协作理念和宽容失败理念，完善人才管理制度，做到人才为本、信任人才、尊重人才、善待人才、包容人才②。

9.2.3 激发人才创新活力

人才是人才治理的对象，也是人才自我治理的主体和市场活动的主体，只有充分激发出人才这一内在治理主观因素的积极性，各种体制机制、政策、环境等外在客观因素才能充分发挥作用。为激发人才内在治理的积极性，就要从宏观到微观、从各级行政部门到各个人才使用单位，来一场彻底的人才管理制度改革。人才管理制度改革改革，就是要破除体制机制障碍，从根本上解放人才生产力，积极为人才松绑，最大限度地激发和释放人才创新创造创业活力，使人才各尽其能、各展其长、各得其所，让人才价值得到充分尊重和实现③。

长期以来，一些部门和单位习惯把人才管住，许多政策措施还是着眼于管，而在服务、支持、激励等方面措施不多、方法不灵。④2016年5月，在召开学习贯彻《关于深化人才发展体制机制改革的意见》座谈会前夕，习近平总书记就深化人才发展体制机制改革做出重要指示，他形象地强调要"为人才松绑"⑤。2021年9月，习近平总书记在中央人才工作会议上再次强调要"积

---

① 习近平. 深入实施新时代人才强国战略 加快建设世界重要人才中心和创新高地[J]. 求是，2021（24）.
② 习近平. 深入实施新时代人才强国战略 加快建设世界重要人才中心和创新高地[J]. 求是，2021（24）.
③ 中共中央印发《关于深化人才发展体制机制改革的意见》[EB/OL].（2016-03-21）[2022-06-20]. http://www.gov.cn/zhengce/2016/03/21/content_5056113.htm.
④ 习近平. 深入实施新时代人才强国战略 加快建设世界重要人才中心和创新高地[J]. 求是，2021（24）.
⑤ 习近平就深化人才发展体制机制改革作出重要指示强调 加大改革落实工作力度 让人才创新创造活力充分迸发[N]. 人民日报，2016-05-07（1）.

极为人才松绑"①。要激发各类人才的创新活力,就必须为人才松绑。各级行政部门要为人才松绑,各个用人主体更要为人才松绑。向用人主体充分授权,不是要这些单位用权把人才管住,而是要把人才放活。

遵循市场经济规律、人才成长规律和科技创新规律,加快人才制度和政策创新,充分激发人才创新活力,支持各类人才为推进治理体系和治理能力现代化贡献智慧和力量②。

要进一步破除"官本位"、行政化的传统思维,不能简单套用行政管理的办法对待科研工作,不能像管行政干部那样管科研人才。要完善人才管理制度,做到人才为本、信任人才、尊重人才、善待人才、包容人才。要赋予科学家更大技术路线决定权、更大经费支配权、更大资源调度权,放手让他们把才华和能量充分释放出来。同时,要建立健全责任制和"军令状"制度,确保科研项目取得成效。要深化科研经费管理改革,落实让经费为人的创造性活动服务的理念。要改革科研项目管理,优化整合人才计划,让人才静心做学问、搞研究,多出成果、出好成果。③最大限度地激发各类人才创新创造创业的动机、愿望、热情和活力,让有真才实学、作出重要贡献的人才得到合理回报,既有成就感,又有获得感,使他们"名利双收"。④

南京的人才要加强自我治理,人才自我治理的任务是锻造自己的创新能力、担负创新使命,主要包括以下四个方面。一是坚持正确政治方向。广大的各类人才都要深怀爱国之心、砥砺报国之志,主动担负起时代赋予的使命责任⑤,热爱南京,热爱所在单位,热爱本职工作。二是勇担创新发展的使命。要有强烈的事业心、坚强的意志力和锲而不舍的"安专迷"精神⑥,勇做新时

---

① 习近平. 深入实施新时代人才强国战略 加快建设世界重要人才中心和创新高地[J]. 求是,2021(24).
② 中共中央关于坚持和完善中国特色社会主义制度 推进国家治理体系和治理能力现代化若干重大问题的决定[EB/OL].(2019-10-31)[2022-06-20].http://www.gov.cn/zhengce/2019-11/05/content_5449023.htm?ivk_sa=1024320u.
③ 习近平. 深入实施新时代人才强国战略 加快建设世界重要人才中心和创新高地[J]. 求是,2021(24).
④ 赵永乐. 坚定文化自信,铸造我国新时代人才核心价值观[J]. 人事天地,2017(11):22-24.
⑤ 习近平. 深入实施新时代人才强国战略 加快建设世界重要人才中心和创新高地[J]. 求是,2021(24).
⑥ 赵永乐. 坚定文化自信,铸造我国新时代人才核心价值观[J]. 人事天地,2017(11):22-24.

代创新创业的排头兵。三是发扬创新发展拓荒牛精神。敢冒风险、敢为人先、不怕失败、锐意进取、破局开路、创出局面,在挫折面前认真总结经验教训,耐心解决各种问题。四是提升学习和创新的能力。善于学习和吸纳最前沿的新知识,在学习中提高、在实践中领悟、在运用中发展,不断把学习成果转化为推动企业创新的实际本领,运用新思路、新办法、新举措解决创新中不断出现的新情况新问题。五是践行大国人才的时代精神。大力弘扬科学家精神、企业家精神、工匠精神,坚定中国特色社会主义"人才自信"[①],坚守学术诚信,襟怀坦荡,严于律己,实事求是,追求真理,严谨求实。

【资料链接】

"安专迷"精神

2013年初,中央领导看望吴良镛、师绪昌两位院士时,两位功勋卓著的老专家不约而同地谈到"安专迷"精神。师昌绪院士建议有关方面组织好以科教兴国为主题的科普宣传,加强对涉及国家长远发展的重大战略问题的研究,抓紧培养一大批潜心科学研究的"安、专、迷"人才。

所谓"安专迷",从字面上解读,就是安下心来、专心致志、迷恋至深。2013年11月1日,"万人计划"专家座谈会在京召开。时任中共中央政治局委员、中央组织部部长赵乐际在会上强调:"入选专家要发扬'安、专、迷'精神,脚踏实地、志存高远、奋发有为,深怀爱国之情、砥砺强国之志、力践报国之行,把自己的梦想融入实现中华民族伟大复兴中国梦的壮阔奋斗之中。"

资料来源:①《刘云山看望著名科技专家》,人民网,2013年1月31日,http://politics.people.com.cn/n/2013/0131/c1001-20382149.html。②佘海军,《"安、专、迷"精神是"万人计划"的助推器》,《中国人才》2013年第23期,第49页。

---

① 赵永乐. 坚定文化自信,铸造我国新时代人才核心价值观[J]. 人事天地,2017(11):22-24.

9.3 拓展人才社会治理

为加快构建南京人才发展新格局，必须加强和创新人才社会治理体系，营造良好人才社会生态环境，推动人才治理重心向社会基层下移，调动各方面积极性，构建责任分明、分工明确的共建共治共享人才社会治理新格局。

9.3.1 营造良好人才社会生态环境

2013年10月，习近平总书记在欧美同学会成立100周年庆祝大会上强调，环境好，则人才聚、事业兴；环境不好，则人才散、事业衰[1]。营造良好人才社会生态环境，是做好南京人才治理工作的社会条件。根据习近平总书记在中央人才工作会议上提出的要求，必须积极营造包括"三环境"和"两良好"的识才爱才敬才用才的环境。"三环境"：一是尊重人才、求贤若渴的社会环境，二是公正平等、竞争择优的制度环境，三是待遇适当、保障有力的生活环境。"两良好"：一是为人才心无旁骛钻研业务创造良好条件，二是在全社会营造鼓励大胆创新、勇于创新、包容创新的良好氛围。[2]

南京要重视营造有利于人才发展的良好人才社会生态环境，打造高水平国家级人才平台，构建全国重要人才高地，建设"近悦远来"的聚才"磁场"、宜于创新创业的成功"福地"和安居乐业的生活"乐园"，为释放人才创新活力奠定厚实的社会生态环境基础。第一，南京要加快建设新时代人才强市，贯彻"尊重劳动、尊重知识、尊重人才、尊重创造"的"四尊"方针，遵循党的十八大以来作出的"人才是实现民族振兴、赢得国际竞争主动的战略资源"重大判断和"全方位培养、引进、使用人才"重人部署，形成"人才引领发展"和"创新驱动发展"的全民共识。第二，加快建设综合性国家科学中心和科技产业创新中心，着力建设吸引和集聚人才的平台，集中国家、江苏、南京的优质资源重点支持建设一批国家实验室和新型研发机构，实施"重大创新平台突破计划"，为人才提供国际一流的创新平台，加快形成战略支点和雁阵格局。第三，建设高品质生活的幸福宜居城市，推动教育、医疗、养

---

[1] 习近平. 在欧美同学会成立100周年庆祝大会上的讲话[N]. 人民日报，2013-10-22（2）.
[2] 习近平. 深入实施新时代人才强国战略 加快建设世界重要人才中心和创新高地[J]. 求是，2021（24）.

老、社保、住房、交通、体育等基本公共服务体系现代化，城市文化软实力进一步增强，城市人居品质显著提高，创造更优的宜学宜业宜创的社会条件。第四，激发创新创业活力，鼓励公平竞争，形成容许试错、宽容失败，抚慰挫折、支持奋斗，大力弘扬敢为人先、敢冒风险的社会精神。第五，建立健全自市委市政府到各级党委、行政再到各个用人主体系统完全的人才工作体系，形成责任分明、分工明确的共建共治共享人才社会治理新局面。第六，加大宣传力度，形成先进人才创新表彰奖励制度，综合协调各类传播载体和各级各类媒体，大张旗鼓地宣传表彰人才工作先进单位和对社会做出卓越贡献的人才代表人物，形成全社会关心和支持人才工作和人才发展的浓烈社会氛围。

【资料链接】

南京实施重大创新平台突破计划

建设标志性重大科技创新基地。推动网络通信与安全紫金山实验室建成国家实验室，围绕未来网络、普适通信、内生安全等领域，开展具有重大引领作用的跨学科、大协同科学研究。推动扬子江生态文明创新中心建成国家技术创新中心，聚焦科学问题、工程技术和生态产业化等领域，形成长江污染防治和生态保护修复技术的重要输出地。

推动重大科技基础设施集群化发展。支持在宁高校、科研院所、各类企业以提升原始创新能力和支撑重大科技突破为目标，瞄准综合交通、生命健康、人工智能、新材料等前沿领域，布局建设一批国家重点实验室和科技基础设施。推动国家重大科技基础设施未来网络试验设施产生更多前沿科技成果；支持作物表型组学研究设施、信息高铁综合试验设施等申报国家重大科技基础设施项目。

建设具有全国影响力的科技产业创新平台。聚焦特色优势产业和未来产业，分类培育一批国家级和省级产业创新中心、技术创新中心和制造业创新中心。支持江北新区创建国家集成电路设计服务产业创新中心，支持未来食品技术创新中心和特种纤维材料技术创新中心创建国家技术创新中心，支持高档数控机床与成套装备创新中心、高性能膜材料创新中心创建国家制造业创新中心。

> 资料来源：南京市人民政府，《南京市国民经济和社会发展第十四个五年规划和二〇三五年远景目标纲要》，2021年3月26日，https://www.nanjing.gov.cn/zdgk/202104/t20210408_2874510.html。

9.3.2 推动人才社会治理重心向基层下移

社会基层指的主要是中小城镇、各类各级园区、基层社区街道以及各种创新平台，它们虽然不是用人主体，但却是与市场面对面、与人才面对面的重要人才平台。这些社会基层是人才工作的双重"客户"，上对各级党委、政府的人才政策负责，下对驻地和有可能驻地的用人主体和人才服务。多数情况下，它们不是人才政策的制定和决策部门，只是这些政策的实施、落地、运作的执行者。它们也不是人才政策的直接受施对象，而只是将这些人才政策及时转送落实到驻地和有可能驻地的用人主体和人才身上。同时，这些社会基层还是上下传声放大器，能够及时将驻地和有可能驻地的用人主体和人才的动态尤其是需求反馈到各级党委、政府以及各相关职能部门，以求发现问题和解决问题。各级党委、政府与人才工作相关的职能部门有几十个，个个都与社会基层相通。社会基层的人才工作做好了，能够使党委、政府和相关职能部门的政策互相衔接、组合，及时落地，发挥最大效用。而通过这些社会基础，各个用人主体和人才就能把上级的人才工作举措和政策决策搞得明明白白，什么时候自己该干什么也能做到心中有数。即使有时因工作忙而无暇顾及，社会基层的工作人员也会及时给予通报和提醒。然而，南京的实际情况是，社会基层的人才工作体系尚未健全起来，人才工作参差不齐，有不少社会基层实体或机构对人才工作不了解、不关心，甚至认为与己无关。因此，南京要以改革创新为根本动力，将人才工作着力点下移到中小城镇、各类各级园区、基层社区街道以及各种创新平台等社会基层，将社会基层纳入南京人才工作大体系之中，打通人才工作最后一公里。

第一，要加强社会基层的人才工作，形成以社会基层为终端的人才工作系统。全市形成党委统一领导，组织部门牵头抓总，职能部门各司其职、密切配合，社会力量广泛参与的人才工作格局。这个人才工作格局的终端就是包括中小城镇、各类各级园区、基层社区街道以及各种创新平台在内的社会基层。各社会基层要提高人才工作的自觉性和积极性，建立健全人才工作制度和办事机制，强化人才工作职责和流程，成为"上情下达"和"下情上达"的人才工作"导体"，将南京的人才工作落实到基层。

第二，要推动人才治理重心向社会基层下移，加强社会基层人才治理和服务体系建设。把更多资源下沉到基层，更好提供精准化、精细化服务人才。推动人才治理重心向中小城镇、各类各级园区、基层社区街道以及各种创新平台下移，完善社会基层人才治理体制，健全社会基层人才服务体系，形成共建共治共享的人才社会基层治理共同体，营造人才创新良好社会基层治理环境。向社会基层放权赋能，进而推动人才治理重心向市场主体转移，调动各方面积极性，形成责任分明、分工明确的共建共治共享人才社会治理新格局。

第三，要创新人才治理新渠道，推进社会基层人才治理现代化，打造集聚人才和服务人才的新高地和发展新引擎。中小城镇、各类园区、自贸区和创新平台都要转变发展方式，坚持人才引领发展的战略地位，彰显人才地位和人才共生新生态，成为引才营智的战略要地。有条件的中小城镇和基层社区街道要创新"类海外"环境。建设人才特别社区、国际人才社区。各类园区都要因地制宜地建设海外人才开放创新集聚试验区、人才自由港、人才服务产业集聚区和人才管理改革实验区，改善创业、居住、学习和工作环境，促进国际化的人才公共服务、便利服务和一站式服务。

【资料链接】

南京建邺高新区搭建"莫莫"下午茶平台

2021年6月29日，南京建邺高新区举办第二届"莫莫"下午茶暨CEO见面会活动。建邺区委常委、区政府党组成员、建邺高新区党工委书记杨波与园区"建邺合伙人"、高成长性企业代表共聚一堂，集思广益、共商发展良策。

建邺高新区管委会现场推介企业服务品牌"大礼包"。2021年，建邺高新区为园区企业送出一系列惠企服务"大礼包"，其中包括举办"建功立'邺'有'球'必应"2021建邺高新足协杯大赛，率先推出"金中河西四点半课堂"职工子女托管服务，打造"健康管理服务平台"，综合交通整治、完善路网体系，推出"金鱼嘴每日路演"品牌活动等重点服务项目。

活动现场不再摆放整齐划一的桌椅，而是以U形桌为单位，高新区负责人与企业代表面对面、随机交叉而坐。政府职能部门现场发放惠企政策"福袋"。企业之间通过交换"见面礼"实现"破冰"，同时展示各自有心意、有创意的产品，现场碰撞出各种有趣的"火花"。

据悉，截至目前，"莫莫"下午茶已成功举办两届。"莫莫"下午茶活动目前已形成一项企业服务机制，未来将结合工作实际和企业需求继续定期举办，聚焦企业的实际需求，精准发力、持续用力，推动园区企业发挥更大作用、实现更大发展。

资料来源：《南京建邺高新区搭建"莫莫"下午茶平台，政府部门负责人与企业代表面对面》，2021年7月1日，https://www.163.com/dy/article/GDR0CV25053469KC.html。

第四，要加强基层社区人才治理和服务体系建设，推进综合改革，建立健全政府人才公共服务体系基层通道和信息共通共享机制，完善基层人才工作一站式服务平台建设，服务用人主体人才创新工作，服务人才驻地生活，为用人主体人才创新发展提供有力的服务支撑。做强"上管老、下管小"的人才服务品牌，加快优质教育资源、医疗资源、养老资源等的扩容，并优先在人才聚居区域布局。

第五，要调动基层的医疗、教育、文化、金融、商场、养老、社保、物业等单位和机构的积极性，统筹做好高层次人才高端健康体检、子女入学安排，打造众创空间、人才之家、人才咖啡屋等人才交往空间，为人才提供就医、教育、居住、生活、学习、社交、联谊、娱乐、购物、休闲、康养等方面的高端服务。

9.3.3 发挥群团组织和社会组织的人才治理作用

完善公众参与基层社会人才治理的制度化渠道，畅通和规范各类市场主体和人才广泛参与人才社会治理的途径。推动社会人才治理和服务实打实地面向广大用人主体和人才，为用人主体和人才现场解决实际问题。完善基层社区人才治理体制，发挥群团组织和社会组织在人才社会治理中的作用，形成共建共治共享的人才社会治理共同体。

第一，要健全党组织领导的自治、法治、德治相结合的人才社会治理体系，构建人才社会治理新格局，推行网格化人才管理和服务，加快推进人才社会治理现代化。发挥群团组织、民主党派、社会组织作用，发挥行业协会商会自律功能，实现政府治理和社会调节、人才自治良性互动，夯实基层社会人才治理基础。

第二，要培育人才自治新组织（如人才创新促进会、人才企业联谊会、双创企业服务联盟、青年企业家联谊会、新的社会阶层人士联谊会、人才协会、人力资源协会等），健全法人治理结构，建成自主、自为、自律主体，承接政府转移功能，起到政府和市场都不能起到的综合监督、信息流通、资源整合、自我协调和自我服务等作用，积极参与人才社会治理。

第三，要形成与欧美同学会（中国留学人员联谊会）、"国千"专家联谊会等海外留学人员组织的合作机制，在北美、欧洲、日本等地设立海外人才联络站，拓宽海外引才渠道，积极组团赴海外开展招才引智活动，引进南京急需的高层次人才来宁创新创业。

第四，要大力发展人才中介服务和为创新创业提供全要素组合与孵化的现代人才服务业，推动各种形式的高端人才服务产业化，形成融公共服务、市场服务、金融服务和社会服务为一体的高端人才服务治理体系。

参考文献

[1] 秦磊华,谭志虎. 信息产业自主可控人才培养问题研究[J]. 科技管理研究,2016(1).

[2] 赵永乐. 人才管理政府与市场关系研究[J]. 国家行政学院学报,2016(3).

[3] 孙学玉. 构建具有全球竞争力的人才制度体系[N]. 光明日报,2016-06-22(13).

[4] 吴洪彪,赵永乐,李青. "十三五"的马鞍山:产业转型升级的人才需求[J]. 人事天地,2016(6).

[5] 赵永乐. 解放人才须先厘清政府与市场关系[N]. 光明日报,2016-07-05(16).

[6] 李佳洺,张文忠,马仁峰,等. 城市创新空间潜力分析框架及应用——以杭州为例[J]. 经济地理,2016(12).

[7] 刘忠艳. 创新驱动发展背景下的政府人才治理:内涵、发展困境及应对策略[J]. 中国人力资源开发,2016(17).

[8] 王锋,李紧想,陈进国,等. 人口密度、能源消费与绿色经济发展——基于省域面板数据的经验分析[J]. 干旱区资源与环境,2017(1).

[9] 赵福全,刘宗巍,赵世佳. 社会与产业变革浪潮下的人才战略与转型对策——以汽车产业为例[J]. 科学管理研究,2017(1).

[10] 何宪. 构建具有全球竞争力的人才制度体系[N]. 文汇报,2017-06-08(11).

[11] 刘忠艳,赵永乐. 我国高层次人才双创政策的对比研究——基于制度质量的视角[J]. 中国人力资源开发,2017(7).

[12] 边一聪. 基于清洁能源发展战略的神华集团人才培养研究[J]. 科技进步与对策,2017(9).

[13] 商华,邱赵东. 战略性新兴产业人才生态环境定量评价研究[J]. 科研管理,2017(11).

[14] 鲁涛,马明. 江苏企业技术创新主体地位测度指数研究[J]. 科技进步与对策,2017(21).

[15] 汪怿，朱雯霞. 全球科技创新中心人才生态建设[M]. 上海：上海社会科学院出版社，2018.

[16] 闫佳祺. 共享经济背景下我国企业人才管理新模式研究[J]. 当代经济管理，2018（2）.

[17] 刘忠艳，赵永乐，王斌. 1978—2017年中国科技人才政策变迁研究[J]. 中国科技论坛，2018（2）.

[18] 李巧，董绍辉. 生物医药产业发展关键因素识别研究[J]. 河北学刊，2018（3）.

[19] 刘福满，于飞，苏欣. 战略性新兴产业高技能人才培养的国际比较研究[J]. 税务与经济，2018（3）.

[20] 赵天燕，郭文. 江苏科技企业孵化器运营效率研究[J]. 江苏社会科学，2018（3）.

[21] 贡慧，张长征. 江苏战略性新兴产业人才队伍建设非均衡问题探讨[J]. 江苏行政学院学报，2018（4）.

[22] 刘探宙，于润. 比较优势合作与创新收益共享模式研究——基于江苏创新型企业发展的考量[J]. 经济体制改革，2018（5）.

[23] 裴玲玲. 科技人才集聚与高技术产业发展的互动关系[J]. 科学学研究，2018（5）.

[24] 潘剑波，丁建宁. 基于战略性新兴产业工程人才培养——光伏产业高层次人才培养的探索和实践[J]. 高等工程教育研究，2018（6）.

[25] 赵永乐. 从特色到优势：进一步提升我国人才制度体系的全球竞争力[J]. 南京社会科学，2018（6）.

[26] 陶长琪，彭永樟. 从要素驱动到创新驱动：制度质量视角下的经济增长动力转换与路径选择[J]. 数量经济技术经济研究，2018（7）.

[27] 易高峰，刘成. 江苏省城市创新能力的地区差异及影响因素分析[J]. 经济地理，2018（10）.

[28] 赵永乐. 把人才发展的着力点转移到基层用人主体上[N]. 湖北日报，2018-10-11（15）.

[29] 江游，张新岭，焦永纪. 现代人才发展治理体系的内涵、框架及构建策略研究[J]. 中国集体经济. 2018（19）.

[30] 周及真. 企业创新行为模式研究——基于江苏省 82 896 家企业调查数据的分析[J]. 上海经济研究, 2018（12）.

[31] 彭丽华, 罗东, 李淑娴, 等. 浅析科技企业创新型人才管理机制及改进策略[J]. 科技管理研究, 2018（15）.

[32] 胡峰, 陆丽娜, 黄斌, 等. 江苏省高技术产业人才需求预测研究——基于改进的新陈代谢 GM（1, 1）模型[J]. 科技管理研究, 2018（16）.

[33] 李红锦, 曾敏杰. 新兴产业发展空间溢出效应研究——创新要素与集聚效应双重视角[J]. 科技进步与对策, 2019（1）.

[34] 李金华. 中国冠军企业、"独角兽"企业的发展现实与培育路径[J]. 深圳大学学报（人文社会科学版）, 2019（1）.

[35] 李旭辉, 夏万军. 基于五大发展理念的人才发展环境动态评价实证研究——以国家自主创新示范区为例[J]. 北京理工大学学报（社会科学版）, 2020（2）.

[36] 李丽. 企业创新人才需求及其影响因素的区域差异研究——基于改进的企业创新需求模型[J]. 东岳论丛, 2019（8）.

[37] 刘宗巍, 丁超凡, 赵福全. 未来汽车人才特征图谱及变化趋势研究[J]. 科技管理研究, 2019（9）.

[38] 李峰等. 本科出身决定论？——学术精英的职业流动和职业发展分析[J]. 高教探索, 2019（10）.

[39] 吴松强, 何春泉, 夏管军. 江苏先进制造业集群：关系嵌入性、动态能力与企业创新绩效[J]. 华东经济管理, 2019（12）.

[40]《南京构建具有全球竞争力的人才制度体系研究》课题组. 南京构建具有全球竞争力的人才制度体系研究[M]. 南京：河海大学出版社, 2019.

[41] 刘兆香, 王京, 史琳, 等. 我国环保产业园的发展及政策建议——以盐城环保科技城为例[J]. 环境保护, 2019（13）.

[42] 徐军海. 在长三角人才市场一体化进程中展现新作为[J]. 群众, 2019（15）.

[43] 赵永乐. 完善人才制度体系 共建长三角人才高地[J]. 群众, 2019（15）.

[44] 李敏, 郭群群, 雷育胜. 科技人才集聚与战略性新兴产业集聚的空间交互效应研究[J]. 科技进步与对策, 2019（22）.

[45] 萧鸣政，郝路. 把握好企业人才开发工作设计的四大演变趋势[J]. 人民论坛，2019（34）.

[46] 董博. 中国人才发展治理及其体系构建研究[D]. 长春：吉林大学，2019.

[47] 解兆丹，杨永环."环境-科研效能感"下的高校青年科技人才创新能力研究[J]. 科学管理研究，2020（1）.

[48] 李旭辉，夏万军. 基于五大发展理念的人才发展环境动态评价实证研究——以国家自主创新示范区为例[J]. 北京理工大学学报（社会科学版），2020（2）.

[49] 吴江. 打造更具韧性的创新人才生态系统[J]. 世界科学，2020（S2）.

[50] 徐军海. 构建现代人才发展治理体系的逻辑与路径——基于主体-要素-过程分析框架[J]. 江海学刊，2020（3）.

[51] 赵永乐，徐军海，黄永春，等. 基于问题与需求的南京市人才制度体系建设方略[J]. 北京教育学院学报，2020（3）.

[52] 陈双双，何萍. 智能互联网时代南京市会展人才从业现状调查分析[J]. 产业与科技论坛，2020（4）.

[53] 朱鹏程，张宇，曹卫东，等. 长三角企业经营管理人才空间分布及其地理流动网络——基于上市公司董监高团队数据分析[J]. 人文地理，2020（4）.

[54] 徐可明."三园融合"汽车产业人才培养的探索与实践[J]. 中国高等教育，2020（5）.

[55] 刘毓芸,程宇玮. 重点产业政策与人才需求——来自企业招聘面试的微观证据[J]. 管理世界，2020（6）.

[56] 杨洋，黄晶，刘文逸，等. 企业人才竞争力的空间分异特征及驱动因素研究——以江苏省工业企业为例[J]. 管理现代化，2020（6）.

[57] 崔宏轶，潘梦启，张超. 基于主成分分析法的深圳科技创新人才发展环境评析[J]. 科技进步与对策，2020（7）.

[58] 商华，朱健建. 绿色包容型人才开发模式对创新型企业员工绩效的影响[J]. 科研管理，2020（7）.

[59] 孙锐，吴江. 创新驱动背景下新时代人才发展治理体系构建问题研究[J]. 中国行政管理，2020（7）。

[60] 刘琳，杨文茵，黄琳华. 新能源风电技术人才成长最优路径研究[J]. 中国管理科学，2020（8）.

[61] 陶卓等. 江苏先进制造业与现代服务业融合现状与对策研究[J]. 生产力研究，2020（8）.

[62] 赵军，董勤伟，徐滔，等. 企业技能人才自主评价体系的构建与开发实践：以国网江苏电力为例[J]. 中国人力资源开发，2020（9）.

[63] 柳卸林，严卫群，常馨之. 海归人才知识密度对企业创新绩效的影响——基于中关村企业的实证分析[J]. 科学学与科学技术管理，2020（10）.

[64] 赵彦飞，李雨晨，陈凯华. 国家创新环境评价指标体系研究：创新系统视角[J]. 科研管理，2020（11）.

[65] 赵永乐. 坚持和完善共建共治共享的人才社会治理制度[J]. 中国人才，2020（11）.

[66] 何江，闫淑敏，谭智丹，等. "人才争夺战"政策文本计量与效能评价——一个企业使用政策的视角[J]. 科学学与科学技术管理，2020（12）.

[67] 王馨，陈妮，赵雅雯. 基于熵权 TOPSIS 法的企业创新型技术人才价值评价[J]. 东北大学学报（自然科学版），2020（12）.

[68] 汪怿. 未来人才创新应突出五个"更加"[N]. 光明日报，2020-12-21（16）.

[69] 蒋自然，曹卫东，王成金，等. 基于势能联系模型的区域潜在经济关系研究——长三角26个城市的实证分析[J]. 地理科学，2020（12）.

[70] 孙博，刘善仕，葛淳棉，等. 社会网络嵌入视角下人才流动对企业战略柔性的影响研究[J]. 管理学报，2020（12）.

[71] 陶卓等. 江苏产才融合促富民增收的作用模式与路径研究[J]. 中国产经，2020（15）.

[72] 何江，闫淑敏，谭智丹，等. 企业转型升级下地方人才政策文本量化分析——基于政府-企业协同关系视角[J]. 科技管理研究，2020（23）.

[73] 刘金英. 加强科技人才引育赋能企业高质量发展——评《我国企业科技人才吸引力研究》[J]. 科技进步与对策，2020（23）.

[74] 陈丽君，金铭. 从管理到治理：构建多元共治式人才治理体系[J]. 中国人才，2021（1）.

[75] 李太平，顾宇南. 战略性新兴产业集聚、产业结构升级与区域经济高质

量发展——基于长江经济带的实证分析[J]. 河南师范大学学报（哲学社会科学版），2021（1）.

[76] 吴江. 迈向二〇三五建成人才强国的新机遇与新挑战[J]. 求贤，2021（1）.

[77] 赵永乐. 畅通人才大循环 构建人才新发展格局[J]. 群众，2021（1）.

[78] 陈晨. 企业技术创新主体科技创新人才培养的美国经验与启示——以美国科技高中为例[J]. 科学管理研究，2021（2）.

[79] 匡桂林. 人才年龄结构与企业经营绩效——基于50家创业板上市企业的实证研究[J]. 科研管理，2021（2）.

[80] 罗哲，唐迩丹. 我国人才政策的演变趋势与发展方向——基于CiteSpace知识图谱分析[J]. 软科学，2021（2）.

[81] 牛萍，唐梦雪，瞿群臻. 高层次科技创业人才及其创业企业的成长特征、瓶颈及对策[J]. 中国科技论坛，2021（2）.

[82] 刘春林，田玲. 人才政策"背书"能否促进企业创新[J]. 中国工业经济，2021（3）.

[83] 米旭明. 人才安居政策与企业技术创新[J]. 南开经济研究，2021（3）.

[84] 徐军海. 创新驱动视角下江苏科技人才发展趋向和路径研究[J]. 江苏社会科学，2021（3）.

[85] 赵全军. 为人才而竞争：理解地方政府行为的一个新视角[J]. 中国行政管理，2021（4）.

[86] 倪渊，张健. 科技人才激励政策感知、工作价值观与创新投入[J]. 科学学研究，2021（4）.

[87] 王博林. 组织创新支持与员工创新行为[J]. 求索，2021（4）.

[88] 牛萍，唐梦雪，瞿群臻. 科技创业人才及其创业企业成长环境调研与培育实践探索[J]. 科技管理研究，2021（5）.

[89] 赵永乐. "十四五"人才发展的主题、主线、动力与格局[J]. 中国人才，2021（5）.

[90] 甘水玲，刘晋元. 上海企业科技人才空间集聚效率评价及影响因素分析——以规模以上工业企业为例[J]. 科技管理研究，2021（6）.

[91] 曲如晓，李婧，杨修. 国际人才流入、技术距离与中国企业创新[J]. 暨南学报（哲学社会科学版），2021（6）.

[92] 孙博,刘善仕,葛淳棉,等. 人才流动网络对企业创新速度的影响研究[J]. 科学学研究,2021(6).

[93] 赵永乐. 新发展阶段人才高质量发展的新理念[N]. 组织人事报,2021-06-22(9).

[94] 吴江,蓝志勇. 营造创新人才脱颖而出的治理新生态[J]. 西南交通大学学报(社会科学版).2021(7).

[95] 黄钟钡,包倩文. 我国企业科技创新人才队伍建设与培养路径[J]. 福建论坛(人文社会科学版),2021(7).

[96] 孙锐,吴江. 构建高质量发展阶段的人才发展治理体系:新需求与新思路[J]. 理论探讨,2021(8).

[97] 孙鲲鹏,罗婷,肖星. 人才政策、研发人员招聘与企业创新[J]. 经济研究,2021(8).

[98] 许慧,郭丕斌,暴丽艳. 组织创新支持对科研人员创新行为的影响——基于创新自我效能感、知识共享的链式中介效应[J]. 科技管理研究,2021(8).

[99] 刘景东,魏龙,肖瑶. 破坏事件与创新组织知识—关系网络互动机理研究[J]. 科学学与科学技术管理,2021(9).

[100] 辛本禄,代佳琳. 组织创新氛围对员工创新意愿的作用机制——以知识密集型服务企业为样本[J]. 科技进步与对策,2021(9).

[101] 赵永乐. 营造良好人才创新生态环境[J]. 中国人才,2021(9).

[102] 吴江. 新时代人才工作的战略擘画[J]. 中国人才,2021(10).

[103] 孙锐,孙雨洁,孙彦玲. 人才创新创业生态系统的构成与运行机制研究——以苏州工业园区为例[J]. 中国科技论坛,2021(11).

[104] 杨震宁,侯一凡,李德辉,等. 中国企业"双循环"中开放式创新网络的平衡效应——基于数字赋能与组织柔性的考察[J]. 管理世界,2021(11).

[106] 赵渊博. 2016—2018年我国区域科技人才竞争力评价[J]. 科技管理研究,2021(20).

[107] 赵永乐. 充分发挥用人主体在人才培养、引进、使用中的积极作用[N]. 组织人事报,2021-11-25(9).

[108] 王鑫. 不同类型的组织双元性如何影响企业生态创新?——基于650家企业数据的实证研究[J]. 科技管理研究,2021(22).

后 记

本书是国家社会科学基金重大项目"构建具有全球竞争力的人才制度体系研究"（20ZDA107）的阶段性研究成果——调研分项的研究报告。调研分项课题组的调研活动于 2020 年 9 月启动，到 2021 年 8 月，经多次研讨和反复修改，本书初稿形成。此后，根据 2021 年 9 月习近平总书记在中央人才工作会议上的重要讲话精神和 2022 年 1 月南京市委人才工作会议暨引领性国家创新型城市建设大会精神，调研分项课题组对书稿进行了两轮大幅度修改。2022 年 4 月，调研分项课题组又根据国家社会科学基金重大项目"构建具有全球竞争力的人才制度体系研究"总课题组和首席专家吴江教授的意见对书稿进行了修改和补充。2022 年 6 月，书稿交付出版社。

自 2018 年起，南京连续五年于新年之后的第一个工作日发布中共南京市委"一号文"，五个"一号文"紧扣具有全球影响力创新名城建设持续推出系统的政策举措。2022 年 1 月，南京市委不仅推出新的"一号文"，而且在新年后的第一个工作日隆重召开 2022 年度的"第一会"，即"市委人才工作会议暨引领性国家创新型城市建设大会"。会议发布了《关于加快打造高水平国家级人才平台 推进新时代人才强市建设的意见（征求意见稿）》，确立了争创高水平国家级人才平台、建设全国重要人才高地的战略目标。本书立足于人才工作的历史新起点，遵循习近平新时代中国特色社会主义思想和党的十八大以来党中央作出的人才是实现民族振兴、赢得国际竞争主动的战略资源的重大判断和全方位培养、引进、使用人才的重大部署，基于南京人才新发展格局的实践，对南京国际创新名城的人才制度和治理开展调查研究。

本书分为四个部分，共九章。本书沿着导论、现状、制度和治理的逻辑脉络，为南京建设国际创新名城、构建具有全球竞争力的人才制度体系，提出制度建设目标、任务、思路和基于新发展格局的治理实施路径。第一部分是导论，阐明研究的背景意义、理论基础、核心概念，并交代研究思路和框架；第二部分共两章，对南京人才制度体系建设条件和新发展格局下南京的人才双循环进行分析，总结成绩经验，探寻问题需求；第三部分共两章，阐释新发展格局下南京人才制度体系建设思路和主题、主线与动力；第四部分共四章，分别对新发展格局下南京的人才供给治理、流通治理、需求治理和人才治理共同体进行研究。

国家社会科学基金重大项目"构建具有全球竞争力的人才制度体系研究"课题首席专家、中国人事科学研究院原院长吴江教授为本书的调研提出具体要求，并对本书的调研和写作给予指导和帮助。国家社会科学基金重大项目"构建具有全球竞争力的人才制度体系研究"课题组主要成员、河海大学中央人才工作协调小组国家人才理论研究基地首席专家赵永乐教授作为调研分项负责人，具体策划、组织调研活动，并为本书拟定框架、思路和写作提纲。河海大学法学院党委书记兼院长郭祥林研究员和河海大学水文水资源学院党委副书记陈培玲副教授参加调研和写作。河海大学中央人才工作协调小组国家人才理论研究基地的部分专家参与了调研。具体分工如下：第1章，赵永乐；第2章、第3章、第4章，郭祥林；第5章，郭祥林、赵永乐；第6章，陈培玲；第7章，赵永乐、陈培玲；第8章，陈培玲；第9章，赵永乐。全书由赵永乐统稿和修改。

国家社会科学基金重大项目"构建具有全球竞争力的人才制度体系研究"课题首席专家、中国人事科学研究院原院长吴江教授为本书作序。江苏省社科联科研中心主任徐军海研究员为本书的框架和思路提出很好的建议。南京邮电大学陶卓副教授为本书的写作提供了若干资料，对部分章节进行阅读并提出了具体修改意见。西南交通大学文科建设处处长张雪永教授对本书的写作和出版给予热情的支持和帮助。对此深表谢意。此外，还要感谢西南交通大学出版社的吴迪编辑和杨倩编辑为本书的出版付出的劳动和心血。

本书的出版并不意味着南京国际创新名城人才制度与治理研究

的终结，只能说本书作为国家社会科学基金重大项目的一项阶段性研究成果，是贯彻落实习近平总书记"构建具有全球竞争力的人才制度体系"重要指示、实证研究南京国际创新名城人才制度与治理个案的初步尝试。本书作者深知人才制度与治理理论研究任重而道远，本书瑕疵和疏漏在所难免，一方面恳请同行专家不吝赐教、多加批评指正，另一方面也知难勇进，为南京加快构建具有全球竞争力的人才制度体系、推进人才治理体系和治理能力现代化而持续在理论上探索努力。

赵永乐
2022年6月30日于南京扬子江畔